Windows

キャリアアップに役立つ コンピュータリテラシー

Windows10, Word, Excel, PowerPoint 2016 対応版

Word

高林茂樹／野口佳一／三好善彦／山田雅子／小堺光芳【著】

Excel

ポラーノ出版

PowerPoint

はじめに

現在、コンピュータは、行政、金融、医療、交通、レジャーなどあらゆる分野で必要不可欠なものになっています。小型化されたパソコン（パーソナルコンピュータ）は、大学や企業だけでなく家庭においてもインターネットと結ばれ、買物や行政・金融サービスなどに利用されています。また、パソコンやスマートフォンなどを使って、多くの情報を得たり、情報を発信したりすることができます。

この本では、マイクロソフト社の、Windows（ウィンドウズ）、Word（ワード）、PowerPoint（パワーポイント）、Excel（エクセル）について解説をします。Windowsは、パソコンを動かす基本となるソフトウェアでオペレーティングシステム（OS）の1つです。Wordは、文書を作成するソフトウェア、いわゆるワープロソフトです。PowerPointは、プレゼンテーションのスライドや資料の作成に役立つソフトウェアです。Excelは表計算やグラフ作成、データ分析に便利なソフトウェアです。これらは現在、世界中で広く使用されているものです。ここでは、パソコンを初めて学ぶ人のために基本的なことから解説しています。より高度なことをしたい人は、所々に入れたキャリアアップポイント、そしてヘルプ機能などを利用して新しい使い方を見つけることができます。練習問題なども入れてありますので、それぞれの進度に合わせて、積極的にパソコンで実習してください。さらに、マイクロソフト オフィス スペシャリスト（MOS）試験、ITパスポート試験、日商PC検定試験など、情報処理関連の認定・検定試験がいろいろありますので、挑戦してみましょう。そして、キャリアアップに役立ててください。Chapter6では、Webサービス利用による文書やグラフ等の作成についても紹介しています。

マイクロソフト社は数年ごとに製品のバージョンアップをしていますが、この本では、Windows 10、Word 2016、Excel 2016、PowerPoint 2016を基準にしています。

Chapter1は小堺光芳、Chapter2は三好善彦、Chapter3は山田雅子、Chapter4は高林茂樹、Chapter5は野口佳一、Chapter6は高林茂樹が担当しました。またポラーノ出版の鋤柄禎氏をはじめ多くの方々から貴重なアドバイスをいただきました。

2017年 春

著者記す

Contents

Chapter 3　PowerPoint の知識と活用

Chapter 4　Excel の知識と活用

Chapter 5　EXCEL 統計の知識と活用

Chapter 6　付録・補遺

Chapter 1

Windows の知識と活用

Windows はマウス操作のみで一通りの利用ができます。しかし、これで満足してはいけません。Windows のすべての操作はマウスだけではなくキーボードでも可能です。マウスとキーボードの両方を使いこなして、さらなるステップアップをはかりましょう。

Career development

1

» Section 1

Windowsの基本操作

ここでは、パソコンで一般的に利用されているWindowsの基本的な操作方法やパソコンの基本的な知識をみていきます。

1-1　パソコンの基本

パソコンを利用すれば、文書作成や表計算、インターネット検索や電子メールなどさまざまなことを行うことができます。パソコンを利用するには、マウスを操作してボタンをクリックしたり、キーボードから文字を入力したりする必要があります。

1-1-1　基本ソフト

パソコンを利用するためには、パソコン本体、ディスプレイ、マウス、キーボード、プリンターなどの「ハードウェア」と、WindowsやWordやExcelなどの「ソフトウェア」が必要です。ソフトウェアの中でも、ハードウェアを動作させるために必要となるソフト（プログラム）のことを基本ソフト（オペレーティングシステム：OS）といいます。基本ソフトには、WindowsやMac OS、Linux（リナックス）などがあります。

基本ソフトは、キーボードから入力した文字を画面に表示させたり、ハードディスクやUSBメモリにデータを保存したり、データをプリンターから印刷させたりなどパソコンを利用する上での基本的な役割を担っています。このように、基本ソフトはパソコンにおいて非常に大切な役割を持っています。また、パソコンを動作させるための基本ソフトに対して、文書作成を行うためのワープロソフトやインターネット検索を行うためのブラウザなどのことを応用ソフト（アプリケーションソフト）といいます。

1-1-2　Windowsの基本画面

Windowsを操作するときの最も基本となる画面のことを、デスクトップ画面と呼びます。Windowsを使用するときにはこの画面を机上（デスクトップ）に見立て、その上にさまざまな書類や資料を広げるように、ウィンドウを広げて作業を行います。またデスクトップ画面には、ショートカットとよばれるアイコン（絵記号）の登録やWord・Excel・PowerPointなどで作成したファイルを保存することができます。

❶ **スタートボタン：**Windowsを使って作業するときに、はじめにマウスを使って押すボタンです。

❷ **スタートメニュー：**スタートボタンを押すと表示されるメニューです。日本語ワープロや表計算ソフトやWindowsを使う上で必要となる機能が表示されます。ここにはWindowsに登録されているすべてのアプリケーションも表示されています。

❸ **タスクバー：**画面下の帯状の場所です。ここには現在使用しているアプリケーションなどのボタンが表示されます。これらのボタンにマウスを合わせると、そのアプリケーションの一覧が小さく表示され、ウィンドウを切り替えることができます。さらに、よく利用するソフトをタスクバーに登録すれば、ボタンをクリックのみで簡単に利用できるようになります。

❹ **ウィンドウ：**利用しているアプリケーションがウィンドウとして表示されます。デスクトップ上に複数のウィンドウを重ねて表示することができ、これらのウィンドウを切り替えて利用します。

❺ **通知領域：**タスクバーの右側にある領域です。ウイルス対策ソフトや音量のコントロールなどのアイコンや時刻が表示されています。

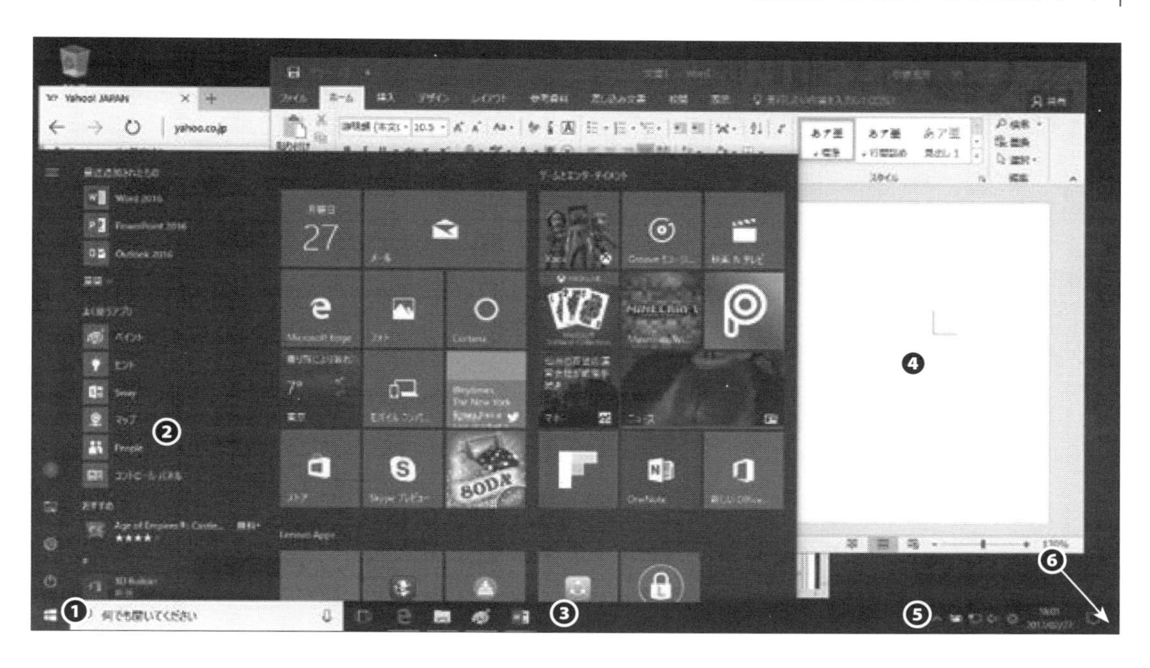

❻ **デスクトップの表示（エアロプレビュー）：**タスクバーの右端の部分にマウスを合わせクリックすると、すべてのウィンドウが最小化されデスクトップ画面が現れます。再度、右端の部分をクリックすることで最小化されたウィンドウが元に戻ります。

1-1-3　Windows の開始

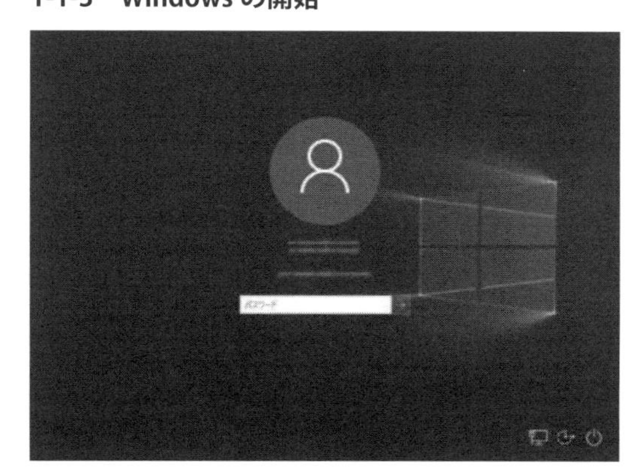

1 パソコンの電源スイッチを押します。
2 しばらくすると、サインイン画面が表示されます。
3 パスワードを入力します。
4 デスクトップ画面が表示されます。

☞ サインイン画面で、ユーザーを選択する画面が表示された場合は、自分のユーザー名をクリックしてから、パスワードを入力します。
☞ パスワードを設定していない場合などは、サインイン画面が表示されずデスクトップ画面が表示されるときもあります。

1-1-4　Windows の終了

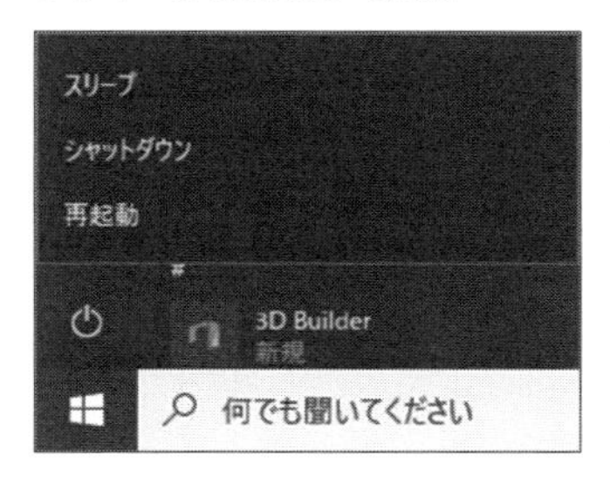

1 ［**スタート**］ボタンをクリックします。
2 スタートメニューの中から［**シャットダウン**］を選びクリックします。
3「**シャットダウンしています**」と表示され、しばらくするとパソコンが終了します。

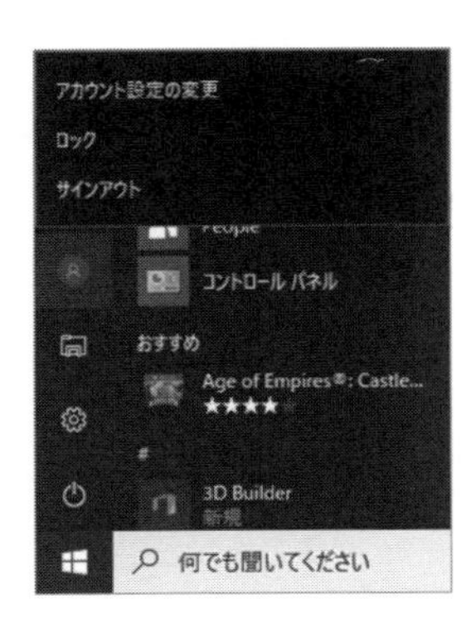

- **再起動**：コンピュータをシャットダウンして、すぐに起動します。
- **スリープ**：作業中の内容を一時保存して、コンピュータを低電力の状態にします マウスやキーボードを操作すると元の状態に戻ります。
- **サインアウト**：作業中の内容をすべて終了して、サインイン画面になり、別のユーザーに切り替えます。
- **ロック**：コンピュータをロックします。作業中の内容をそのままにして、パソコンの前から離れるときなどに利用します。パスワードを入力すると元の状態に戻ります。

1-1-5　マウスの操作

Windows10 では、いろいろな操作をするためにマウスが必要となります。マウスを動かすと画面上のマウスポインタ（矢印などの形で表示される）も一緒に動き、画面上の場所によっては形状も変わります。目的の場所にマウスポインタを移動させて、マウスのボタンを押していろいろな操作をします。

Windows10 で利用するマウスには、左ボタンと右ボタンがあります。また、左右のボタンの間にはホイールボタンがあり回転させたり押したりすることができます。さらに、マウスの種類によっては、さまざまなボタンが付いていることもあります。マウスは以下のような操作を行います。

- **ポイント**：マウスを移動させてアイコンなどにマウスポインタを合わせる操作です。
- **クリック**：マウスの左ボタンを 1 回押す操作です。
- **ダブルクリック**：マウスの左ボタンを同じ場所で 2 回押す操作です。
- **右クリック**：マウスの右ボタンを 1 回押す操作です。
- **ドラッグ**：マウスの左ボタンを押したままマウスポインタを移動させる操作です。

1-1-6　ウィンドウ画面

Windows10 を操作するときは、デスクトップ画面にウィンドウ（窓）が開いている状態で行います。ウィンドウは最初アイコンという状態になっています。このアイコンはいろいろな場所にあります。

アイコンとウィンドウの関係は、そのアプリケーションを利用していないとき（閉じている）と利用しているとき（開いている）の関係です。利用していないときはアイコンという形で表されていて、利用しているときはウィンドウという形になります。アイコンをクリックまたはダブルクリックして開くとウィンドウになり、ウィンドウ右上の ✕（閉じる）ボタンをクリックして閉じるとアイコンになります。

Windows10 にはさまざまなアプリケーションがありますが、そのウィンドウ画面は統一されています。また Windows10 では、新しくリボンインターフェイスというワードなどのオフィスアプリケーションで利用されているウィンドウ画面も多くなっています。

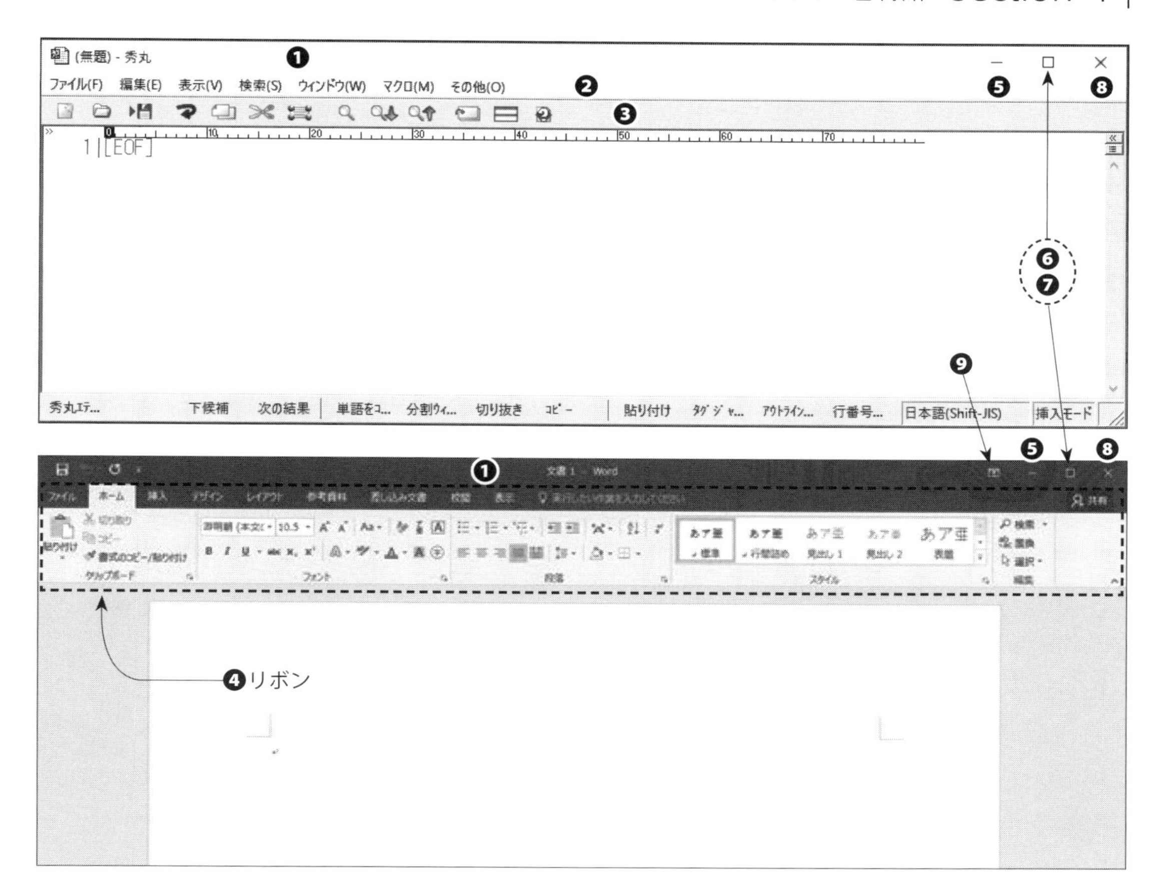

❶ **タイトルバー**：ウィンドウ上部の（青い）帯の部分です。この部分には、利用しているアプリケーションの名前やファイル名などの情報が表示されます。

❷ **メニューバー**：タイトルバーのすぐ下のメニュー項目が表示されている部分です。このメニューから利用しているアプリケーションの操作を行うことができます。

❸ **ツールバー**：メニューバーの下などにあるボタンの集まりです。メニューから項目を選択しなくても、このボタンから簡単に操作を行うことができます。

❹ **リボン**：メニューバーとツールバーを一体化したものです。一体化したことにより必要な操作をすばやく行うことができるようになっています。

❺ **最小化** [—]：このボタンをクリックすると、ウィンドウが画面上から一時的になくなります。注意しなければならないのは、そのアプリケーションが終了していないということです。画面上から一時的に消えているだけで、またすぐに元に戻すことができます。

❻ **最大化** [□]：このボタンをクリックすると、ウィンドウのサイズが画面全体に広がります。ウィンドウが最大化されたときは、このボタンの表示が「元に戻す」に変わります。

❼ **元に戻す** [⧉]：このボタンをクリックすると、画面全体に広がっているウィンドウが元のサイズに戻ります。ウィンドウが元のサイズに戻ったときは、このボタンの表示が「最大化」に変わります。

❽ **閉じる** [×]：このボタンをクリックすると、そのアプリケーションを終了してウィンドウが画面上からなくなります。

❾ **リボンを表示してオプション**：このボタンをクリックすると、「リボンを自動的に非表示します」、「タブの表示」、「タブとコマンドの表示」の3つがサブメニュー表示されます。

1-1-7　ウィンドウの操作

ウィンドウ上のボタンをクリックしていろいろな操作を行うことができます。また、それ以外にも便利な操作がたくさんあります。

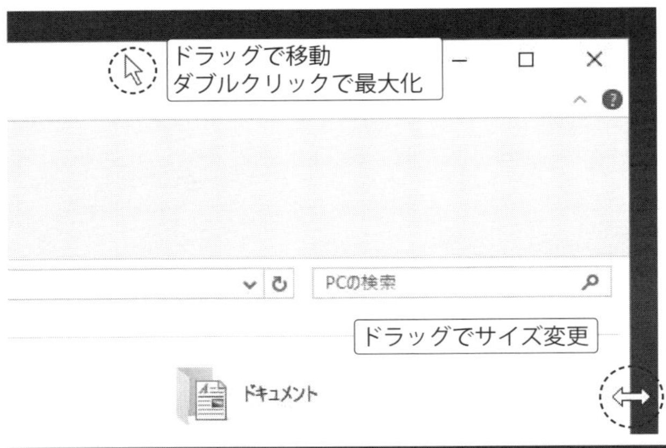

・ウィンドウの境界線上にマウスポインタを移動させると、マウスポインタが両方向の矢印（⟺ など）になります。この状態でマウスをドラッグすると、ウィンドウのサイズを変更することができます。
・タイトルバーにマウスポインタを移動させてドラッグすると、ウィンドウを移動することができます。
・タイトルバーをダブルクリックすると、ウィンドウを最大化することができます。

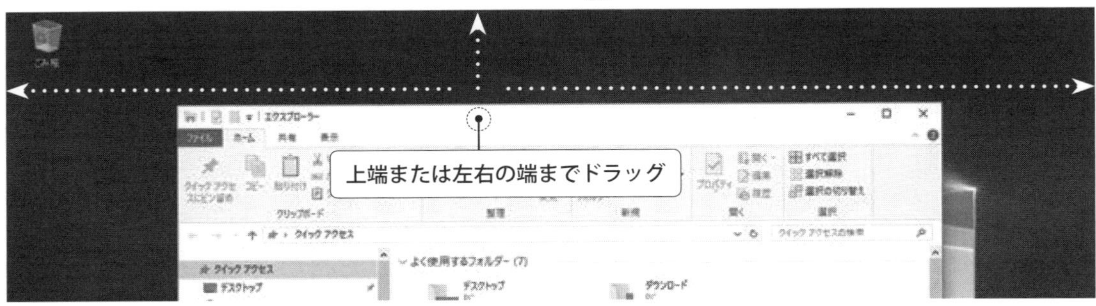

・タイトルバーをデスクトップの上端までドラッグすると、ウィンドウを最大化することができます。この機能は、エアロスナップといいます。
・タイトルバーをデスクトップの左（右）端までドラッグすると、ウィンドウをデスクトップの左（右）半分の大きさにすることができます。この機能も、エアロスナップといいます。

1-2　日本語入力

1-2-1　キーボードの操作

電子メールを書いたり、文書を作成したりとパソコンを操作する上で、キーボードはマウス以上に必要なものです。キーボード入力が上達すれば、ブラインドタッチといってキーを見ないで画面だけを見て、文書などの文字を入力することができるようになります。

キーボードは、F と J のキーが手で触って他のキーと区別できるようになっています。このキーに左手と右手の人差し指を置くようにして、残りの指を順番に隣のキーの上に置きます。この指の置き方をホームポジションといいます。

通常、アルファベットや数字などが書かれているキーを押すと、画面上のカーソル（点滅している棒状のもの）の位置に、その文字が表示されます。しかし、Enter キーなどの特別なキーは、画面に表示されずに特別な意味を持っています。

（代表的な特殊キー）

- Enter（エンター）キー：命令の入力や文書などの改行を行います。
- Backspace（バックスペース）キー：カーソルの前の文字を 1 文字消去します。
- Delete（デリート）キー：カーソルの後ろの文字を 1 文字消去します。
- ↑ ↓ ← →（矢印）キー：カーソルを移動させせます。
- 半角 / 全角 キー：日本語入力のオン・オフを切り替えます。
- Esc（エスケープ）キー：入力をキャンセルします。
- Tab（タブ）キー：入力項目の移動や空白文字を入力します。
- Shift（シフト）キー：単独で使わずに他のキーと組み合わせて使います。このキーと同時に押すことにより、アルファベットの小文字は大文字になり、数字や記号に関しては、キーの上の記号となります。
- Ctrl（コントロール）キー：単独で使わずに他のキーと組み合わせて使います。ショートカットキー（マウス操作をキー入力に対応させたもの）としてよく使われます。
- Alt（オルト）キー：単独で使わずに他のキーと組み合わせて使います。ショートカットキー（マウス操作をキー入力に対応させたもの）としてよく使われます。
- ⊞（ウィンドウズ）キー：スタートメニューを表示します。

1-2-2　MS-IME

Windows10 での日本語入力は、MS-IME（日本語入力エディタ）や ATOK などを使って行います。Windows10 では MS-IME が標準で利用でき、それを使っていろいろな方法で日本語を入力することができます。

MS-IME を使えば、日本語変換時の日本語入力の状態を表示したり、環境を設定したりできます。また設定を変更すると、中国語や韓国語などの入力もできます。

1-2-3　入力方式と入力モード

日本語入力方式には、「ローマ字入力」と「かな入力」があります。ローマ字入力はアルファベットを組み合わせて日本語入力する方式で、かな入力はキーボードのひらがなのキーを押して日本語入力する方式です。

通常の入力方式は、「ローマ字入力」になっています。MS-IME のアイコンを右クリックすることで「IME のオプション」が表示されます。

ひらがな(H)
全角カタカナ(K)
全角英数(W)
半角カタカナ(N)
半角英数(F)
IME パッド(P)
単語の登録(O)
ユーザー辞書ツール(T)
追加辞書サービス(Y)
検索機能(S)
誤変換レポート(V)
プロパティ(R)
ローマ字入力 / かな入力(M)
変換モード(C)
プライベートモード(E) (オフ)　Ctrl + Shift + F10
問題のトラブルシューティング(B)
あ　2017/02/27

通常は、ひらがな入力となっていますが、「IME のオプション」を表示し、項目を選択することで「ひらがな」から「全角カタカナ」、「全角英数」、「半角カタカナ」、「半角英数」へと入力モードを変更することができます。

その他、「IME のオプション」から日本語入力方式を「ローマ字入力」から「かな入力」へ切り替えるなど、さまざまな変更をすることもできます。

・あ（ひらがな）：ひらがなを入力することができます。入力後、漢字変換することもできます。通常は、この入力モードで利用します。
・カ（カタカナ）：カタカナを入力することができます。入力後、漢字変換することもできます。
・A（全角英数）：全角の英数字を入力することができます。
・_ｶ（半角カタカナ）：半角のカタカナを入力することができます。半角カタカナを使って電子メールを書いたりすると、文字化けして読めなくなってしまうことがありますので、あまり利用しません。
・A（半角英数）：半角の英数字を入力することができます。メールアドレスやホームページのURLなどは、すべて半角の英数字です。

キャリアアップ Point！

入力モードの切り替えは、半角/全角 キー、カタカナひらがな キー、無変換 キー、英数 キーでもできます。

1-2-4　日本語入力の仕方

日本語入力は、「ローマ字入力」や「かな入力」により、最初に漢字などの読みをひらがなで入力してから Space キーまたは 変換 キーを押して漢字などに変換します。最後に、変換が完了したら Enter キーを押して変換を確定します。日本語入力を行うとき、一度の変換で必ずしも目的の漢字に変換されるとは限りません。変換が正しく行われなかったときは、ほかの変換候補一覧を表示したり、文節の区切り位置を変更したりします。

▶練習 1　次の文書を入力してみましょう。

毎年恒例となっているイベントを開催する。

❶ 読みを入力します。

まいとしこうれいとなっているいべんとをかいさいする。

❷ Space キーまたは 変換 キーを押します。

毎年高齢となっているイベントを開催する。

変換対象の文節は下線が太くなっています

❸ ← キーまたは → キーで変換する文節を移動します。

毎年高齢となっているイベントを開催する。

❹ Space キーまたは 変換 キーを再度押します。

毎年恒例となっているイベントを開催する。

変換候補一覧が表示されます

❺ 目的の漢字を選択してから Enter キーを押して完了します。

毎年恒例となっているイベントを開催する。

下線が消えて、漢字変換が確定します

▶練習2 次の文書を入力してみましょう。

明日博多に行きます。

❶ 読みを入力します。

あすはかたにいきます。

❷ Space キーまたは 変換 キーを押します。

明日は方に行きます。

❸ Shift キーを押しながら ← キーまたは → キーで変換する文節の大きさを変更します。

あすは方に行きます。

❹ Space キーまたは 変換 キーを押して正しい漢字にしてから、Enter キーを押して完了します。

明日博多に行きます。

キャリアアップ Point！

IMEのオプションから［IMEパッド］ボタンをクリックすると、手書き入力や部首などにより、難しい漢字などを入力することができます。

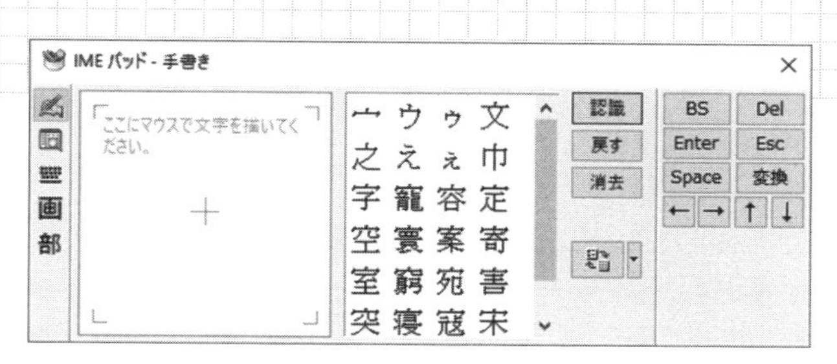

キャリアアップ Point！

読みを入力した後、ファンクションキーを使うとカタカナや英数字などに変換することができます。

ファンクションキー	変換の種類	変換後の文字
F6	全角ひらがな	にっぽん
F7	全角カタカナ	ニッポン
F8	半角カタカナ	ﾆｯﾎﾟﾝ
F9	全角英数	ｎｉｐｐｏｎｎ
F10	半角英数	nipponn

1-3　ファイルとフォルダーの基本

Windows10 で作成した文書や画像などのデータは、「ファイル」として保存されます。多くのデータを保存してファイルが増えると、目的のファイルを探すことが難しくなってきます。そこで、「フォルダー」という保存場所を作成してファイルを分かりやすく整理することができます。また、保存したファイルの名前を変更したり、保存場所を移動したりさまざまな操作もすることができます。

1-3-1　エクスプローラー

保存されているファイルやフォルダーの内容を表示するためには、エクスプローラーを開きます。タスクバーの［エクスプローラー］ボタン をクリックすると以下のような「エクスプローラー」のウィンドウが開きます。

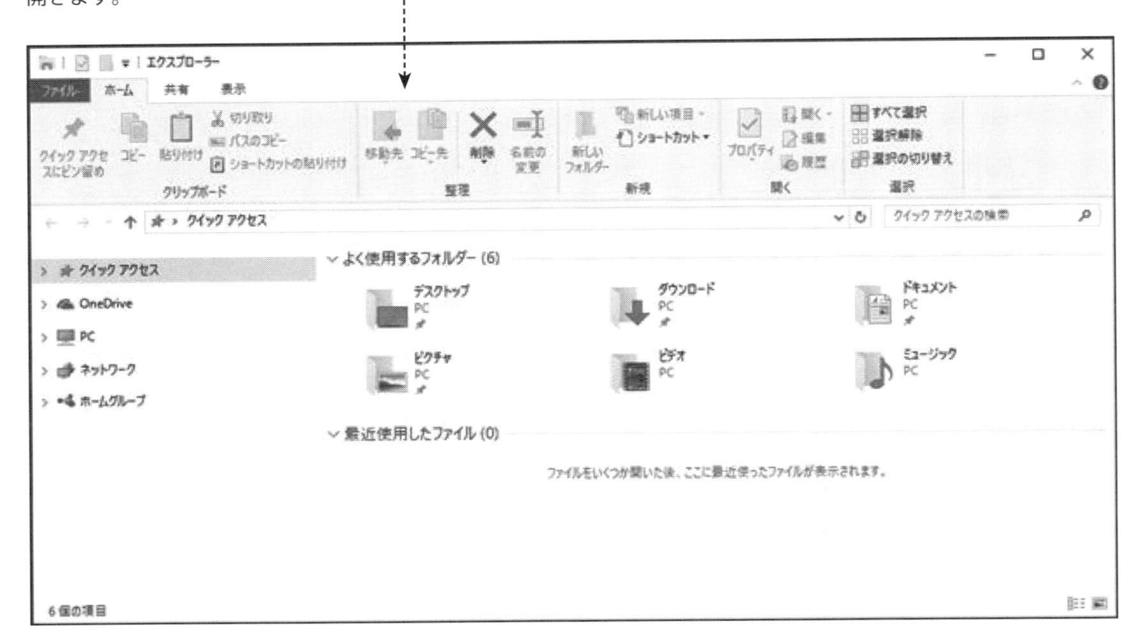

- Word で作成した文章や Excel で作成した表は、通常「PC」の「ドキュメント」に保存されます。「よく使用するフォルダー」の「ドキュメント」からも保存されたファイルを参照することができます。
- ファイルをダブルクリックすると、その内容が表示されます。
- ファイルをダブルクリックすると、対応するアプリケーションのウィンドウが開き、ファイルの内容が表示されます。
- ウィンドウ左側のフォルダー一覧をクリックすると、その内容が表示されます。
- ウィンドウ左上の ← → ˅ （戻る／進む）ボタンをクリックすると、1 つ前のフォルダーに移動します。
- 2 つ以上のエクスプローラーを開くときは、タスクバーの［エクスプローラー］ボタンを右クリックして［エクスプローラー］を選択します。

1-3-2　フォルダーの新規作成

フォルダーを作成してその中にファイルを保存することで、たくさんのファイルを整理して保存することができます。フォルダーは、いくつでもどこにでも作成することができます。

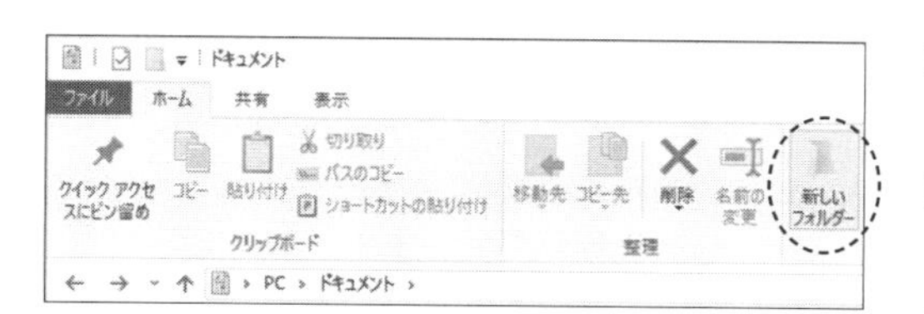

1「**エクスプローラー**」の「**ホームリボン**」にある［**新しいフォルダー**］ボタンをクリックします。

2 フォルダーの名前を入力して Enter キーを押します。

☞ マウスの右ボタンをクリックし、［新規作成］⇒［フォルダー］でもフォルダーの新規作成が可能です。

1-3-3　ファイルやフォルダーの名前の変更

保存したファイルや作成したフォルダーの名前を変更することができます。

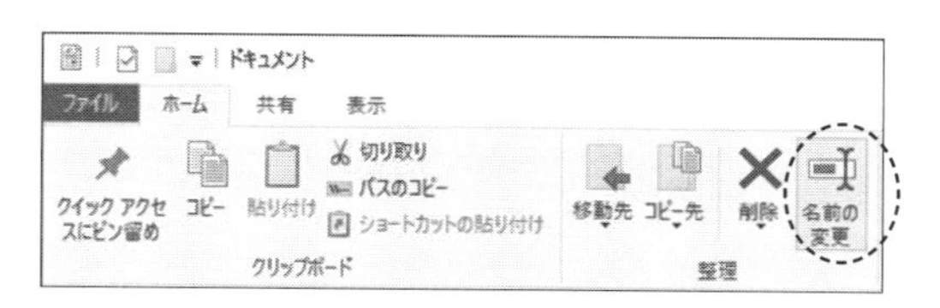

1 名前を変更するファイルやフォルダーをクリックします。

2「**エクスプローラー**」の［**ホームリボン**］から［**名前の変更**］をクリックします。

3 新しく名前を入力して Enter キーを押します。

☞ マウスの右ボタンをクリックし、［名前の変更］でも可能です。

1-3-4　ファイルやフォルダーの移動／コピー

ファイルの保存場所を、あるフォルダーから別のフォルダーに移動したりコピーしたりできます。もちろん、フォルダーも移動したりコピーしたりできます。この場合、フォルダーの中身もコピー／移動されます。

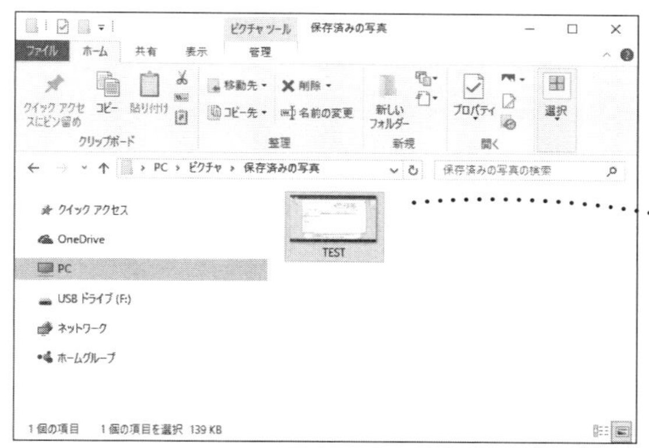

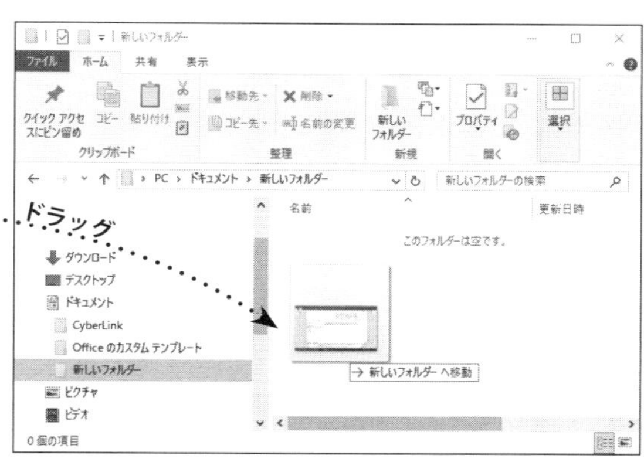

1「**エクスプローラー**」で移動／コピーするファイル（やフォルダー）の保存されているフォルダーを開きます。

2 別の「**エクスプローラー**」で移動／コピー先のフォルダーを開きます。

3 移動／コピーするファイル（やフォルダー）を移動／コピー先のフォルダーまでドラッグします。

☞ ファイル（やフォルダー）をドラッグするとき、コピー／移動先により自動的にコピーになったり移動になったりします。表示されるメッセージを必ず確認しましょう。

☞ ファイル（やフォルダー）を選択し、右ドラッグを使いコピー／移動先のフォルダーで指を離すことでサブメニューが表示され「ここにコピー」、「ここに移動」、「ショートカットをここに作成」、「キャンセル」の4つから操作を選択する方法もあります。

キャリアアップ Point !

Ctrl キーを押しながらドラッグすると、必ずコピーになります。また、Shift キーを押しながらドラッグすると、必ず移動になります。

1-3-5　ファイルやフォルダーの削除

必要なくなったファイルやフォルダーを削除するときは、デスクトップの「ゴミ箱」を利用します。「ゴミ箱」を利用すれば、間違えて削除したファイルやフォルダーを元の状態に戻すことができます。

「ゴミ箱」を利用できるのは、ハードディスクドライブに保存されているファイルやフォルダーのみです。USBメモリなどのリムーバブルディスクやネットワークディスクに保存されているファイルやフォルダーは、「ゴミ箱」の利用ができません。

- 削除するファイルやフォルダーをドラッグしてデスクトップの「ゴミ箱」に移動させると削除できます。
- マウスの右ボタンをクリックして［削除］でも、ファイルやフォルダーを削除することができます。
- Delete キーを押しても削除できます。
- Shift キーを押しながら削除すると、「ゴミ箱」に入らずに直ちに削除されてしまいます。
- 「ゴミ箱」をダブルクリックして開いてから、間違えて削除したファイルやフォルダーを選択してから［この項目を元に戻す］をクリックすると、元に戻すことができます。
- ここで、［ゴミ箱を空にする］をクリックすると、「ゴミ箱」の中身が空になります。

≫ Section 2

アプリケーションの操作

Windows10には、ペイントやゲームなど簡単に利用できるたくさんのアプリケーションが用意されています。これらのアプリケーションは､スタートメニューから起動することができます。また､デスクトップ画面上にショートカットを作成したり、タスクバーに登録したりすることで簡単に起動することもできます。

✣ 2-1　スタートメニューに表示

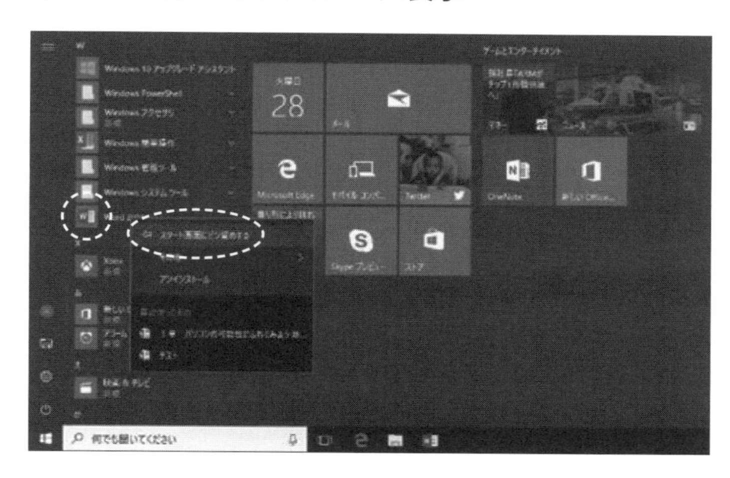

日本語ワープロの「Word」や表計算の「Excel」、ブラウザの「Microsoft Edge」など、よく利用するアプリケーションを毎回、スタートメニューから探しクリックして起動することは、マウスクリックの回数が増えて手間がかかります。

この問題点を解消するために、スタートメニューにアプリケーションを常に表示することもできます。例えば「Word2016」を右クリックして、[スタート画面にピン留めする]を選択します。すると、スタート画面に「Word2016」が常に表示されるようになります。

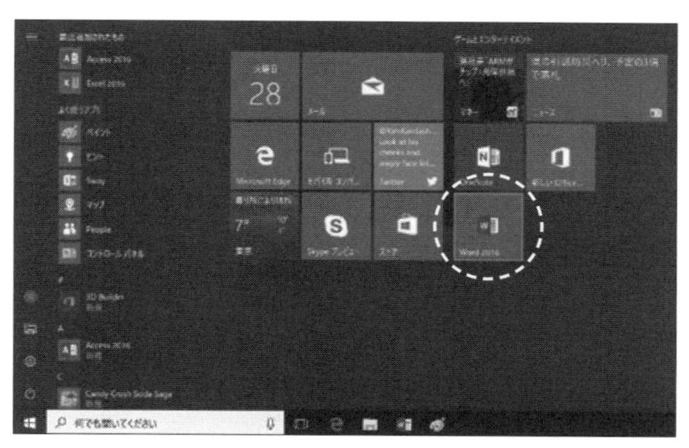

スタート画面に表示されるアプリケーションを右クリックすると、今までに利用したデータ一覧が表示されます。これらをクリックすることにより、目的のデータを素早く開くことができます。

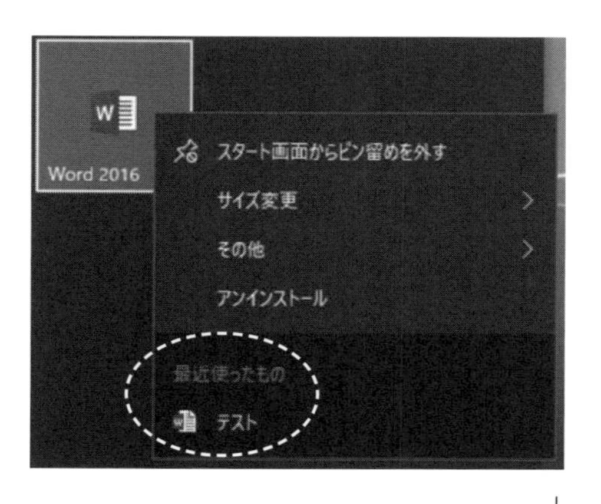

2-2　タスクバーに表示

通常、アプリケーションを利用するときはスタートメニューから行います。そして、タスクバーには利用しているアプリケーションのボタンが表示されます。Windows10 には、タスクバーによく利用するアプリケーションを登録する機能があります。この機能を使ってアプリケーションをタスクバーに登録すれば、スタートボタンを使わなくてもタスクバーからアプリケーションを利用することができます。

スタートメニューまたはスタート画面のアイコンを右ボタンでクリックして、［その他］から［タスクバーにピン留めする］を選択すると、常にタスクバーに表示されるようになります。また、右ボタンで表示されるメニューには「最近使ったもの」一覧も表示されます。

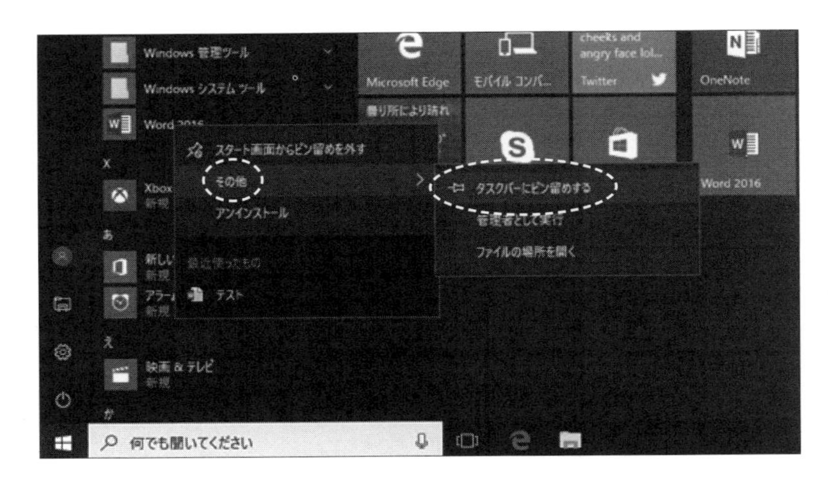

タスクバーに表示されるボタンの状態により、アプリケーションの利用状況を知ることができます。

・**ボタン下にアンダーバーがない**：アプリケーションを利用していない。

・**ボタン下にアンダーバーがある**：アプリケーションを利用している。

・**ボタン下にアンダーバーがありアイコンが二重になっている**：アプリケーションを利用していて、そのアプリケーションのウィンドウが複数開いている。

2-3　ペイント

「アクセサリ」の中に「ペイント」という絵を描くためのアプリケーションがあります。スタートメニューから [Windows アクセサリ] ⇒ [ペイント] とクリックすると、ペイントのウィンドウが開きます。

ペイントのウィンドウは、オフィス製品と同じくリボンインターフェイスになっており、すべての操作が、グループ毎に分けられたリボン内のボタンのみで行うことができます。

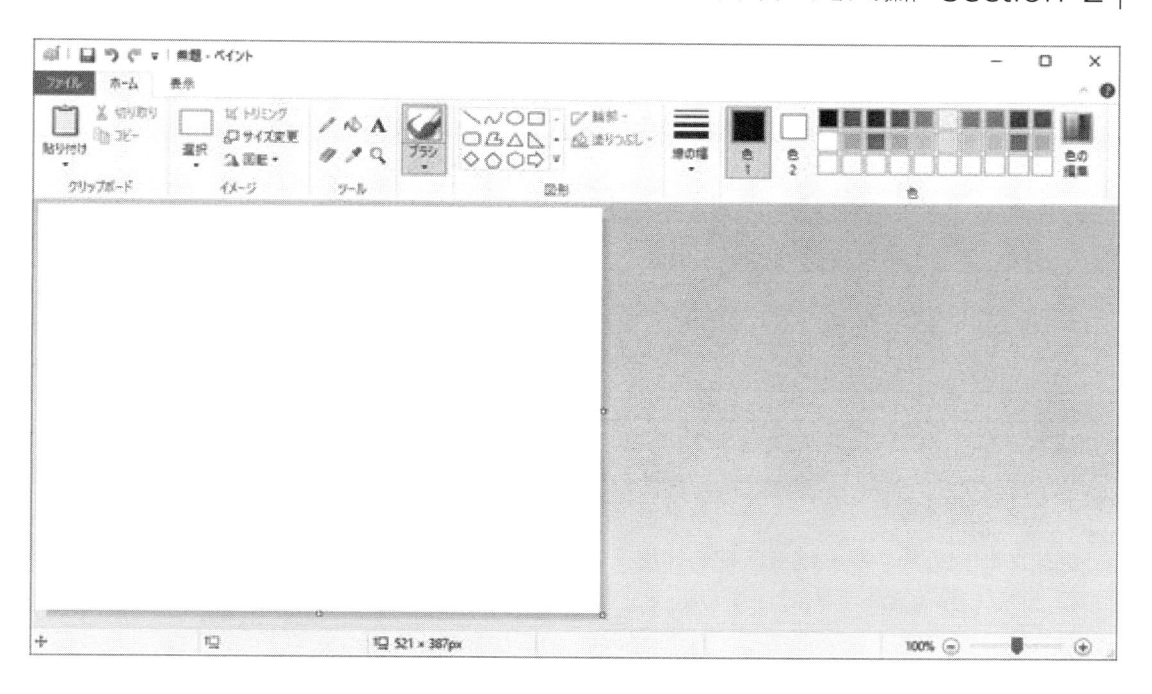

2-3-1　ペイント（ファイル）タブ

ファイルタブをクリックすると、保存されている画像データを開いたり、描画した絵を保存したり、印刷したりできます。

保存するときは、「PNG形式」「JPEG形式」「BMP形式」「GIF形式」などを選択することができます。通常、イラストなど自分で描いた絵は「PNG形式」で、写真などは「JPEG形式」で保存します。

2-3-2　ホームタブ

ホームタブでは、いろいろな道具を使って絵を描くことができます。

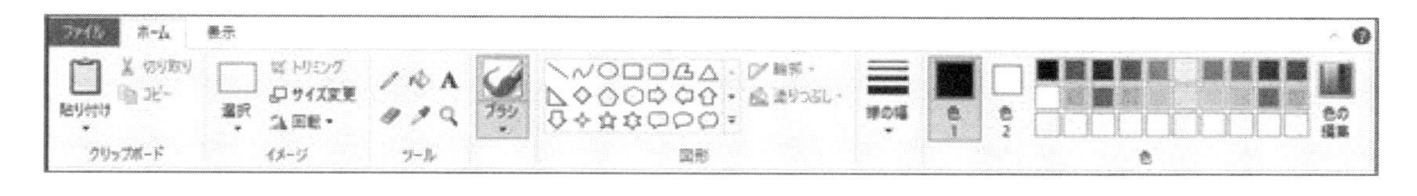

- **ブラシ**：選択した形のブラシで描画します。
- **図形**：四角形や円などの図形を挿入したり、それらの図形の輪郭や塗りつぶしの方法を指定したりします。
- **ツール**：鉛筆、塗りつぶし、テキストなどを使うことができます。
- **線の幅**：描画する図形の線の幅を指定できます。

- **色**：前景色と背景色を設定できます。前景色または背景色をクリックしてから、右側の色をクリックして設定します。
- **イメージ**：画像の一部を選択したり、回転したりできます。
- **クリップボード**：選択した画像の切り取り、コピー、貼り付けができます。

2-3-3　表示タブ

表示タブでは、画面の拡大や縮小などができます。

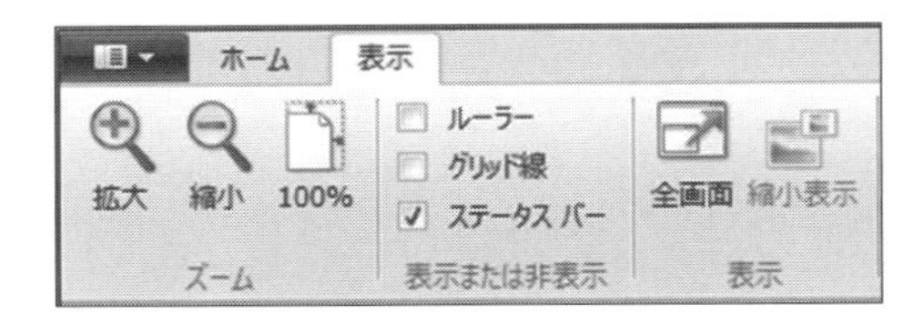

2-4　Microsoft Edge

インターネットの Web サイトを閲覧するためのアプリケーション（ブラウザといいます）として、「Microsoft Edge」があります。このアプリケーションは、Windows10 にはじめから導入されているのですぐに利用することができます。これ以外にも、「Firefox」「Google Chrome」「Opera」など多くのブラウザがあります。

・❶に検索ワードを入力することができます。例えば「Google」と入力して検索することもできます。
・一般的には、「Google（http://www.google.co.jp/）」や「Yahoo（http://www.yahoo.co.jp）」などの検索ページから、キーワードを入力して目的のWebサイトを検索する方法があります。
・❷の「ハブ」アイコンをクリックすることでサブメニューが表示されます。サブメニューの項目は「お気に入り」、「リーディングリスト」、「履歴」、「ダウンロード」です。
・頻繁に閲覧するWebサイトは、「お気に入り」に登録することができます。例えば「Google」の画面に遷移した後で、❸の「お気に入りまたはリーディングリストに追加」アイコンをクリックすることで、お気に入りやリーディングリストに追加することができます。
・目的のWebサイトのURL（http://で始まるもの）が分かっている場合は、ブラウザ上部のアドレス欄に入力して直接表示することができます。
・「戻る」「進む」ボタンで直前のページに戻ることができます。

キャリアアップ Point！

Webサイトの URL は、主に "http://" で始まります。Webサイトや電子メールなどインターネットでのデータの送受信は、通常暗号化されていません。そのため、入力した情報がそのままインターネット上で送受信されます。ですから、ネットショッピングなど個人情報の送受信は大変危険です。このようなWebサイトでは通常暗号化通信を行っており、ブラウザのアドレス欄を確認すると、鍵マークが表示され暗号化通信をおこなっていることを示しています。またアドレス欄をクリックするとURLが "https://" で始まっていることが確認できます。

» Section 3

周辺機器

パソコン本体以外にも、作成した文書やデジカメで写した写真などを印刷するプリンターや、データの受け渡しをするための USB メモリなどさまざまな周辺機器があります。

❖ 3-1　プリンター

Word で作成した文書やペイントで描いた絵を印刷するためにはプリンターが必要となります。プリンターが接続されていれば、Word やペイントなどのアプリケーションからは印刷ボタンをクリックするだけでプリンターからそれらのデータが印刷されます。

家庭などで一般に利用されるプリンターは、写真などの印刷もできるカラーインクジェットプリンターです。このプリンターは、シアン（水色）、イエロー、マゼンタ（赤紫色）、黒の 4 色を使って印刷します。また、最近ではイメージスキャナの機能も取り込んだ複合機タイプもよく使われています。

オフィスなどでよく利用されるプリンターは、コピー機と同じ原理で印刷するレーザープリンターです。最近ではカラー印刷のできるカラーレーザープリンターや、家庭などでも利用できる低価格なレーザープリンターも使われるようになっています。

これらのプリンターは普通に印刷するだけではなく、両面印刷や拡大／縮小印刷、写真画質での印刷などさまざまな印刷ができます。それらの設定は、印刷時にプリンターの「詳細設定」や「プリンターのプロパティ」で行います。設定画面の内容は、プリンターの種類によって異なりますが、それほど難しい内容ではありませんので、画面の説明を見ながら簡単に設定できます。

・「ペイント」での設定方法は、ファイルタブから［印刷］をクリックして表示されるサブメニューの「印刷」ダイアログボックスで、プリンターを選択してから［詳細設定］ボタンをクリックします。

・「Word」での設定方法は、ファイルタブから［印刷］をクリックして表示される印刷画面でプリンターを選択してから［プリンターのプロパティ］ボタンをクリックします。

❖ 3-2 USB メモリ

作成したデータの持ち運びをするとき、USB メモリに保存しておこないます。USB メモリは、パソコン本体などにある USB ポートに差し込むと自動的に「リムーバブルディスク」ドライブとして認識され、「ハードディスク」ドライブと同じように使えるようになります。

・USB メモリを差し込むと、「選択して、リムーバブルドライブに対して行う操作を選んでください（F：と表示されているとは限らない）」をクリックすることでダイアログボックスが表示されます。例えば「フォルダーを開いてファイルを表示 エクスプローラー」を選ぶと、USB メモリに保存されているデータが確認できます。

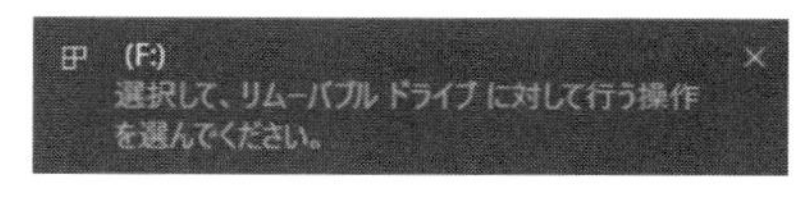

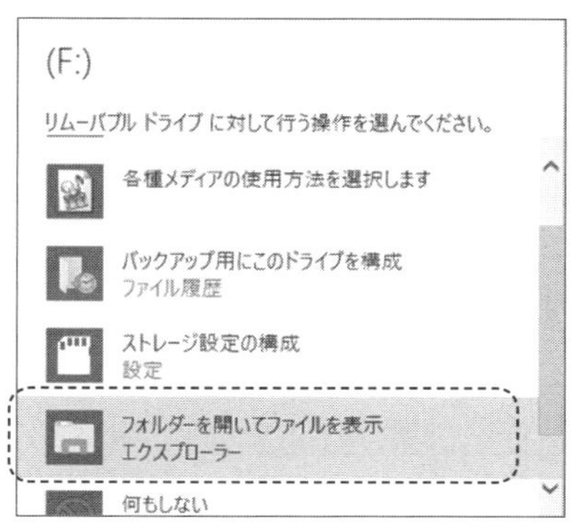

・USB メモリを取り外すときは、以下の手順で取り外します。USB メモリを勝手に取り外すとデータが消失したり、USB メモリが壊れたりすることがあります。

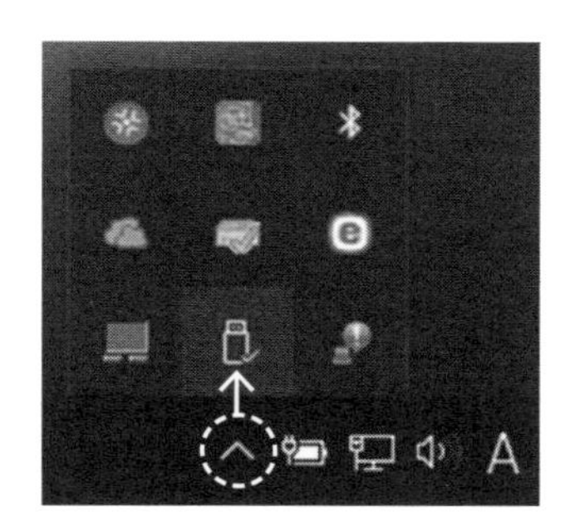

1 タスクバーの右側にある「**ハードウェアを安全に取り外してメディアを取り出す**」をクリックします。表示されていない場合は、^ ボタンをクリックして表示させます。

2「**○○○の取り出し**」をクリックします。

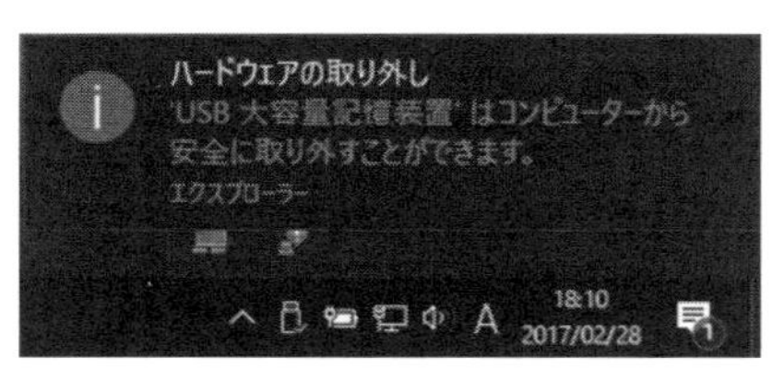

3 左のメッセージが表示されたら、USB メモリを取り外します。

3-3 ユーザーアカウント制御

プリンターなどを新たに接続して周辺機器のデバイスドライバをインストールするときや、アプリケーションソフトをインストールするときなど、画面が暗くなり「ユーザーアカウント制御」のダイアログボックスが表示されることがあります。

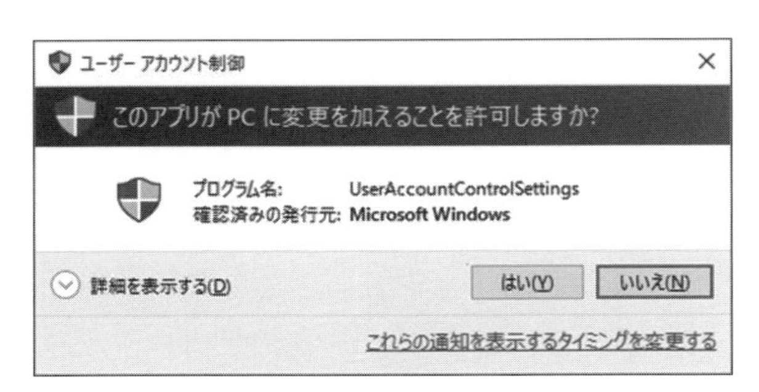

これは、操作ミスやウイルスによるパソコンの設定変更を防ぐためです。プログラム名などを確認して自分で操作して表示されたときは［はい］を押します。何も操作していないのに突然表示されたときは危険ですので［いいえ］を押します。

もし、パソコンを利用しているユーザーに管理者権限がなくパソコンの設定変更が認められていない場合は、管理者のパスワードを入力する必要があります。

Chapter 2

Wordの知識と活用

パソコンのワープロソフトを使えば、手紙や簡単な文書をはじめ、会社での社内文書や企画書などのビジネス文書を作成することができます。表や画像データ、イラストなどを使って見やすい文書を作るための機能も豊富にそろっています。この章では、パソコンでの文書作成の基本についてみていきます。

Career development

» Section 1

Wordの基本操作

1-1　Wordとは

Wordとは、文書入力はもちろん、文字の編集やレイアウトの設定、表の作成、さまざまな図形の利用などができる多機能のパソコン用ワープロソフトです。Wordで作成し保存された文書のことをドキュメントといいます。

1-1-1　Wordの起動と終了

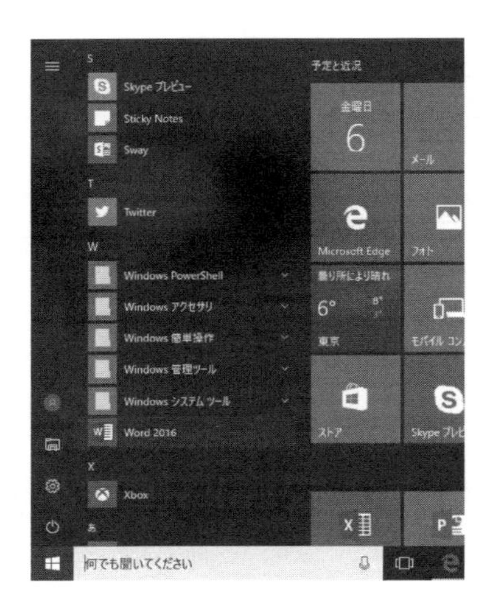

1 Wordの起動方法

1 **［スタート］** ボタン をクリックします。

2 **［すべてのアプリ］** ⇒ **［Word 2016］** をクリックします。

3 Wordが開いたら **［白紙の文書］** をクリックします。または、**［最近使ったファイル］** や **［他の文書を開く］** から文書を選択します。

キャリアアップ Point！

［Word 2016］を右クリックし、［その他］⇒［タスクバーにピン留めする］をクリックすると、常にタスクバーに表示され、タスクバーのクリックのみで簡単にWordを起動できます。［スタート画面にピン留めする］をクリックすると、スタート画面に表示され、簡単にWordを起動することが可能です。またメニュー下部には「最近使ったもの」一覧が表示されています。

2 Wordの終了方法

1 タイトルバーの右側の ✕ （閉じる）ボタンをクリックします。

☞ ［ファイル］タブ⇒［閉じる］ボタンでも終了することができます。

☞ 保存されていない文書があるときは、「変更を保存しますか？」とメッセージが表示されます。このとき、保存してから終了する場合は［保存（S）］ボタン、保存せずに終了する場合は［保存しない（N）］ボタン、文書作成に戻る場合は［キャンセル］ボタンをクリックします。保存せずに終了した場合は、作成した文書はなくなってしまいます。

1-1-2 Word の画面

Word を起動すると下図のようなウィンドウが開きます。

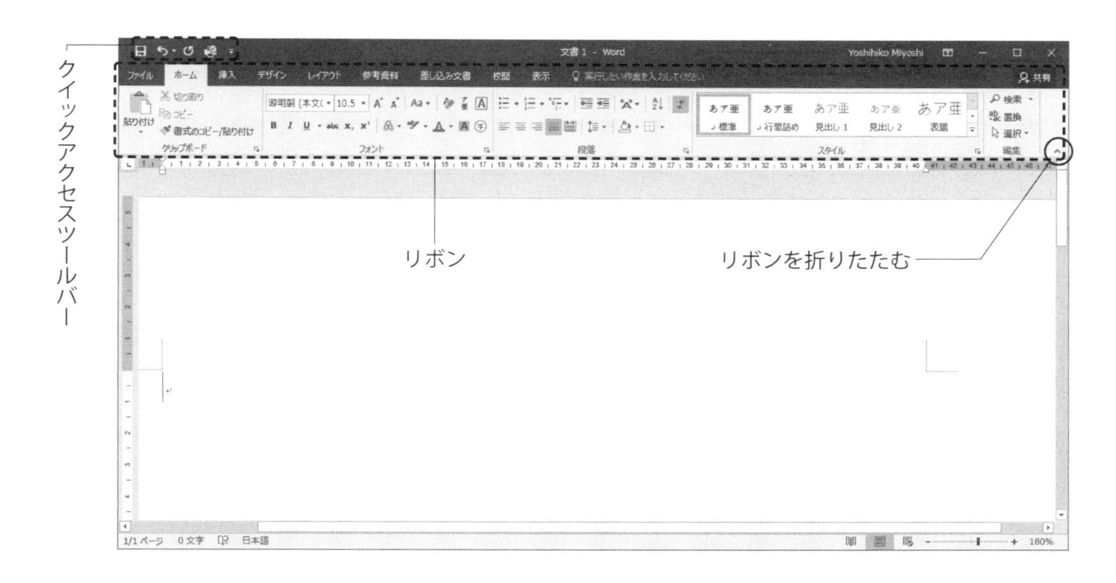

「クイックアクセスツールバー」では、「上書き保存」「元に戻す」「やり直し」の操作が 1 回のクリックでできます。また、「クイックアクセスツールバーのユーザー設定」により、内容を自由に設定することもできます。

「リボン」とは、[ホーム] タブや [挿入] タブなど 9 つのタブに Word の機能をまとめたものをいいます。文書を作成するときに、それぞれの機能をクリックすることにより簡単に操作できるようになっています。[リボンを折りたたむ] ボタンをクリックすると、タブ名のみの表示にすることもできます。元に戻す場合はタブをクリックしてリボンを表示させてから [リボンの固定] ボタンをクリックします。

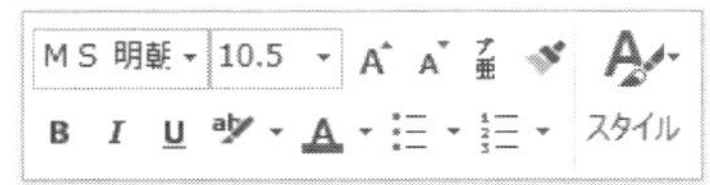

「ミニツールバー」とは、文字列を選択したときや右ボタンをクリックしたときに表示される小さなツールバーのことをいいます。このツールバーにはよく使われるボタンが表示されます。

1-1-3 新規作成

新しい文書を作成することができます。

1 [**ファイル**] タブをクリックします。

2 メニューの [**新規**] をクリックします。

3 [**白紙の文書**] をクリックします。

「新規」をクリックしたとき、「テンプレート」と呼ばれる文書のひな形を選択することができます。たとえば、「請求書 (一般的)」を選択し、「作成」ボタンをクリックすれば、請求書を簡単に作成することが可能です。

1-1-4　開く

既に作成し保存されている文書を利用するときには、その文書を開いて利用します。

❶［**ファイル**］タブをクリックします。
❷ メニューの［**開く**］をクリックします。
❸［参照］をクリックして表示される「ファイルを開く」から目的のファイルを選択し、［**開く**］ボタンをクリックします。

☞ メニューの［最近使ったアイテム］には、最近使ったアイテム一覧が表示され、その中から選択して開くことができます。またエクスプローラーから直接ファイルをダブルクリックして開くこともできます。

1-1-5　保存

作成や編集した文書を保存することができます。

❶［**クイックアクセスツールバー**］の［**上書き保存**］ボタンをクリックします。

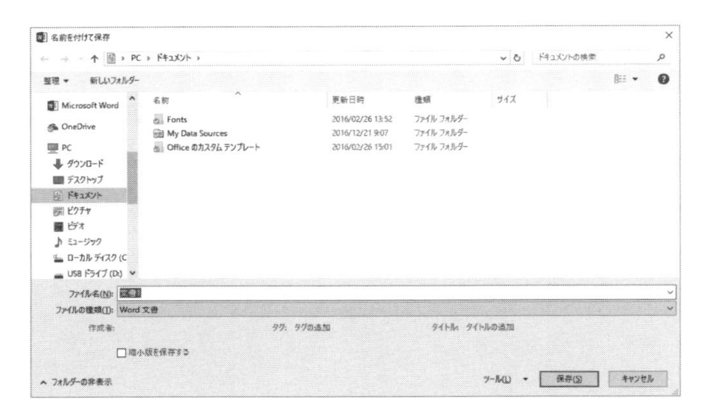

☞［ファイル］タブ⇒［上書き保存］ボタンでも保存できます。

上書き保存すると、以前に保存されていた内容はなくなり、新しく保存する内容に変わります。以前に保存した内容も残す場合は、［ファイル］タブ⇒［名前を付けて保存］ボタンをクリックします。

新規作成した文書でまだ一度も保存していないときは、自動的に「名前を付けて保存」となり［参照］ボタンをクリックして表示される［名前を付けて保存］ダイアログボックスで「ファイル名」を入力してから［保存］ボタンをクリックします。

1-1-6　印刷

❶［**ファイル**］タブをクリックします。
❷ メニューの［**印刷**］をクリックします。
❸ 右側に表示される印刷プレビューを確認して、［**印刷**］ボタンをクリックします。

☞ プリンターの設定を行うことにより、拡大印刷や縮小印刷などが行えます。

▶練習 1　次の文書を入力し、**「お知らせ」**という名前で保存しましょう。文中の ↵ 記号は、Enter キーを押して改行することを意味します。

サマーキャンプのお知らせ↵
平成○年７月１日↵
キッズ・オリオンズ□代表□森田↵
↵
長かった梅雨も明け暑い夏がやってきました。キッズ・オリオンズのみなさんは、この暑さにも負けず元気いっぱいですよね。↵
↵

✣ 1-2　文書の作成

入力した文字の大きさや位置を変更することにより、作成した文書をきれいに見やすくすることができます。ここでは、［ホーム］タブや［挿入］タブの機能を利用してより見やすい文書を作成していきます。

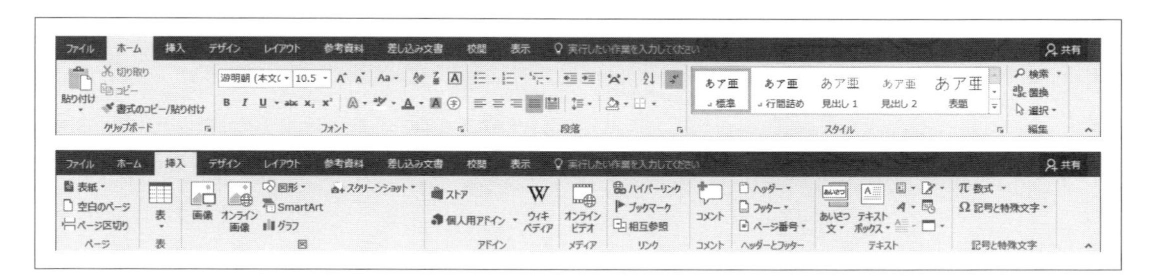

1-2-1　フォントの設定

［ホーム］タブの［フォント］グループのボタンを使って文字の種類や大きさなど文字に関する書式を設定します。

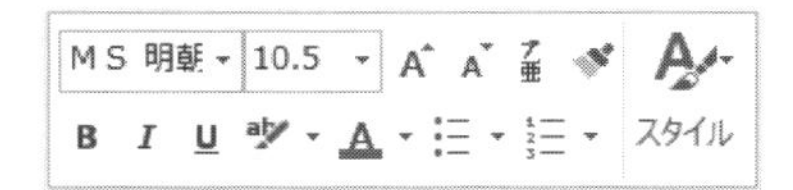

文字列を選択したり、右ボタンをクリックしたりすると［ミニツールバー］が表示され、リボンのボタンを使わなくてもフォントの設定を行うこともできます。

キャリアアップ Point！

［ホーム］タブの［フォント］グループ右下のボタン（ダイアログボックス起動ツール）をクリックすると、［フォント］ダイアログボックスが表示され、より詳細な設定を行うことができます。

1 フォントの設定を行う文字列をマウスドラッグにより選択します。

2 設定するボタンをクリックしてフォントの設定を行います。

設定可能な内容

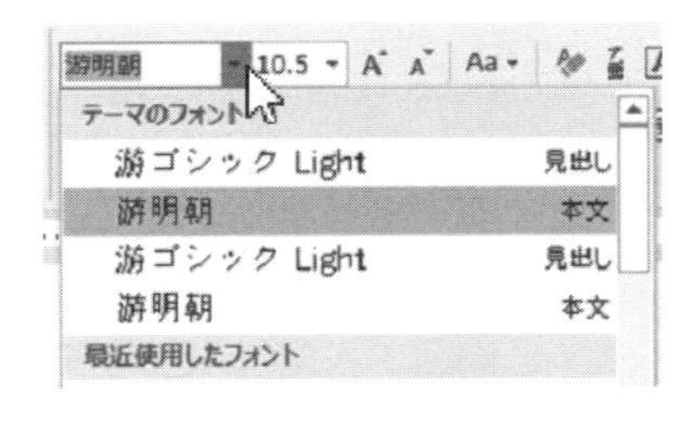

- フォントを変更することができます。標準では「游明朝」が設定されています。これらのフォントは文書の本文としてよく使われます。また、見出しとしては「游ゴシック Light」がよく使われます。
- フォントサイズを変更することができます。標準では 10.5 ポイントの大きさに設定されています。
- A A：フォントサイズを一段階大きくしたり小さくしたりできます。

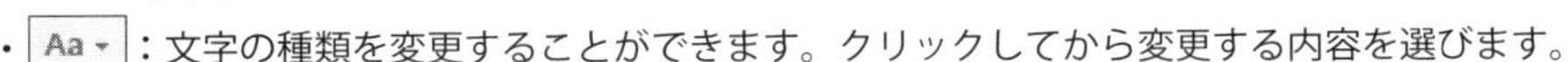

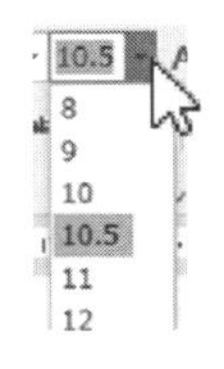

- Aa：文字の種類を変更することができます。クリックしてから変更する内容を選びます。
- ：書式をクリアすることができます。書式をクリアすると、設定されていた書式がすべて標準の状態に戻ります。
- ：ルビ（ふりがな）を設定することができます。クリックすると、「ルビ」ダイアログボックスが表示されます。

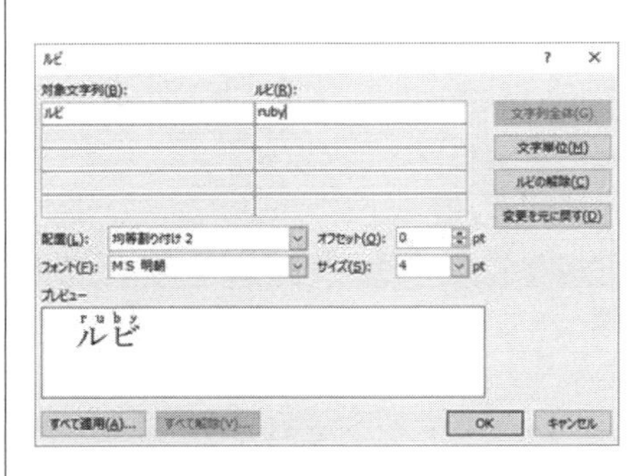

1. [ルビ] を入力して、表示されている内容からルビ（左図では ruby）を変更することができます。
2. [**文字列単位**] [**文字単位**] でルビを指定できます。
3. ルビの配置やフォントを変更することができます。
4. [**OK**] ボタンをクリックすると、ルビが設定されます。
5. [**すべて適用**] ボタンをクリックすると、文書中の同じ単語すべてにルビを設定することができます。このとき、1 箇所ずつ確認しながら「変更」したり、一度に「すべて変更」したりできます。

- A：文字に囲み線を付けることができます。
- B：太字にすることができます。
- I：斜体にすることができます。
- U：下線を付けることができます。右側の ▼ ボタンをクリックすると、下線の種類や色を選ぶことができます。
- abc：取り消し線を付けることができます。
- x_2 x^2：下付き文字や上付き文字にすることができます。
- A：文字の効果を設定することができます。クリックしてから、文字の効果の種類を選びます。また、文字の輪郭、影、反射、光彩について細かく設定することもできます。
- ：蛍光ペンでマークを付けたようにできます。右側の ▼ ボタンをクリックすると、色を選ぶことができます。
- A：フォント色を変更することができます。右側の ▼ ボタンをクリックすると色を選ぶことができます。
- A：文字に網掛けを付けることができます。
- 字：囲い文字を設定できます。クリックすると、[囲い文字] ダイアログボックスが表示されます。

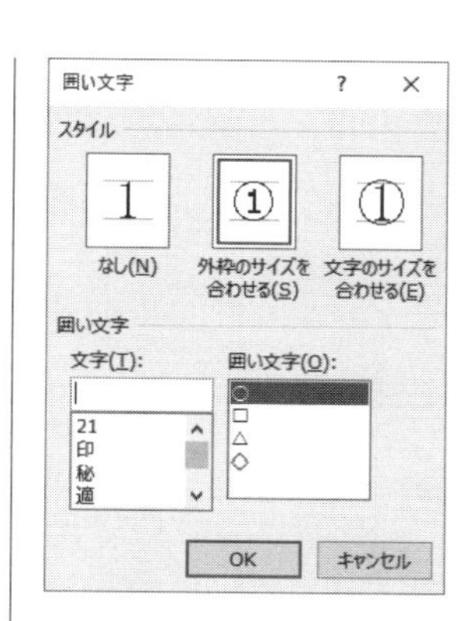

❶ 外枠のサイズまたは文字のサイズによりスタイルを選択できます。

❷ 必要に応じて、中身の文字を指定し直すことができます。

❸ 囲い文字の種類を選択できます。

❹［OK］ボタンをクリックすると、囲い文字が設定されます。

▶練習 2　文書**「お知らせ」**に以下の書式を設定してみましょう。

① 1 行目はタイトルとして、「游ゴシック Light」「20 ポイント」「太字」「一重下線」にしましょう。

② 2 行目と 3 行目は、「9 ポイント」にしましょう。

サマーキャンプのお知らせ

平成○年 7 月 1 日

キッズ・オリオンズ□代表□森田

長かった梅雨も明け暑い夏がやってきました。キッズ・オリオンズのみなさんは、この暑さにも負けず元気いっぱいですよね。

1-2-2　段落の設定

ここでは、文書の配置や箇条書きの設定など段落に関する書式を設定します。［ホーム］タブの「段落」グループのボタンを使って設定します。

文字列を選択したり、右ボタンをクリックしたりすると「ミニツールバー」が表示され、リボンのボタンを使わなくても段落の設定を行うこともできます。

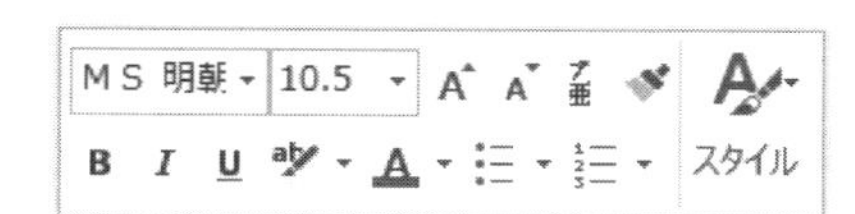

1 段落とは

段落とは、文書の書き始めから Enter キーを押して表示される段落記号 ↵ までのひとかたまりの文書のことをいいます。段落の設定をすることにより、より見やすい文書を作成することができます。

キャリアアップ Point！

［ホーム］タブの「段落」グループ右下のボタン（ダイアログボックス起動ツール）をクリックすると、「段落」ダイアログボックスが表示され、より詳細な設定を行うことができます。

2 配置の設定

ここでは、段落内の文字の位置を設定することができます。たとえば、文書のタイトルを中央に配置したり、日付などを右に配置したりすることができます。

1 配置を設定する段落をクリックします。複数の段落を同時に設定する場合は、それらの段落を選択します。
2 設定する配置のボタンをクリックします。

設定可能な内容

- （左揃え）：段落内の文字がすべて左端から表示されます。複数行にわたる段落の場合、左端は揃いますが右端は揃わないときがあります。
- （中央揃え）：段落内の文字がすべて行の中央を中心として揃います。通常、タイトルなどでこの配置を使います。
- （右揃え）：段落内の文字がすべて右端に揃います。通常、日付などでこの配置を使います。
- （両端揃え）：段落内の文字がすべて左端から表示され、右端も揃います。通常の文書は、すべてこの配置で使います。複数行にわたる段落の場合、左端も右端も揃います。
- （均等割り付け）：段落内の最初と最後の文字が左端と右端に揃うように文字間隔が調整されて表示されます。
- （文字の均等割り付け）：文字を選択してからボタンをクリックすると、「文字の均等割り付け」ダイアログボックスが表示され、選択した文字を指定した文字数の幅で均等割り付けすることができます。

左揃え	両端揃え
中央揃え	均　等　割　り　付　け
右揃え	文　字　の均等割り付け

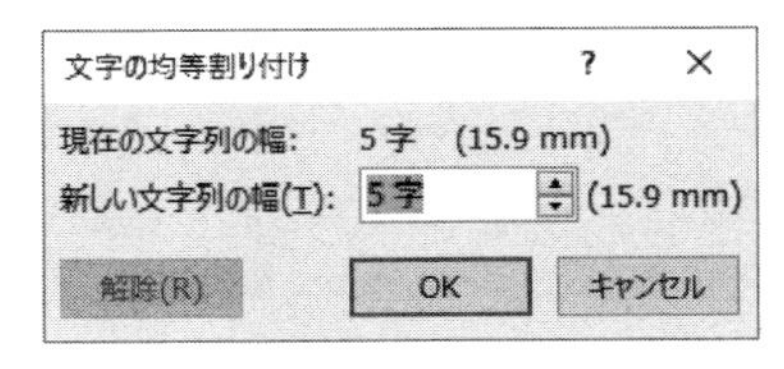

▶**練習 3**　文書**「お知らせ」**に以下の配置を設定してみましょう。

①1行目は、「中央揃え」にしましょう。

②2行目と3行目は、「右揃え」にしましょう。

サマーキャンプのお知らせ

平成○年7月1日

キッズ・オリオンズ□代表□森田

長かった梅雨も明け暑い夏がやってきました。キッズ・オリオンズのみなさんは、この暑さにも負けず元気いっぱいですよね。

3 行間の設定

ここでは、行と行の間隔を設定することができます。通常の行間は1.0になっています。

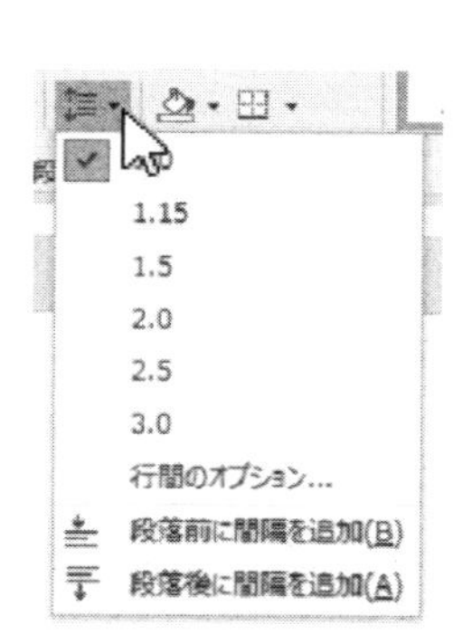

1 行間を設定する段落をクリックします。複数の段落を同時に設定する場合は、それらの段落を選択します。

2 行間のボタンをクリックし、設定する行間を選択します。

4 塗りつぶしの設定

ここでは、文書内の文字を塗りつぶすことができます。塗りつぶしをすることにより、文書を強調し目立たせることができます。

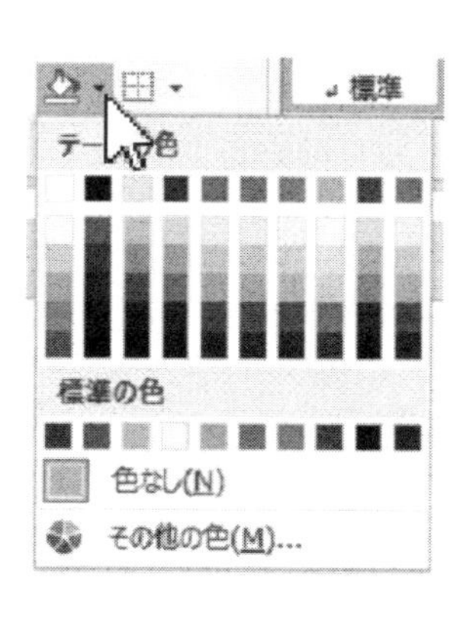

1 塗りつぶしを設定する文字列を選択します。

2 （塗りつぶし）ボタンをクリックすると、現在選択されている色で塗りつぶされます。右側の ▼ ボタンをクリックすると、塗りつぶす色を選ぶことができます。

5 罫線の設定

ここでは、段落全体を罫線で囲むことができます。罫線の指定は、上下左右別々に行うことができます。

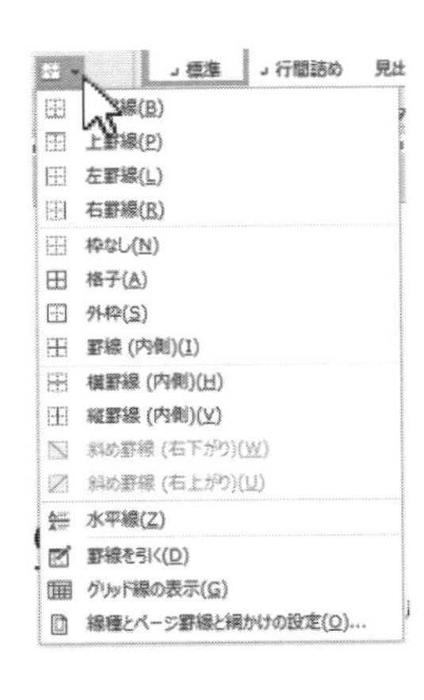

1 罫線を設定する段落を選択します。複数の段落の罫線を同時に設定する場合は、それらの段落を選択します。

2 （罫線）ボタンをクリックすると、現在選択されている罫線が引かれます。右側の ▼ ボタンをクリックすると、いろいろな種類の罫線を選ぶことができます。

☞ 文字列の選択をして罫線の設定を行った場合は、自動的に囲み線の設定となります。

6 インデントの設定

ここでは､文書の左端の位置と右端の位置が設定できます。文書の左端の位置のことを「左インデント」といい、右端の位置のことを「右インデント」といいます。

このインデントは、段落ごとに設定することができます。段落の 1 行目と 2 行目以降は別々にインデントを設定することもでき、それぞれ「1 行目のインデント」「ぶら下げインデント」といいます。

1 インデントを設定する段落をクリックします。複数の段落を同時に設定する場合は、それらの段落を選択します。

2 （インデントを増やす）ボタンをクリックすると、段落の左端が 1 文字右に移動します。（インデントを減らす）ボタンをクリックすると、段落の左端が 1 文字左に移動します。

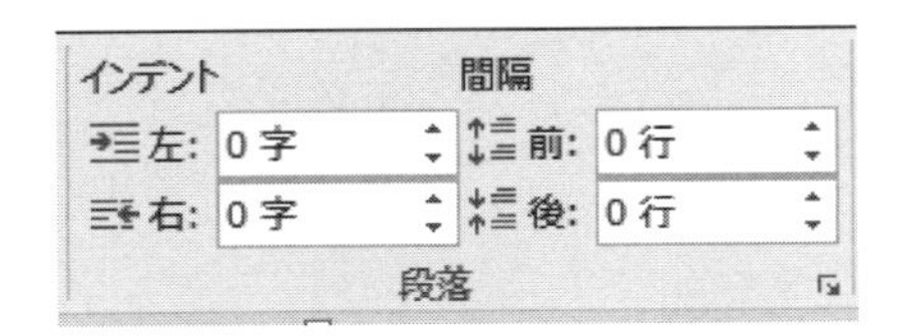

☞［レイアウト］タブの「段落」グループのインデントでは文字数で左右のインデント幅を指定できます。

☞ すでに入力されている段落の 1 行目の左端をクリックしてからスペースキーを押すと､「1 行目のインデント」を 1 文字分設定できます。

☞ すでに入力されている段落の 2 行目以降の左端をクリックしてからスペースキーを押すと､「ぶら下げインデント」を 1 文字分設定できます。

キャリアアップ Point !

- ［ホーム］タブの「段落」グループ右下のボタン（ダイアログボックス起動ツール）をクリックして表示される「段落」ダイアログボックスの「インデントと行間隔」タブでは、より細かいインデントの設定が可能です。
- ルーラーに表示されているインデントマーカーをマウスでドラッグすることによりインデントの設定も可能です。

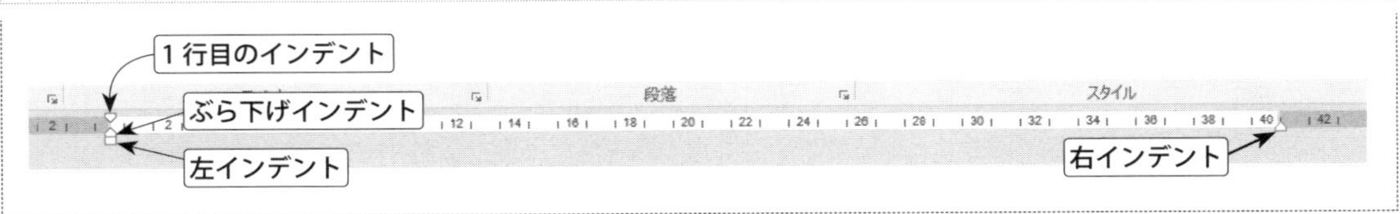

▶**練習 4**　文書「**お知らせ**」に以下の文書を追加し、「1 行目のインデント」を 1 文字分設定しましょう。

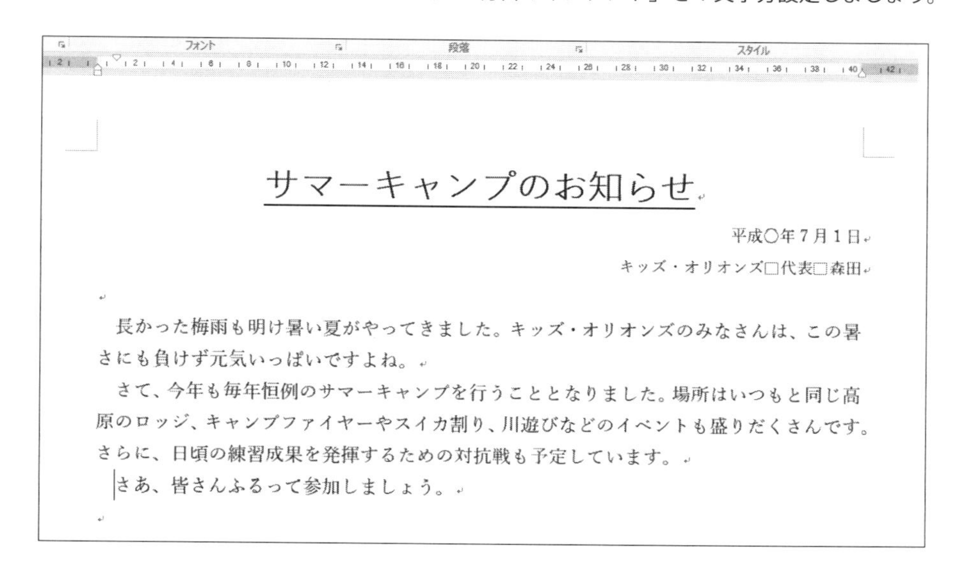
サマーキャンプのお知らせ

平成○年 7 月 1 日

キッズ・オリオンズ□代表□森田

　長かった梅雨も明け暑い夏がやってきました。キッズ・オリオンズのみなさんは、この暑さにも負けず元気いっぱいですよね。

　さて、今年も毎年恒例のサマーキャンプを行うこととなりました。場所はいつもと同じ高原のロッジ、キャンプファイヤーやスイカ割り、川遊びなどのイベントも盛りだくさんです。さらに、日頃の練習成果を発揮するための対抗戦も予定しています。

　さあ、皆さんふるって参加しましょう。

7 箇条書きと段落番号の設定

　ここでは、行頭に記号を付ける箇条書きや、通し番号を付ける段落番号が設定できます。

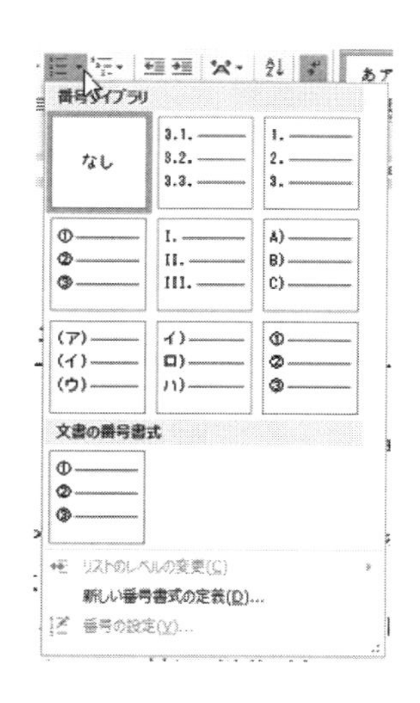

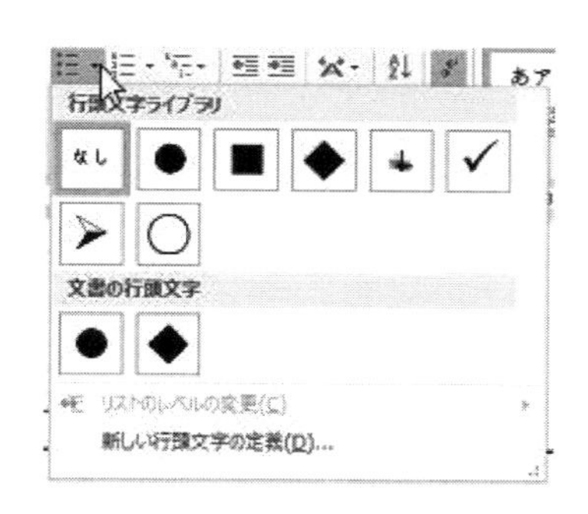

1 箇条書きまたは段落番号を設定する段落をクリックします。複数の段落を同時に設定する場合は、それらの段落を選択します。

2 （箇条書き）ボタンをクリックすると、行頭に記号が付きます。（段落番号）ボタンをクリックすると、行頭に通し番号が付きます。それぞれ右側の ▼ ボタンをクリックすると、より細かく設定できます。

☞「段落番号」⇒「番号の設定」により、通し番号を任意の番号から開始することができます。

8 タブの設定

　タブとは、Tab キーを押したときに挿入されるある一定の文字幅の空白のことをいいます。初期状態では、左側の余白の位置から 4 文字分の幅で空白が挿入されます。タブを挿入することにより、文書の位置をきれいに揃えることができます。

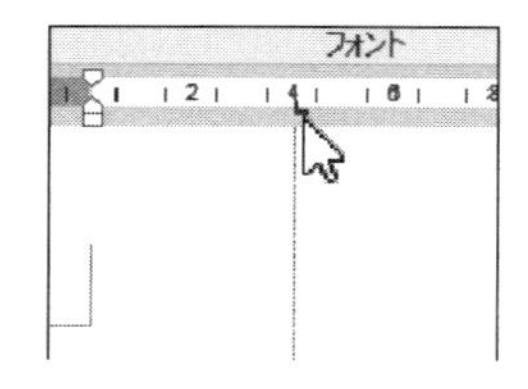

　タブの位置は自分で設定することもできます。ルーラーの部分をクリックするとタブマーカーが表示され、タブの位置が設定されます。タブには、（左揃えタブ）、（中央揃えタブ）、（右揃えタブ）、（小数点揃えタブ）などがあります。これらの切り替えは、ルーラーの左端のボタンで行います。

　タブ位置の設定を削除するときは、ルーラー上のタブマーカーをドラッグしてルーラーから外に移動させます。

キャリアアップ Point！

タブマーカーをダブルクリックすることにより、「タブとリーダー」ダイアログボックスが表示されより詳しく設定することができます。

▶練習 5 文書「**お知らせ**」に以下の文を追加し、箇条書きにしてみましょう。「日程」「場所」などの右側は Tab キーを押して間隔を開けましょう。また、これらに 4 文字分の幅で均等割り付けを設定しましょう。

原のロッジ、キャンプファイヤーやスイカ割り、川遊びなどのイベントも盛りだくさんです。
さらに、日頃の練習成果を発揮するための対抗戦も予定しています。
　さあ、皆さんふるって参加しましょう。

➢ 日　　程　→　平成○年 8 月 14 日〜15 日（1 泊 2 日）
➢ 場　　所　→　○○県□山の上高原ロッジ
➢ 集　　合　→　14 日午前 6 時□ユニホームを着てキッズ・オリオンズグランド前
➢ 持 ち 物　→　練習用具一式と宿泊用荷物の二つ
➢ そ の 他　→　参加、不参加は 7 月 10 日までに各学年長まで

均等割り付け　　タブの挿入

1-2-3　文字列の選択とコピー／移動

　効率的に文書を作成するためには、文書をコピーして利用したり、別の場所に移動して文書のレイアウトを調整したりする必要があります。これらの操作に必要な機能として、「コピー」「切り取り」「貼り付け」の機能があります。また、コピー／移動をするためには目的の文字列を選択する必要があります。文字列を選択したり段落を選択したり、さまざまな方法があります。

1 **文字列の選択**

- **文字列の選択**：マウスをドラッグして目的の文字列を選択します。
- **単語の選択**：単語をダブルクリックして選択します。
- **1 行選択**：文書左側の部分（余白）でクリックして選択します。このとき、マウスの形 を確認しましょう。
- **段落の選択**：段落内でマウスを 3 回クリック（トリプルクリック）して選択します。
- **キーボードとマウスで選択**：選択する文字列の始点をクリックしてから Shift キーを押しながら終点をクリックして選択します。
- **キーボードのみで選択**：選択する文字列の始点をクリックしてから Shift キーを押しながら矢印キーで移動しながら選択します。
- **離れた範囲の選択**：連続していない離れた場所を選択する場合は、Ctrl キーを使います。1 つ目の範囲選択を

終えたあと、2 つ目以降を選択するときに Ctrl キーを押しながら選択します。

2 コピー／移動

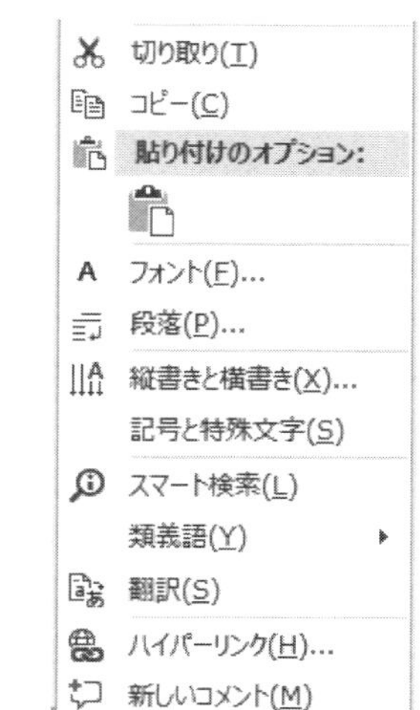

1 コピー／移動する文字列を選択します。

2 ［ホーム］タブの［ コピー **コピーボタン**］（コピーする時）または［ 切り取り **切り取りボタン**］（移動する時）をクリックします。

3 コピー／移動する目的の場所をクリックします。

4 ［ホーム］タブの［ **貼り付けボタン**］をクリックします。この時ボタン下部の ▼ ボタンをクリックして貼り付けのオプションを選ぶこともできます。

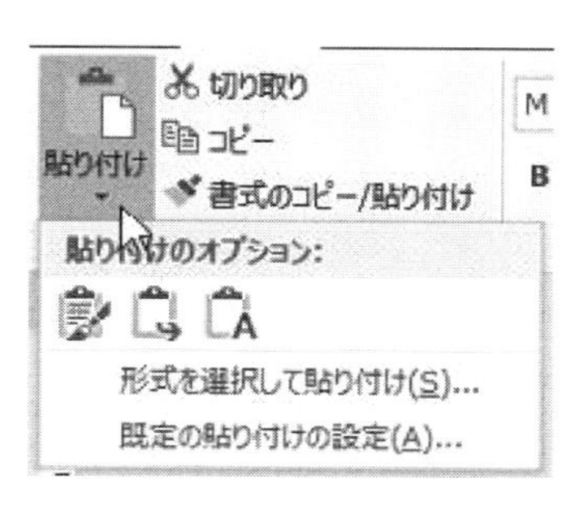

☞ マウスの右ボタンをクリックして、「コピー」「切り取り」「貼り付け」もできます。

☞ 貼り付けのオプションには、元の書式をそのまま利用する「元の書式を保持」、貼り付け先の書式にする「書式を結合」、選択した文字のみを貼り付ける「テキストのみ保持」などがあります。

キャリアアップ Point！

「コピー／切り取り／貼り付け」ボタンを使わなくても、選択した範囲をそのままドラッグすれば、移動することができます。また、Ctrl キーを押しながら選択した範囲をドラッグすれば、コピーすることができます。

1-2-4 テキストの挿入

Word では、通常の文書の他にテキストボックスやワードアートといった自由に配置できるテキストもあります。これらを使うと、文字をきれいに装飾したり、縦書きの文書を書いたりすることができます。

1 テキストボックス

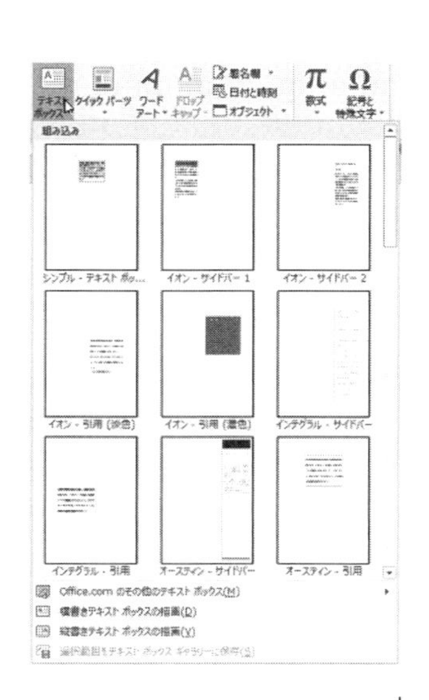

1 ［挿入］タブの［**テキストボックス**］をクリックします。

2 挿入する組み込みテキストボックスの種類を選びます。または、［**横書きテキストボックスの描画**］［**縦書きテキストボックスの描画**］を選びます。

3 テキストボックスが描画されるので、文書を入力します。［**横書きテキストボックスの描画**］［**縦書きテキストボックスの描画**］を選んだ場合は、マウスをドラッグしてテキストボックスを描画してから文書を入力します。

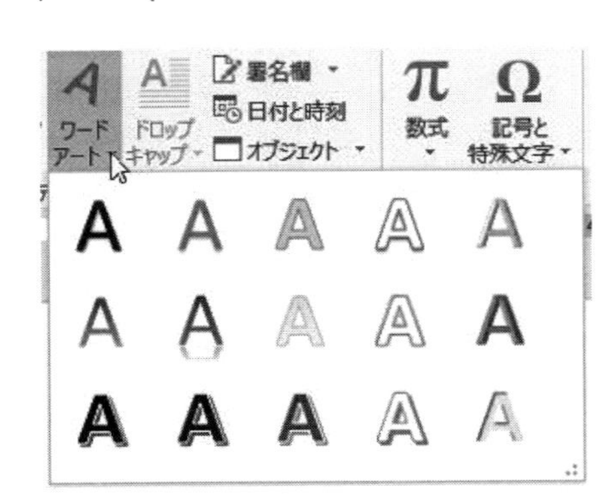

2 ワードアート

1 ［**挿入**］タブの［**ワードアート**］をクリックします。

2 ワードアートのスタイルを選ぶとワードアートが挿入されるので、文字を入力します。

☞ 文字を選択してからワードアートを挿入すると、自動的に選択した文字がワードアートになります。

3 テキストボックス／ワードアートの編集

- 描画したテキストボックスやワードアートのサイズは、自由に拡大／縮小したり、移動したりできます。
- 「描画ツール」の［書式］タブの「図形の挿入」グループの「図形の編集」で図形の変更や頂点の編集をして、テキストボックスやワードアートの形を変更することができます。
- 「描画ツール」の［書式］タブの「図形のスタイル」グループでテキストボックスやワードアートのスタイルを変更することができます。
- 「描画ツール」の［書式］タブの「ワードアートのスタイル」グループで文字の塗りつぶしや輪郭などのスタイルを変更することができます。ここでは枠線をクリックして全体を選択するか、文字列を選択する必要があります。

▶練習 6 文書**「お知らせ」**に横書きテキストボックスを追加し、大きさや位置を調整してスタイルを設定しましょう。テキストボックス内のフォントサイズは 9 ポイントにしましょう。

サマーキャンプのお知らせ

平成○年 7 月 1 日

キッズ・オリオンズ□代表□森田

長かった梅雨も明け暑い夏がやってきました。キッズ・オリオンズのみなさんは、この暑さにも負けず元気いっぱいですよね。

さて、今年も毎年恒例のサマーキャンプを行うこととなりました。場所はいつもと同じ高原のロッジ、キャンプファイヤーやスイカ割り、川遊びなどのイベントも盛りだくさんです。さらに、日頃の練習成果を発揮するための対抗戦も予定しています。

さあ、皆さんふるって参加しましょう。

お父さん、お母さんの参加もできます。家族全員での参加を待っています。

➤ 日　程 → 平成○年 8 月 14 日～15 日（1 泊 2 日）
➤ 場　所 → ○○県□山の上高原ロッジ
➤ 集　合 → 14 日午前 6 時□ユニホームを着てキッズ・オリオンズグランド前
➤ 持ち物 → 練習用具一式と宿泊用荷物の二つ
➤ その他 → 参加、不参加は 7 月 10 日までに各学年長まで

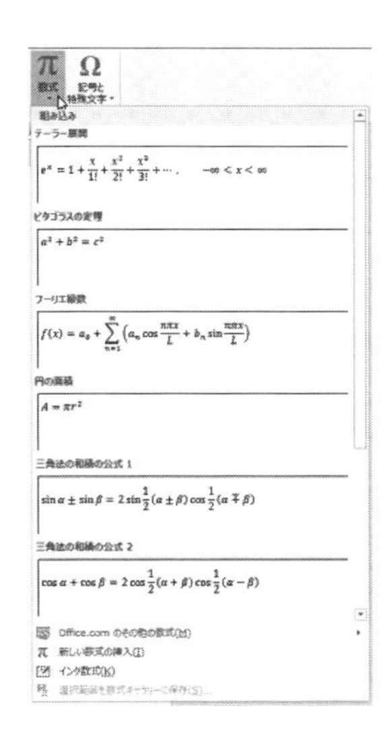

4 数式の挿入

［挿入］タブの「記号と特殊文字」グループ内の「数式」をクリックすると、よく使われる数式が一覧で表示されます。また、「新しい数式の挿入」をクリックすれば、新しく数式を入力することができます。

数式の入力は、「数式ツール」の［デザイン］タブから、記号や特殊文字、数式の構造を入力することができます。

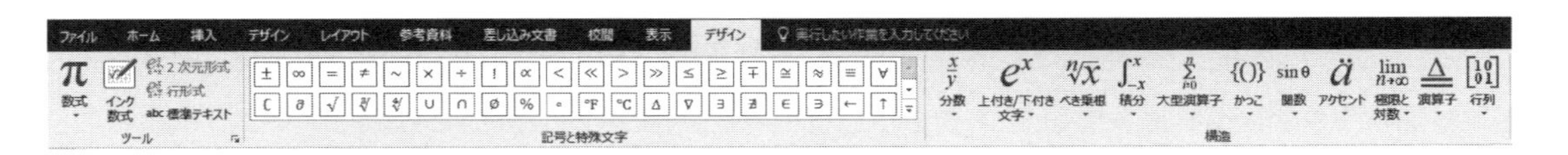

5 記号と特殊文字の挿入

［挿入］タブの「記号と特殊文字」グループ内の「記号と特殊文字」をクリックすると、よく使われる記号などの一覧が表示され、クリックするとその文字を入力することができます。

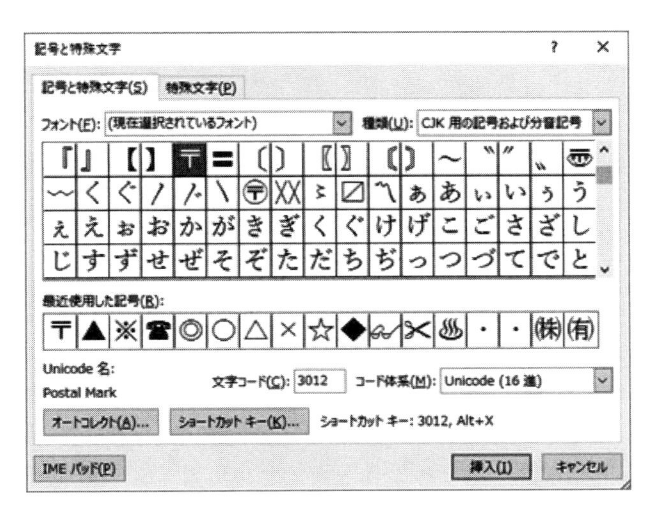

また、［その他の記号］をクリックすれば、「記号と特殊文字」ダイアログボックスが表示され、その中から記号などをクリックして入力することができます。ここで、「フォント」を「Symbol」などに変更することにより、さまざまな記号を入力することもできます。

✣ 1-3　文書レイアウト

Word には、あらかじめフォントや文字の色、段落などが設定されているスタイルと、それらをまとめたテーマがあります。このスタイルやテーマを効率よく適用することにより、バランスのとれた文書を作成することができます。また、用紙のサイズや印刷の向きなどのページ設定を指定することによりさまざまなタイプの文書を作成することができます。

1-3-1　スタイル

通常の文書は「標準スタイル」で入力しますが、文書のタイトルや見出しなどは「表題スタイル」や「見出し 1 スタイル」として設定すると、それらのスタイルに合わせたフォントサイズや色などが自動的に設定されます。また、テーマを設定することにより、そのテーマに合わせて見出しや表題などのスタイルが設定されます。

1 スタイルの設定

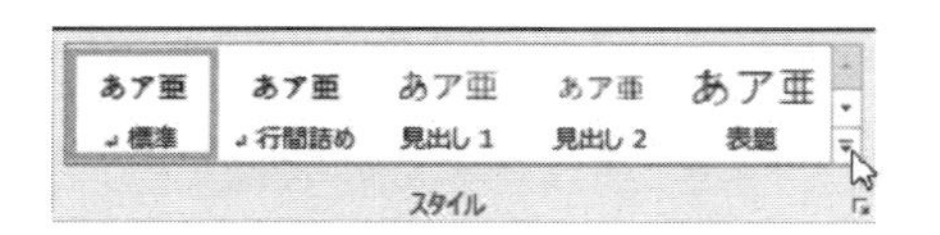

❶ スタイルを設定する段落を選択します。
❷［ホーム］タブの**「スタイル」**グループから**スタイル**を選択します。このとき右側のその他ボタンをクリックするとスタイル一覧が表示されます。

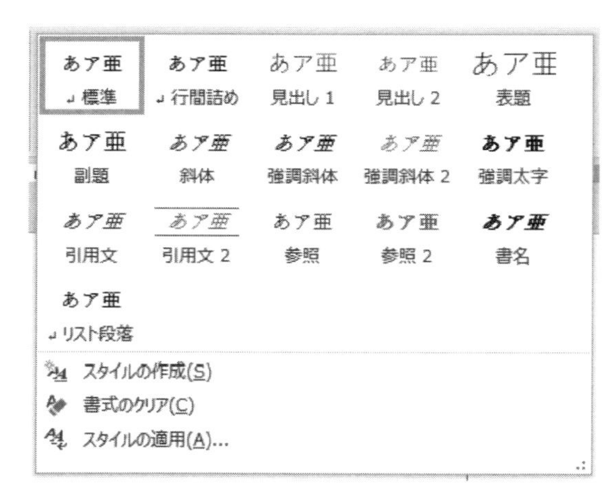

2 テーマの設定

❶［**デザイン**］タブの［**テーマ**］をクリックします。
❷ 表示される一覧からテーマを選択します。

☞ テーマに合わせて、「配色」「フォント」「段落の間隔」なども設定できます。
☞「ドキュメントの書式設定」からスタイルセットも設定できます。

▶練習 7 文書**「お知らせ」**にいろいろなスタイルとテーマやスタイルセットを設定してみましょう。その上で、**「お知らせ（テーマ）」**と、名前を付けて保存しましょう。

サマーキャンプのお知らせ

平成〇年 7 月 1 日

キッズ・オリオンズ□代表□森田

長かった梅雨も明け暑い夏がやってきました。キッズ・オリオンズのみなさんは、この暑さにも負けず元気いっぱいですよね。

さて、今年も毎年恒例のサマーキャンプを行うこととなりました。場所はいつもと同じ高原のロッジ、キャンプファイヤーやスイカ割り、川遊びなどのイベントも盛りだくさんです。さらに、日頃の練習成果を発揮するための対抗戦も予定しています。

さあ、皆さんふるって参加しましょう。

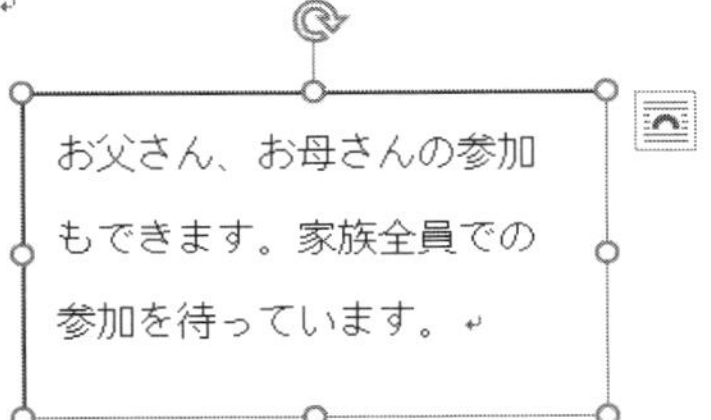

- ***日程平成〇年 8 月 14 日〜15 日（1 泊 2 日）***
- ***場所〇〇県□山の上高原ロッジ***

1-3-2　ページ設定

［レイアウト］タブの「ページ設定」「原稿用紙」グループでは、作成した文書を印刷するときの用紙のサイズや印刷の向きなどを指定することができます。

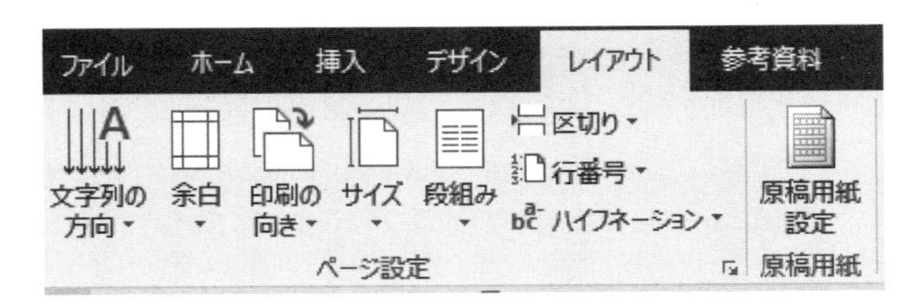

- 「文字列の方向」は、横書きか縦書きの指定ができます。
- 「余白」は文書の上下左右にある空白部分です。標準では、上 35mm、下左右 30mm となっています。クリックして余白を指定することができます。また、「ユーザー設定の余白」をクリックすると、「ページ設定ダイアログボックス」が表示され細かく指定することができます。
- 「印刷の向き」は、用紙を縦向きか横向きの利用の指定ができます。
- 「サイズ」は、さまざまな用紙サイズを指定することができます。標準では A4 用紙になっています。「その他の用紙サイズ」をクリックすると、「ページ設定ダイアログボックス」が表示され細かく指定することができます。
- 「段組み」は新聞のように文書を複数段に分割したレイアウトです。クリックして段組みを指定することができます。また、「段組みの詳細設定」をクリックすると、「段組ダイアログボックス」が表示され細かく指定することができます。
- 「区切り」は、「改ページ」や「段区切り」などのページ区切りやセクション区切りを指定することができます。
- 「原稿用紙設定」は、クリックすると「原稿用紙設定ダイアログボックス」が表示されます。ここで、罫線のスタイルなどを設定することにより原稿用紙スタイルにすることができます。
- 「透かし」は、背景に入れる透かしを指定できます。「ユーザー設定の透かし」で細かい指定をしたり、「透かしの削除」で透かしを削除したりもできます。

1-3-3　ヘッダーとフッター

ヘッダーは用紙の上部（上の余白部分）、フッターは用紙の下部（下の余白部分）に挿入され、複数ページにわたって同じ内容が表示や印刷される部分です。ページ番号は、フッター部分に挿入される通し番号です。これらは、［挿入］タブの「ヘッダーとフッター」グループで指定できます。

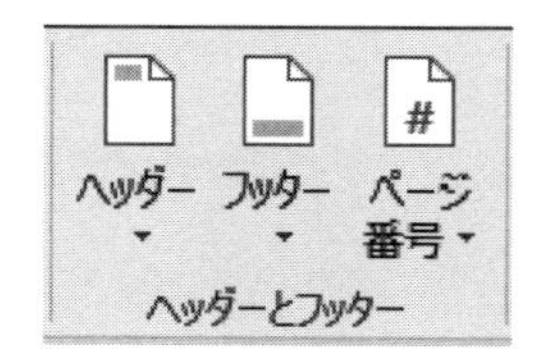

- 「ヘッダー」をクリックすると、さまざまなヘッダー形式を指定できます。また、「ヘッダーの編集」により細かい設定をしたり、「ヘッダーの削除」によりヘッダーを削除したりもできます。
- 「フッター」をクリックすると、さまざまなフッター形式を指定できます。また、「フッターの編集」により細かい設定をしたり、「フッターの削除」によりフッターを削除したりもできます。
- 「ページ番号」をクリックすると、上部や下部や左右の余白といったページ番号を挿入する位置を指定してからさまざまな形式のページ番号を指定できます。また、「ページ番号の書式設定」により細かい設定をしたり、「ページ番号の削除」によりページ番号を削除したりもできます。

» Section 2

表の作成

文書の中に表を入れることにより、見やすく簡潔な文書を作成することができます。Word では罫線で囲まれたものを表といいます。罫線で囲まれた 1 つの枠のことをセルと呼び、セルの横方向のつながりを行と呼び、縦方向のつながりを列と呼びます。

作成した表は、「表ツール」の［デザイン］タブや［レイアウト］タブの機能を利用してより見やすい表にすることができます。

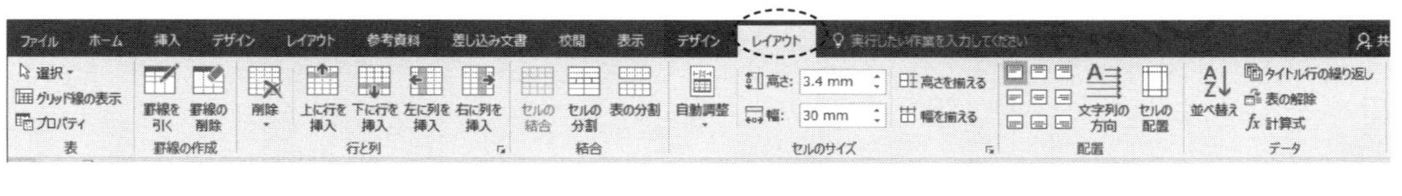

✣ 2-1　表の挿入

表を作成するときは、作成する表の大きさを列数と行数で指定します。作成された表は、左インデントの位置に合わせてすべての列が同じ幅になります。

2-1-1　表の挿入の仕方

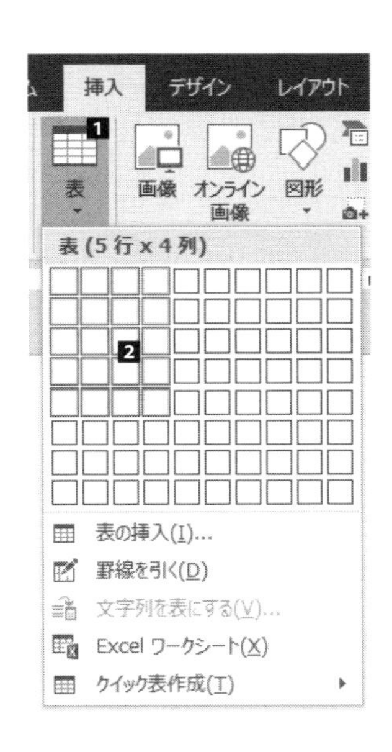

❶［挿入］タブの「表」をクリックします。

❷ 作成したい表の大きさに位置を合わせてマウスをクリックします。

☞ ここで、「表の挿入」をクリックすると、「表の挿入」ダイアログボックスが表示され、列数と行数を指定して表を挿入することができます。

☞ ここで、「罫線を引く」をクリックすると、マウスの形状が ✎ に変わりドラッグ操作で罫線を引きながら表を作成することができます。

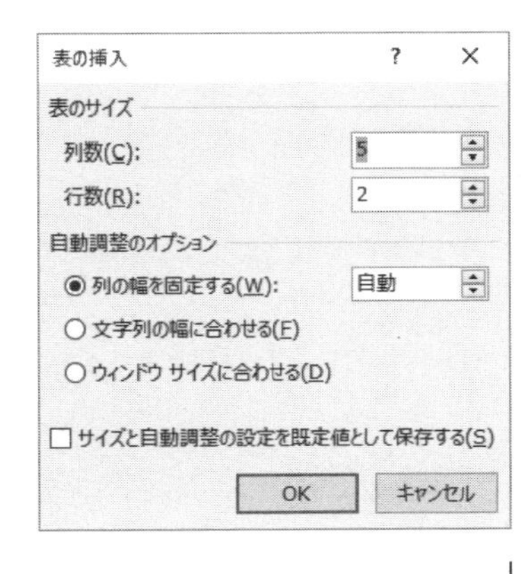

2-1-2　入力可能なセルの移動

表に文字を入力するためには、表内の目的のセルにカーソルを表示させなくてはなりません。カーソルが表示されているセルに文字を入力することができます。カーソルを移動させるためには、以下の方法があります。

・表の任意のセル内でマウスをクリックすると、カーソルをクリックしたセルに移動させることができます。
・↑ ↓ ← → キーを使って、カーソルを移動させることができます。
・Tab キーを使うと、1つ右（次）のセルに移動させることができます。この場合、一番右端のセルの次は、1行下の左端のセルとなります。また、一番右下のセルで Tab キーを使うと、その行の下に新たに1行追加されます。
・Shift + Tab キーを使うと、1つ左（前）のセルに移動させることができます。この場合、一番左端のセルの前は、1行上の右端のセルとなります。

▶練習 8　5行4列の表を挿入して以下の表を作成しましょう。

月 日	時間	第 1 教室	第 2 教室
２５日	10 時から	読み方入門	やさしい相談教室
	13 時から	書き方入門	
２６日	10 時から	個人面接練習	グループワーク 1
	13 時から	集団面接練習	グループワーク 2

2-1-3　セル・列・行・表の選択

文字列や段落の選択ができるように、表についても選択が可能です。表の選択は、以下の方法により行います。

・**セルの選択**：マウスをセル内の左端に移動させ、形状が ➚（右上向きの黒い矢印）に変わったときにクリックします。そのままドラッグすると複数のセルを選択できます。
・**列の選択**：マウスを表の上外側に移動させ、形状が ⬇（下向きの黒い矢印）に変わったときにクリックします。そのまま左右にドラッグすると複数の列を選択できます。
・**行の選択**：マウスを表の左外側に移動させ、形状が（右上向きの白い矢印）に変わったときにクリックします。そのまま上下にドラッグすると複数の行を選択できます。
・**表の選択**：マウスを表の左上外側のボタンに移動させ、形状が（上下左右の矢印）に変わったときにクリックします。そのままドラッグすると表を移動することができます。

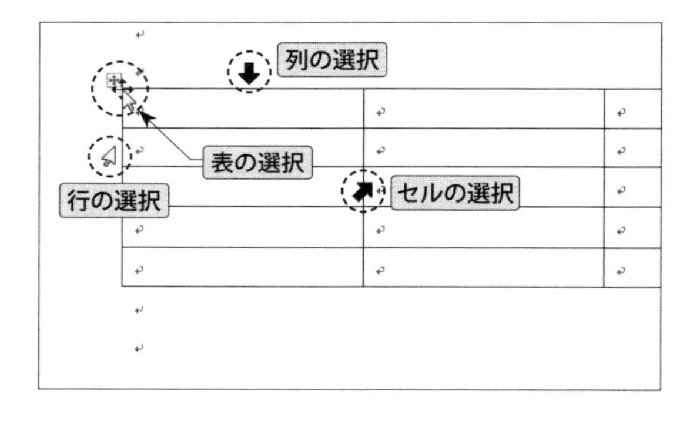

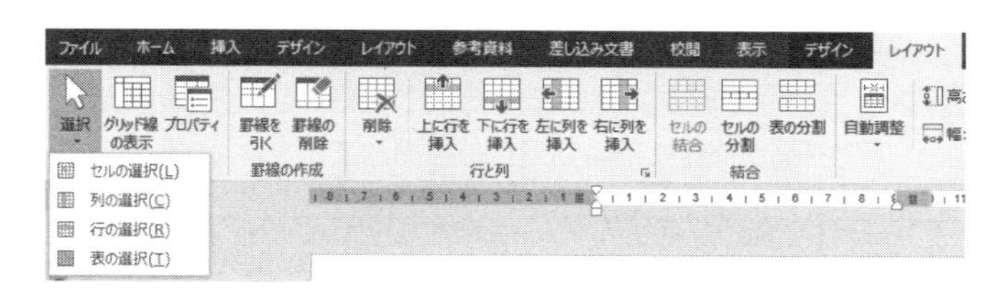

・セルをクリックすると表示される「表ツール」の［レイアウト］タブの「選択」をクリックしても、セル・列・行・表の選択ができます。

キャリアアップ Point！

Shift キーを押しながら上下左右の矢印キーを使うことによりセルを選択することもできます。

2-1-4 行と列の挿入

既に作成されている表に行や列を挿入することができます。挿入は、現在のカーソルの位置が基準となります。

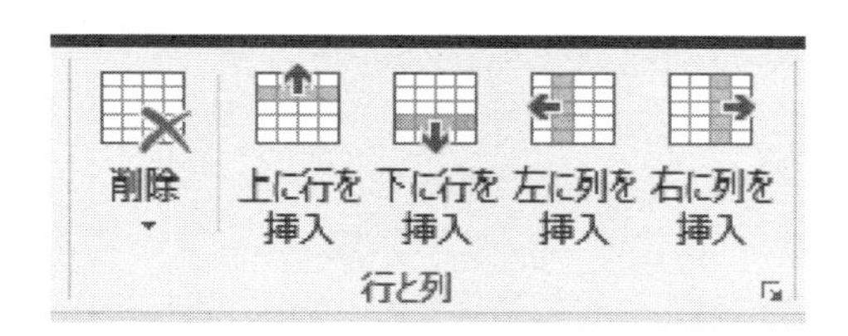

1 行または列を挿入したいセルをクリックします。または、矢印キーなどでカーソルを移動させます。

2 **「表ツール」**の［**レイアウト**］タブの**「行と列」**グループの行、または列の挿入ボタンをクリックします。

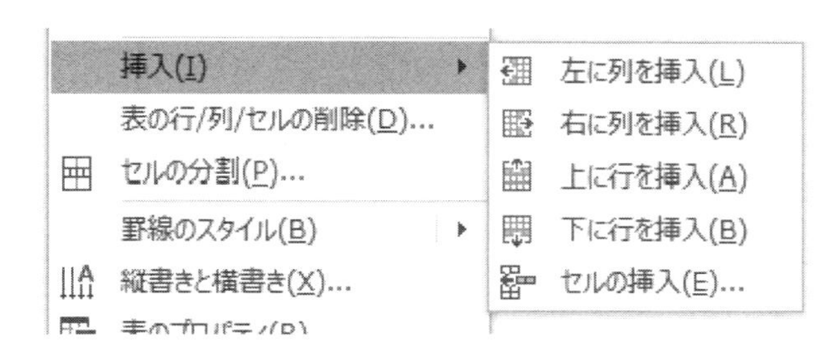

☞ マウスの右ボタンをクリックして表示されるメニューの「挿入」からも、行や列の挿入ができます。

キャリアアップ Point！

複数の行や列を一度に挿入することもできます。複数の行や列を選択してから挿入すると、選択した行数や列数だけ挿入することができます。

▶**練習 9　“練習 8”**の表の 4 行目に 1 行挿入して、以下の通り入力しましょう。

月 日	時間	第 1 教室	第 2 教室
２５日	10 時から	読み方入門	やさしい相談教室
	13 時から	書き方入門	
	15 時から	話し方入門	
２６日	10 時から	個人面接練習	グループワーク 1
	13 時から	集団面接練習	グループワーク 2

2-1-5　行と列の削除

表内の不必要となった行や列を削除することができます。削除は、現在のカーソルの位置が基準となります。

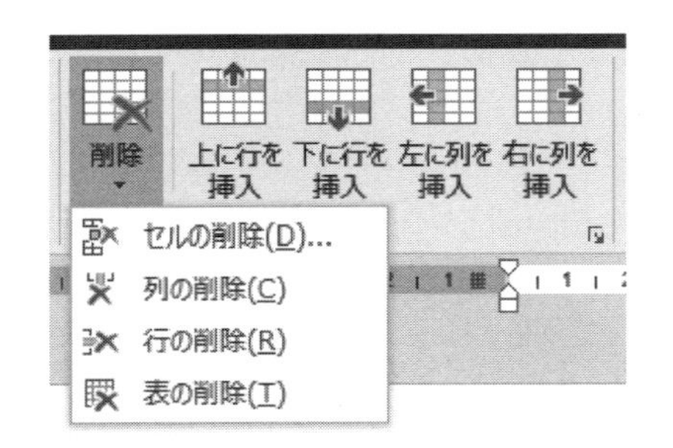

❶ 行や列を削除したいセルをクリックします。または、矢印キーなどでカーソルを移動させます。

❷ **「表ツール」**の［**レイアウト**］タブの**「行と列」**グループの**「削除」**をクリックし、セル・行・列・表を削除します。

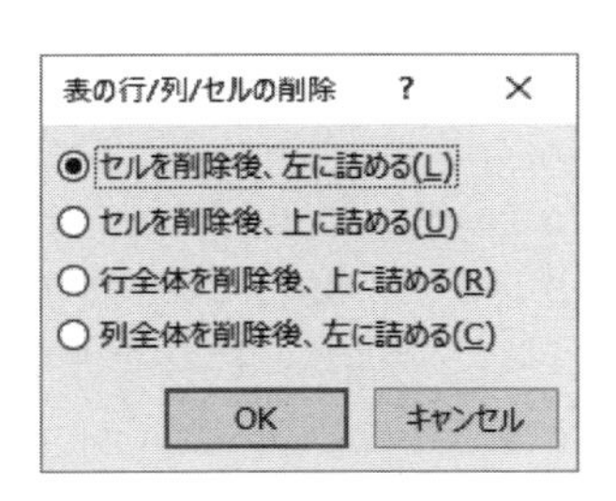

☞「セルの削除」をクリックした場合、「表の行 / 列 / セルの削除」ダイアログボックスが表示され、削除する方法を選択します。

☞ マウスの右ボタンをクリックして表示されるメニューの「表の行 / 列 / セルの削除」をクリックした場合も、「表の行 / 列 / セルの削除」ダイアログボックスが表示されます。

☞ 行や列や表全体を選択してから右ボタンをクリックすると、メニューの内容がそれぞれ「行の削除」「列の削除」「表の削除」となります。

キャリアアップ　*Point !*

複数の行や列を一度に削除することもできます。複数の行や列を選択してから削除すると、選択した行数や列数だけ削除することができます。

✣ 2-2　表のレイアウト

挿入された表は、行方向も列方向もすべて同じ列数や行数となっています。そこで、セルの分割や結合してレイアウトを変更したり、列の幅や行の高さを変更したりすることにより、より見やすい表にすることができます。

2-2-1　セルの結合

2 つ以上の連続したセルを 1 つのセルに結合することができます。

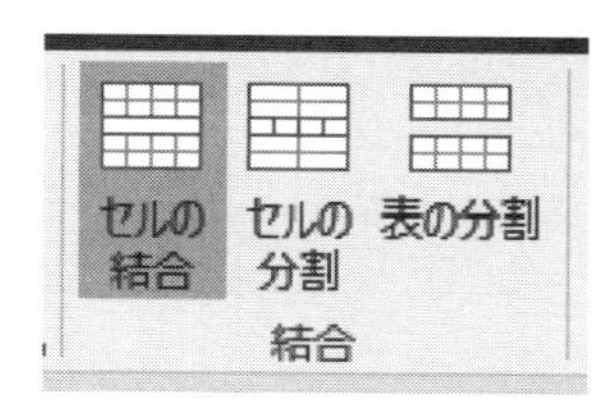

❶ 1 つのセルに結合したい 2 つ以上の連続したセルを選択します。

❷「**表ツール**」の［**レイアウト**］タブの「**セルの結合**」をクリックします。

☞ マウスの右ボタンをクリックして表示されるメニューの「セルの結合」をクリックしても結合できます。

▶**練習 10　“ 練習 9”** の表のセルを結合しましょう。

月 日	時間	第 1 教室	第 2 教室
２５日	10 時から	読み方入門	やさしい相談教室
	13 時から	書き方入門	
	15 時から	話し方入門	
２６日	10 時から	個人面接練習	グループワーク 1
	13 時から	集団面接練習	グループワーク 2

2-2-2　セルの分割

セルを 2 つ以上に分割することができます。さらに、複数のセルを異なった行数や列数のセルに分割することもできます。

❶ 2 つ以上に分割したいセルをクリックまたは選択します。または、矢印キーなどでカーソルを移動させせます。

❷「**表ツール**」の［**レイアウト**］タブの「**セルの分割**」をクリックします。

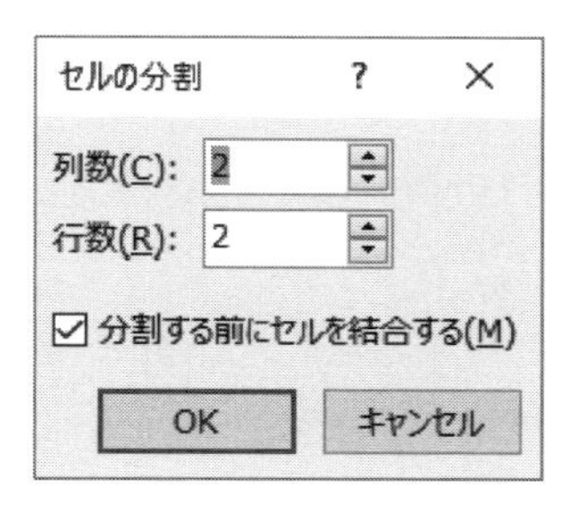

❸「**セルの分割**」ダイアログボックスが表示されるので、分割する列数と行数を指定して［**OK**］ボタンをクリックします。

☞ マウスの右ボタンをクリックして表示されるメニューの「セルの分割」をクリックしても分割できます。

2-2-3　列の幅と行の高さの調整

表を作成したときに列の幅は列数により自動的に決まり、すべてのセルは同じ幅になっています。また、行の高さはフォントのサイズにより自動的に変化します。

セル内に入力されている文字に合わせて列の幅や行の高さを変更して見やすい表にすることができます。

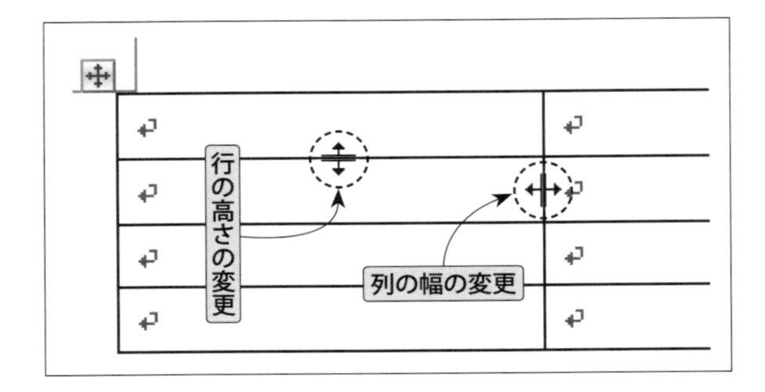

・マウスを表の罫線の縦線や横線の上に重ねると、マウスの形状が ⟺（左右の矢印）や ⇕（上下の矢印）に変化します。このとき、ドラッグすると列の幅や行の高さを変更することができます。
・セルを選択してから列の幅を変更すると、選択したセルのみの列の幅が変更できます。
・列の幅を変更しても全体の表の幅は変更されません。ただし、表の左端や右端の罫線で列の幅を変更した場合は、全体の表の幅は変更されます。
・セル内のフォントのサイズを変更すると、セル内の文字がすべて表示されるように自動的に行の高さが変更されます。

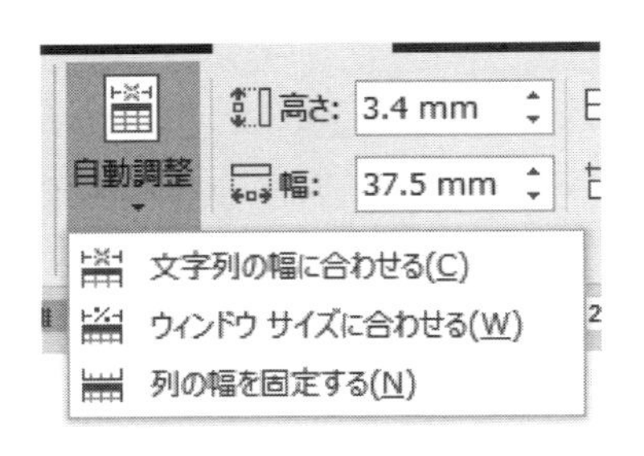

・「表ツール」の［レイアウト］タブの「自動調整」をクリックして、列の幅を文字列の幅に合わせたり、表全体の幅をウィンドウサイズ（左右の余白までの大きさ）に合わせたりできます。
・「表ツール」の［レイアウト］タブの「高さ」や「幅」の数値を変更して、行の高さや列の幅を変更することができます。
・マウスの右ボタンをクリックして、「自動調整」からも幅の調整ができます。

2-2-4　列の幅や行の高さを揃える

複数の列を同じ幅に揃えたり、複数の行を同じ高さに揃えたりすることができます。

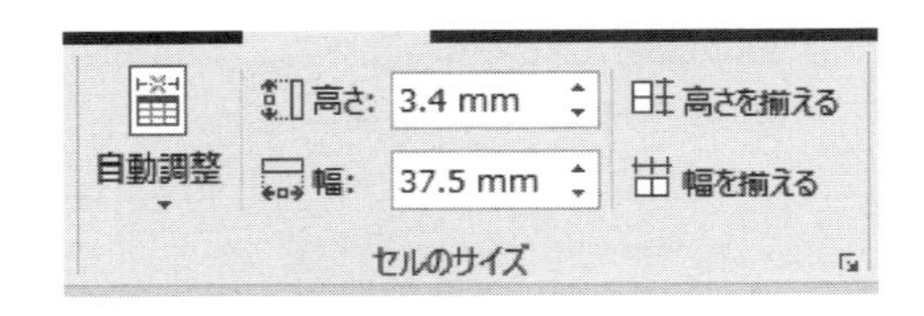

1 列の幅を揃えたい複数の列または、行の高さを揃えたい複数の行を選択します。
2 **「表ツール」**の［**レイアウト**］タブの**「幅を揃える」**または**「高さを揃える」**をクリックします。

☞ 選択せずに「幅を揃える」または「高さを揃える」をクリックすると、表内のすべての列や高さが揃います。
☞ 列または行を選択してからマウスの右ボタンをクリックしても、列の幅を揃えたり行の高さを揃えたりできます。

2-2-5　文字列の配置

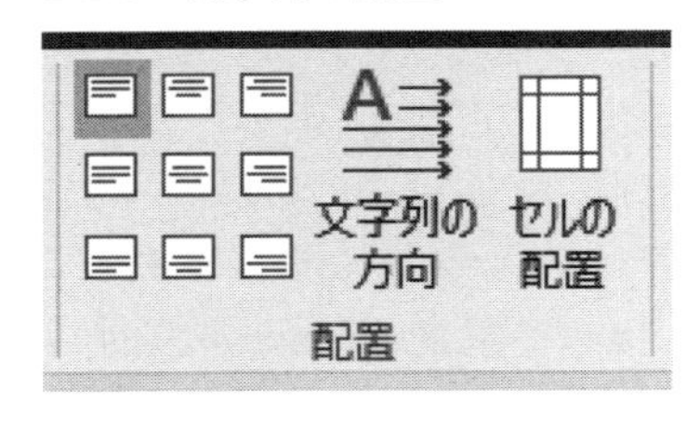

段落内の文字の配置と同様に表のセル内においても文字の配置を設定することができます。

両端（上）	上（中央）	上（右）
両端（中央）	中央揃え	中央（右）
両端（下）	下（中央）	下（右）

・「表ツール」の［レイアウト］タブの「配置」グループで、セル内の文字列の配置を上下左右の9箇所から選択することができます。
・マウスの右ボタンをクリックして、「セルの配置」からも文字列の配置を選択できます。
・「文字列の方向」をクリックすることにより、セル内の文字列を横書きから縦書きに（縦書きから横書きに）変更することができます。

▶**練習 11　"練習 10"** の表のセルを分割・結合してから、列の幅や行の高さ、文字列の配置や方向を変更してみましょう。

月 日	時 間	第 1 教室	第 2 教室
25日	10 時から	読み方入門	やさしい相談教室
	13 時から	書き方入門	
	15 時から	話し方入門	
26日	10 時から	個人模擬面接	グループワーク 1
	13 時から	集団模擬面接	グループワーク 2

✣ 2-3　表のデザイン

罫線の種類を変更したりセル内の塗りつぶしを設定したりして表のデザインを指定することができます。また、表のスタイルを変更して全体のデザインを指定することもできます。

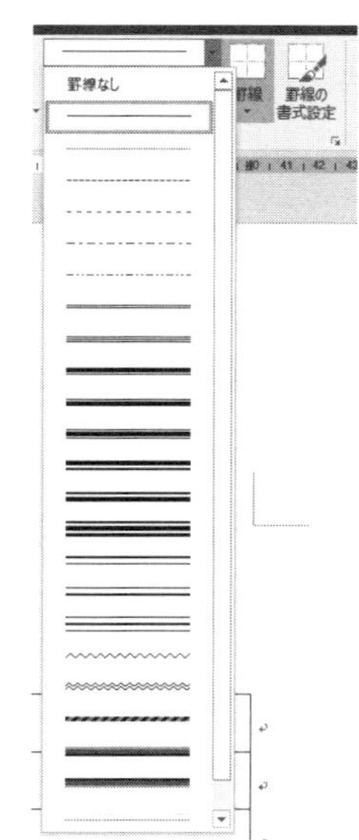

2-3-1　罫線の設定

表の罫線の種類や太さや色を変更することができます。

1「**表ツール**」の［**デザイン**］タブの「**ペンのスタイル**」から罫線の種類を選択します。

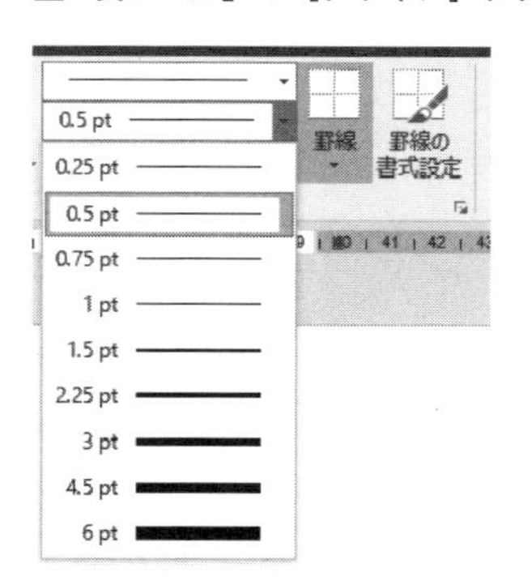

2「**ペンの太さ**」から罫線の太さを選択します。

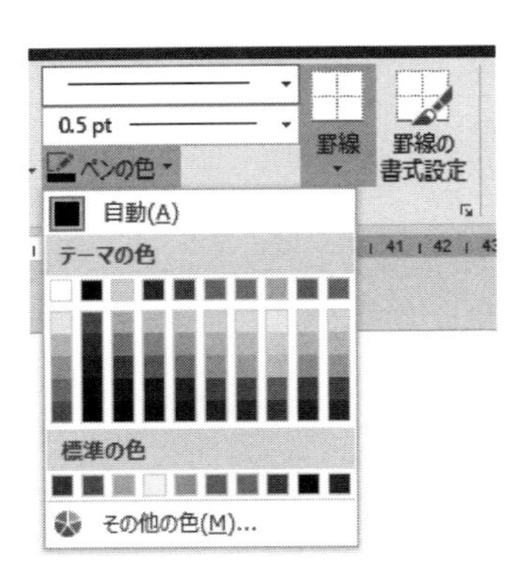

❸「**ペンの色**」から罫線の色を選択します。

❹ マウスで変更したい罫線の上をドラッグします。

❺ 罫線の設定が終了したら、必ず、「**罫線の書式設定**」ボタンをクリックして解除します。

☞「ペンのスタイル」「ペンの太さ」「ペンの色」を１つでも設定すると、「罫線の書式設定」ボタンが設定され、マウスが ✎ に変わります。

☞「罫線のスタイル」からテーマの枠線を選んだり、最近使用した枠線を選んだりすることができます。

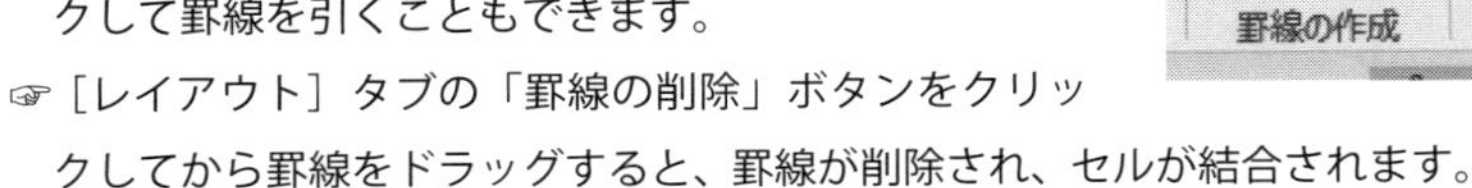

☞［レイアウト］タブの「罫線を引く」ボタンをクリックして罫線を引くこともできます。

☞［レイアウト］タブの「罫線の削除」ボタンをクリックしてから罫線をドラッグすると、罫線が削除され、セルが結合されます。

☞ マウスでドラッグして罫線を引くかわりに、セルを選択してから「罫線」ボタン下側の ▼ ボタンをクリックして罫線を指定することもできます。

☞ 罫線を表示させない場合は、「ペンのスタイル」ボタンで「罫線なし」を選ぶか、「罫線」ボタン下側の ▼ボタンをクリックして、「枠なし」を選びます。

キャリアアップ *Point！*

［デザイン］タブの「飾り枠」グループ右下のボタン（ダイアログボックス起動ツール）をクリックすると、「線種と罫線とページ罫線の設定」ダイアログボックスが表示され、より詳細な設定を行うことができます。

2-3-2　塗りつぶしの設定

セル内を指定した色で塗りつぶすことができます。

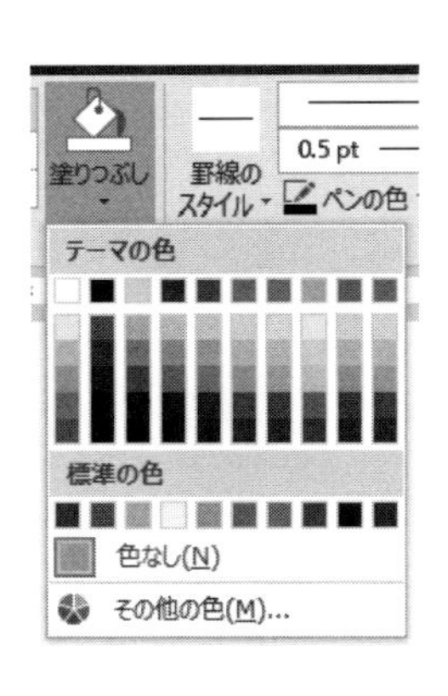

❶ 塗りつぶしを指定するセルをクリックまたは選択します。または、矢印キーなどでカーソルを移動させます。

❷「**表ツール**」の［**デザイン**］タブの「**塗りつぶし**」ボタン右側 ▼ ボタンをクリックして、塗りつぶす色を選択します。

▶練習 12 "練習 11" の表の罫線や塗りつぶしの設定をしてみましょう。

月日	時間	第1教室	第2教室
25日	10時から	読み方入門	やさしい相談教室
	13時から	書き方入門	
	15時から	話し方入門	
26日	10時から	個人模擬面接	グループワーク 1
	13時から	集団模擬面接	グループワーク 2

2-3-3 スタイルの設定

段落には、あらかじめフォントや文字の色などが設定されていたスタイルやテーマがありましたが、表にも同様にいくつかのスタイルがあります。これらのスタイルにより罫線やセルの塗りつぶしなどを一度に設定することができます。

「表ツール」の［デザイン］タブの「表のスタイル」を選択します。右側のその他ボタンをクリックするとスタイル一覧が表示されます。

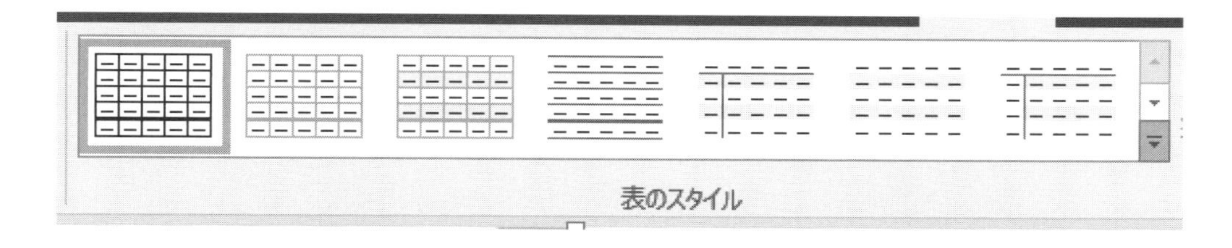

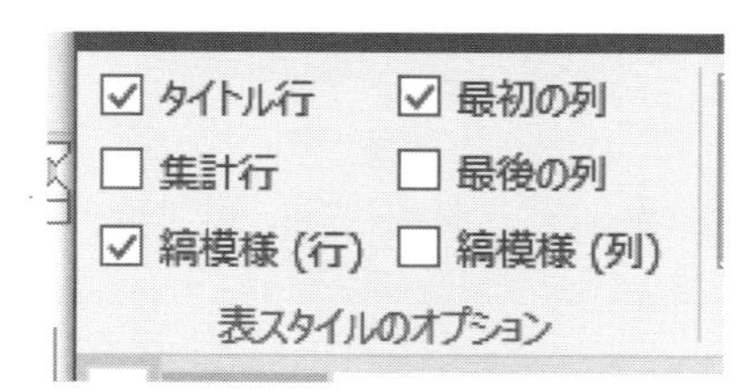

「表スタイルのオプション」グループの「タイトル行」や「最初の行」などにチェックを入れたり外したりすることにより、さまざまなスタイルに変更することもできます。

▶**練習 13**　文書「**お知らせ**」に以下のスケジュールを追加し、スタイルを設定しましょう。

サマーキャンプのお知らせ

平成○年 7 月 1 日

キッズ・オリオンズ　代表　森田

長かった梅雨も明け暑い夏がやってきました。キッズ・オリオンズのみなさんは、この暑さにも負けず元気いっぱいですよね。

さて、今年も毎年恒例のサマーキャンプを行うこととなりました。場所はいつもと同じ高原のロッジ、キャンプファイヤーやスイカ割り、川遊びなどのイベントも盛りだくさんです。さらに、日頃の練習成果を発揮するための対抗戦も予定しています。

さあ、皆さんふるって参加しましょう。

お父さん、お母さんの参加もできます。家族全員での参加を待っています。

- 日　程　　平成○年 8 月 14 日～15 日（1 泊 2 日）
- 場　所　　○○県　山の上高原ロッジ
- 集　合　　14 日午前 6 時　ユニホームを着てキッズ・オリオンズグランド前
- 持ち物　　練習用具一式と宿泊用荷物の二つ
- その他　　参加、不参加は 7 月 10 日までに各学年長まで

スケジュール

	14 日	15 日
6 時	集合、準備でき次第出発	起床
7 時		朝食
8 時	ロッジ到着、練習準備	部屋の片付け
9 時	午前の練習	川遊び、スイカ割り大会
12 時	昼食	昼食
13 時	第 3 回山の上カップ（対抗戦）	帰りの準備
14 時		ロッジ発
16 時	片付け、ロッジへ移動	
17 時	各自順番に風呂	
18 時	夕食（バーベキュー大会）	グランド到着、解散
20 時	キャンプファイヤー	
22 時	就寝	

≫ Section 3

描画の作成

Word には、四角形や円などの図形を描画したり、写真やイラストなどの画像を挿入したりする機能があります。これらの機能を使うことにより、より見やすい文書を作成することができます。

✣ 3-1　画像の挿入

デジカメなどで撮影した写真や自分で描いたイラストなど、保存されている画像を文書中に挿入することができます。挿入した画像は、「図ツール」の［書式］タブの機能を利用して調整したり、サイズを変更したりすることができます。

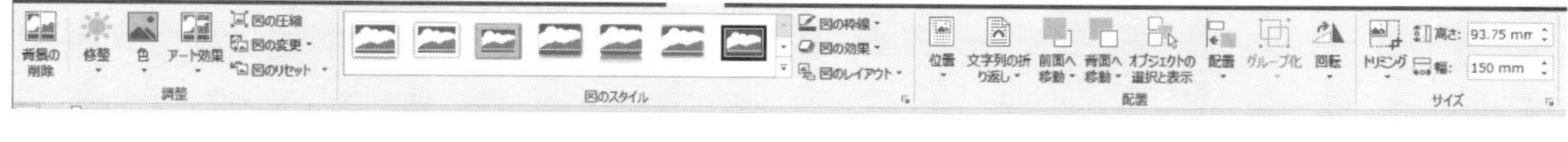

❶ 画像を挿入する場所をマウスでクリックします。または、矢印キーなどでカーソルを移動させます。

❷［**挿入**］タブの「**画像**」をクリックします。

❸「**図の挿入**」ダイアログボックスが表示されるので、保存されている場所に移動して挿入する図を選択します。

❹［**挿入**］ボタンをクリックします。

挿入された画像

✣ 3-2　オンライン画像の挿入

Word をはじめとする Office 製品では、オンライン画像というさまざまなイラストを自由に使うことが可能です。

❶ オンライン画像を挿入する場所をマウスでクリックします。または、矢印キーなどでカーソルを移動させます。

❷［挿入］タブの**「オンライン画像」**をクリックします。

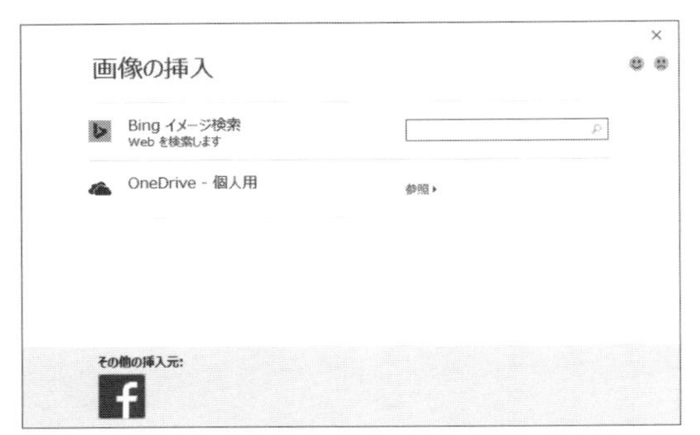

❸ しばらくすると「画像の挿入」ダイアログボックスが表示されるので、**「検索」**欄にキーワードを入力し、**「検索」**ボタンをクリックします。または、「Bing イメージ検索」をクリックします。

❹ 検索された候補結果のオンライン画像を選択して［挿入］ボタンをクリックするとオンライン画像が挿入されます。

挿入されたオンライン画像

✣ 3-3　図ツールの書式設定

挿入した画像やオンライン画像（以下、図）は、マウスでクリックすることにより選択することができます。選択した図をドラッグすることにより、移動することもできます。さらに、「図ツール」の［書式］タブでは配置やスタイルなどを変更することもできます。

キャリアアップ *Point！*

「図ツール」の［書式］タブの「図のスタイル」グループ右下のボタン（作業ウィンドウ起動ツール）をクリックすると、「図の書式設定」作業ウィンドウが表示され、より詳細な設定を行うことができます。

3-3-1 背景の削除

写真などを挿入した場合、その被写体の部分だけ残して背景を削除することができます。

1 背景を削除したい図をクリックします。

2「**図ツール**」の［**書式**］タブの「**背景の削除**」ボタンをクリックします。

3 背景として削除される部分が紫色で表示されるので、背景の調整を行います。

☞ 背景として削除したくない部分は、［背景の削除］タブの「保持する領域としてマーク」ボタンをクリックしてから、その画像の部分をドラッグします。

☞ 背景として削除したい部分は、［背景の削除］タブの「削除する領域としてマーク」ボタンをクリックしてから、その画像の部分をドラッグします。

☞ 表示される四角い枠内が保持されます。枠の大きさを変更することにより保持する部分を調整することができます。

4［**背景の削除**］タブの「**変更を保持**」ボタンをクリックすると背景が削除されます。また、「**すべての変更を破棄**」ボタンをクリックすると背景の削除がキャンセルされます。

背景の削除前と削除後

3-3-2 図の調整

- **修正**：「修正」をクリックすると、「シャープネス」や「明るさとコントラスト」を選択することができます。
- **色**：「色」をクリックすると、「色の彩度」「色のトーン」「色の変更」を選択することができます。背景が 1 色で描かれているイラストなどの場合、[透明色を指定] をクリックしてから背景部分をクリックすると、その色を透明色にして背景を削除することができます。

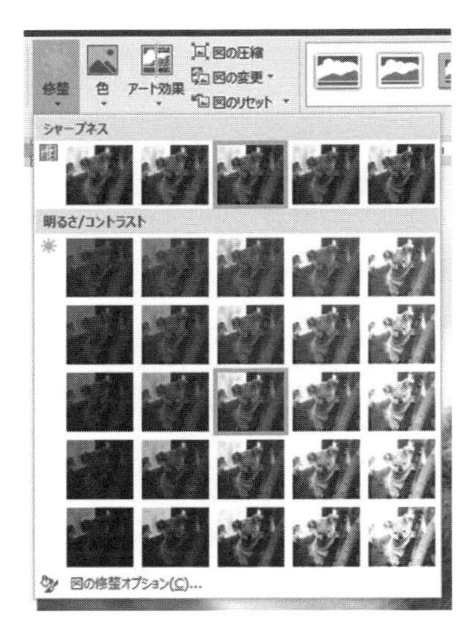

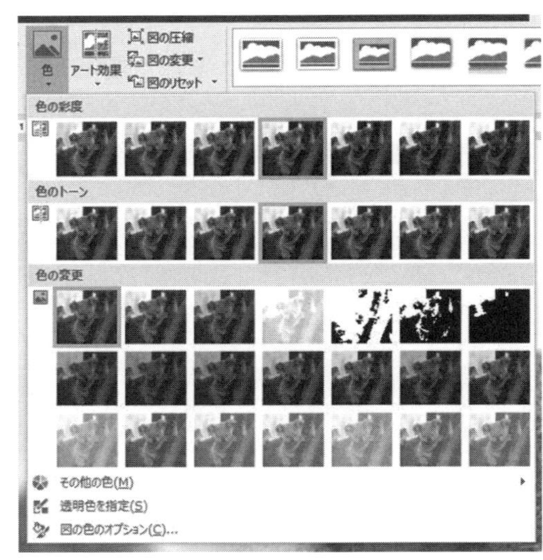

・**アート効果**：「アート効果」をクリックすると、パッチワークにしたり線画にしたりすることができます。

・**図のリセット**：「図のリセット」をクリックすると、書式の変更をリセットすることができます。

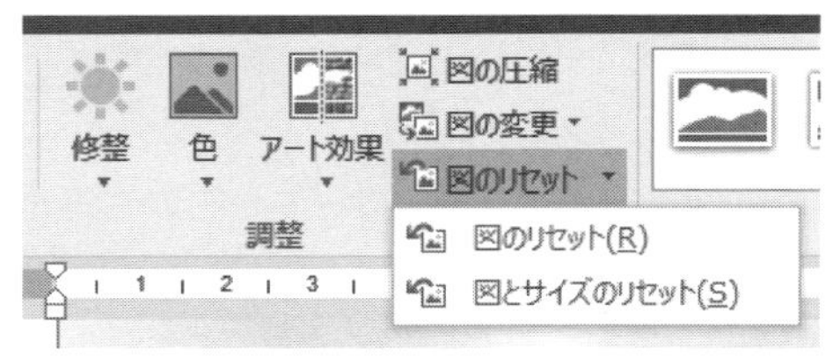

3-3-3　図のスタイル

・**図のスタイル**：「図のスタイル」一覧からスタイルを選択することができます。

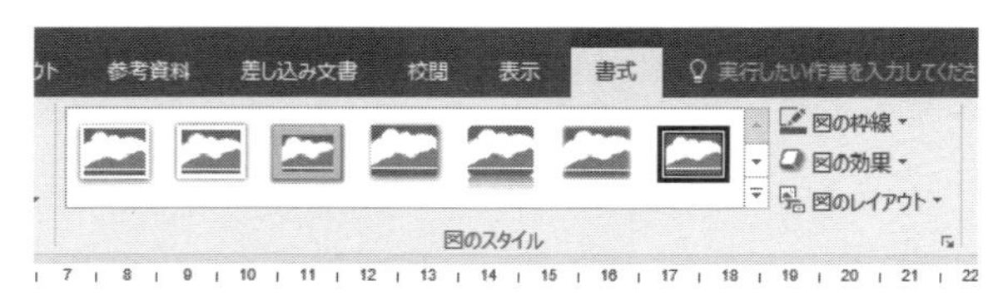

右側のその他ボタンをクリックするとスタイル一覧が表示されます。

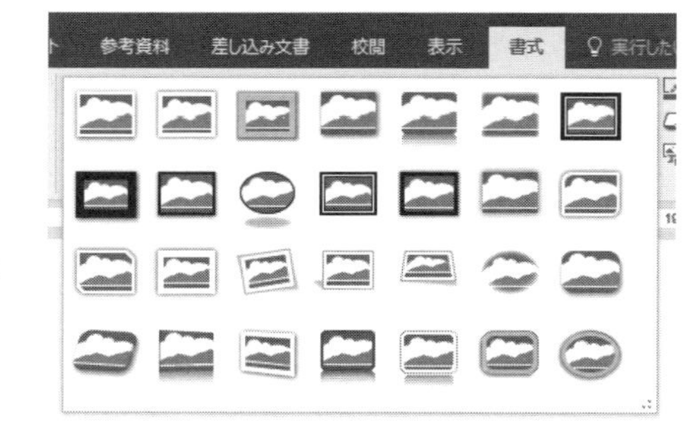

- **図の枠線**：「図の枠線」をクリックすると、枠線の色や太さや実線／点線を選択することができます。
- **図の効果**：「図の効果」をクリックすると、図に影や反射などを設定することができます。
- **図のレイアウト**：「図のレイアウト」をクリックすると、SmartArt グラフィックスに変換されタイトルなどを入力することができます。

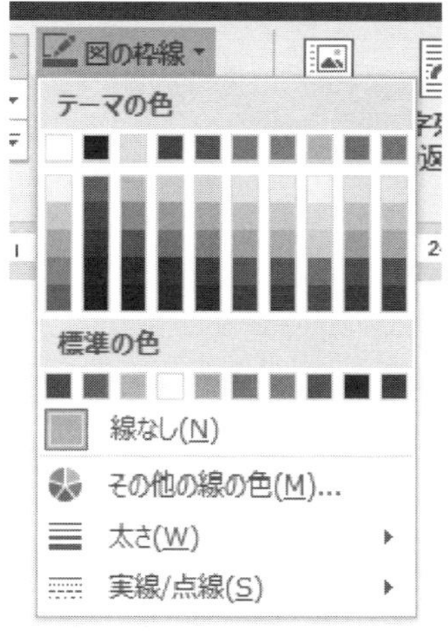

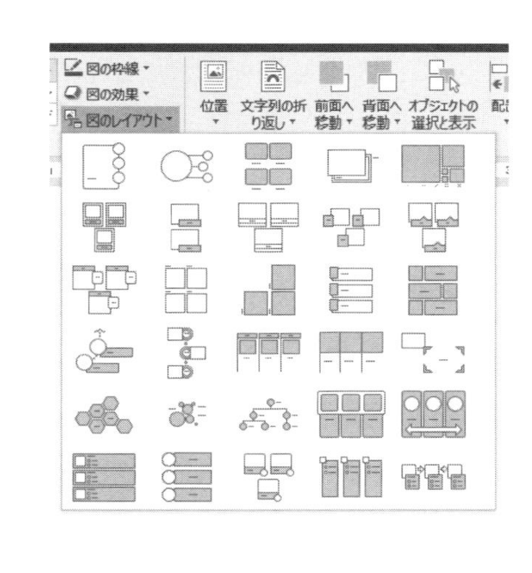

3-3-4　配置

Word では、挿入した図は「上下」という配置になっています。この配置では挿入した図の上下に文字が配置されます。図の左右が空いていても文字が配置されることはありません。左右の空いている場所にも文字を配置する場合は「四角形」にします。また、「行内」という配置は図が文字の一部となって挿入した場所に固定されます。そのため、図を自由に移動することはできません。

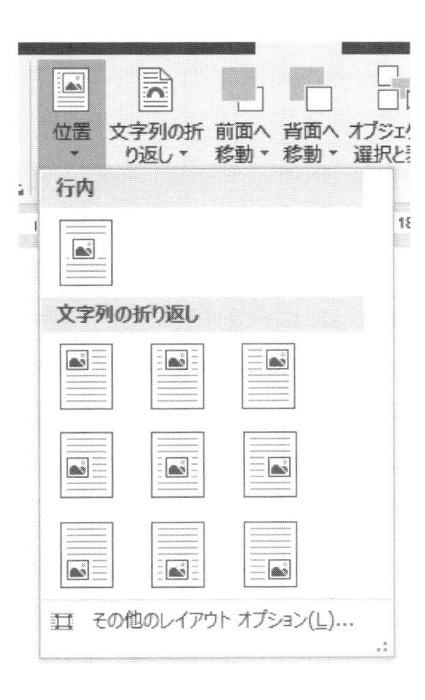

- **位置**：「位置」をクリックすると、図の位置を「行内」にするか「文字列の折り返し」にするかの選択ができます。

- **文字列の折り返し**：「文字列の折り返し」をクリックすると、「行内」や「四角形」などが選択できます。

- **前面へ移動：** 図が重なってしまった場合、重なって見えなくなっている図を一段階前面にすることができます。
- **背面へ移動：** 図が重なってしまった場合、手前に見えている図を一段階背面にすることができます。
- **グループ化：** 2 つ以上の図を合わせて 1 つにすることができます。この場合、グループ化したい複数の図すべて Ctrl キーを押しながらマウスをクリックして選択しなければなりません。ただし、配置が「行内」の場合は、グループ化はできません。

- **回転：** 図を右へ 90 度回転、左へ 90 度回転、上下反転、左右反転などすることができます。また、図をクリックして選択したとき上部に表示される円形矢印をドラッグして回転させることもできます。

キャリアアップ Point！

図を右ボタンクリックして表示されるメニューでも「文字列の折り返し」や「グループ化」などの設定をすることもできます。

3-3-5　トリミング

トリミングとは図の一部分を抜き出すことをいいます。Word では「図ツール」の［書式］タブの「トリミング」によりさまざまなトリミングが指定できます。

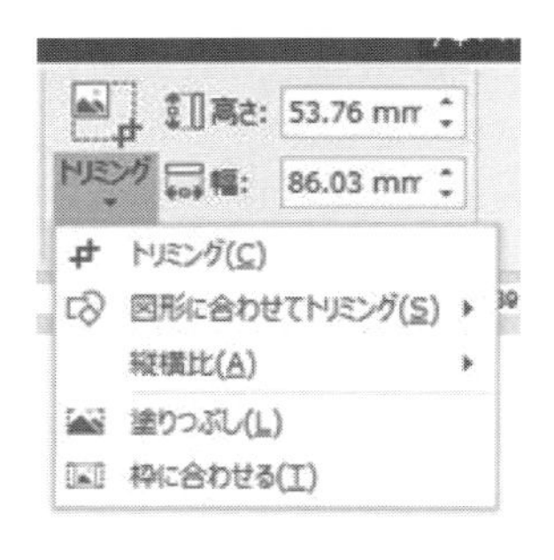

- 「トリミング」ボタンをクリックすると、枠線の四隅と枠線の真ん中の部分に太い線が表示されます。この線をドラッグすることによりトリミングを指定することができます。
- 「トリミング」ボタンの下の ▼ をクリックし、「図形に合わせてトリミング」を選択すると、トリミングする型を指定することができます。

- 「トリミング」ボタンの下の ▼ をクリックし、「縦横比」を選択すると、トリミングの縦横の比率を指定することができます。

3-3-6　サイズ

図のサイズを拡大したり縮小したりできます。図ツールの［書式］タブの「高さ」や「幅」の数値のどちらかを変更すると、自動的に元の形と同じ比率で拡大や縮小されます。また、マウスをクリックして選択したときに表示される枠線上の「○」の部分をドラッグしてもサイズの変更はできます。枠線の真ん中の「○」をドラッグしてサイズを変更すると、元の縦横の比率と異なってしまうので注意しましょう。

✣ 3-4　図形の挿入

Word には、図の挿入以外にも図形を作成する機能があります。この図形には、線や四角形や基本図形などさまざまな形があります。また、図形の中に文字を入力することもできます。なお、ここで作成する図形は、文字列の折り返しが最初から「前面」に設定されています。

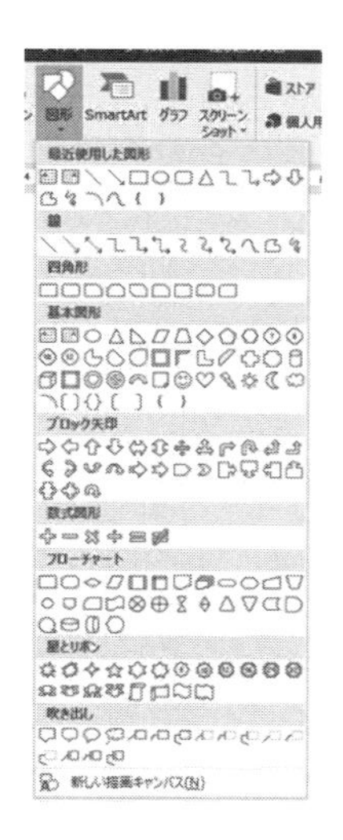

❶［挿入］タブの「**図形**」をクリックします。

❷ 表示される一覧の中から描画する図形をクリックして選択します。

❸ マウスをドラッグして図形を描画します。

☞ Shift キーを押しながらマウスをドラッグすると、図形の縦横比は 1:1 になります。

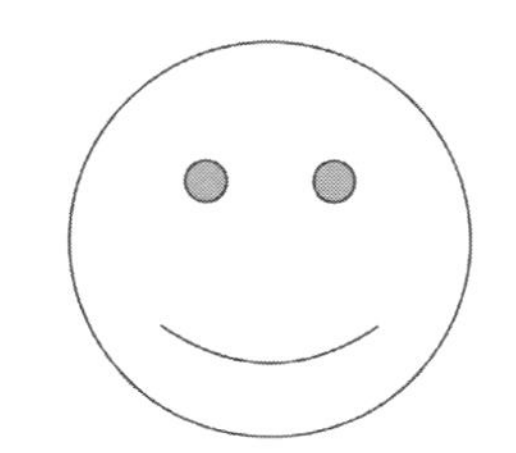

挿入した「スマイル」

✣ 3-5　描画ツールの書式設定

挿入された図に対して「図ツール」の［書式］タブで行う書式設定と同様に、描画した図形に対しては「描画ツール」の［書式］タブで書式設定を行うことができます。これらの書式設定は、「図ツール」の書式設定と一部同じものもあります。

3-5-1　テキストの追加

描画した図形の中に文字を入力することができます。

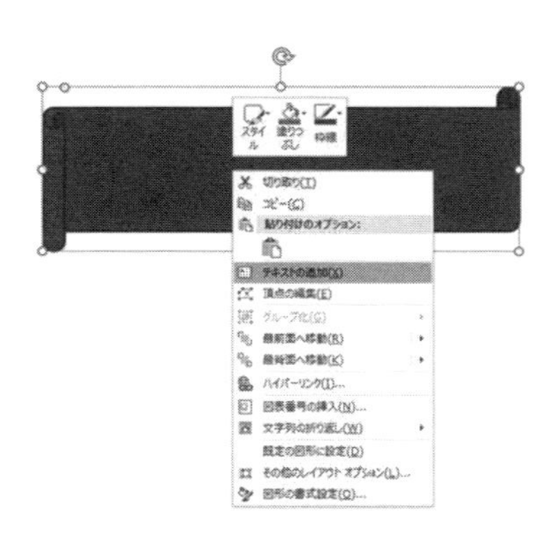

❶ 図形を選択します。

❷ マウスの右ボタンをクリックし、「**テキストの追加**」を選択します。

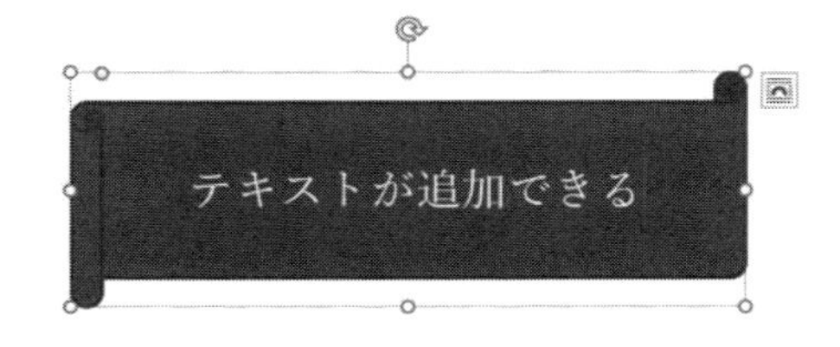

3-5-2　図形の挿入

・**図形の挿入：**選択している図形とは別に、新たに「図形の挿入」一覧から図形を選択して挿入することができます。右側のその他ボタンをクリックすると図形一覧が表示されます。

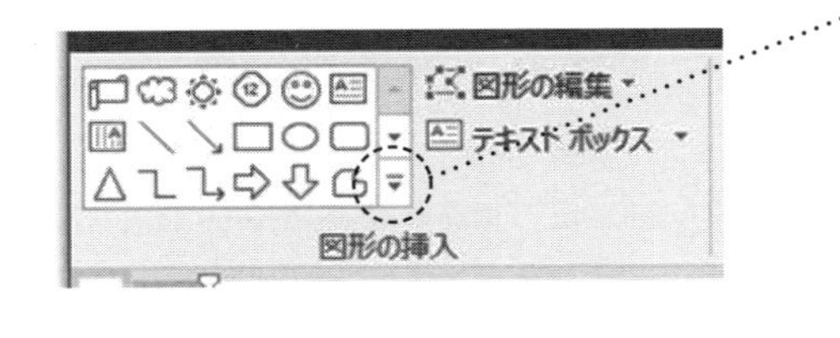

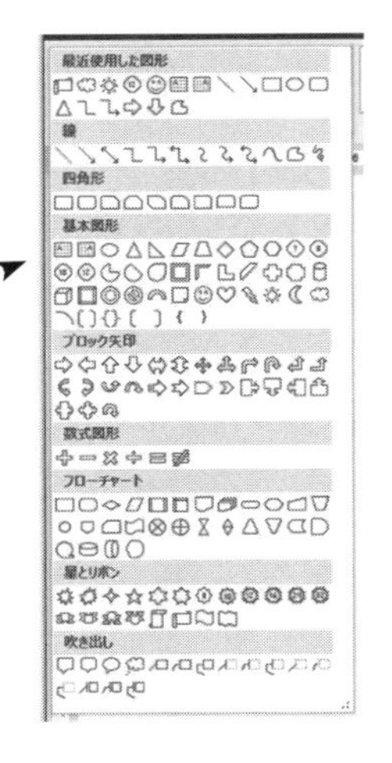

・**図形の編集：**「図形の変更」により、選択している図形を別の図形に変更することができます。また、「頂点の編集」では図形の形を変更することもできます。

・**テキストボックスの描画：**横書きのテキストボックスを挿入することができます。また、右側の ▼ ボタンをクリックすると、横書きと縦書きを選択することができます。

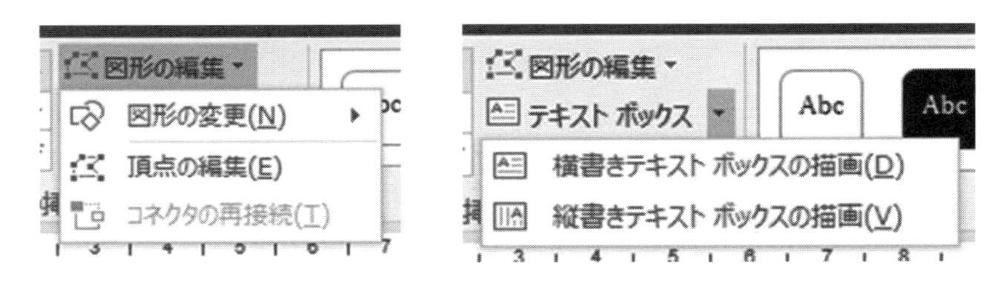

3-5-3　図形のスタイル

・**図形のスタイル：**「図形のスタイル」一覧からスタイルを選択することができます。右側のその他ボタンをクリックするとスタイル一覧が表示されます。

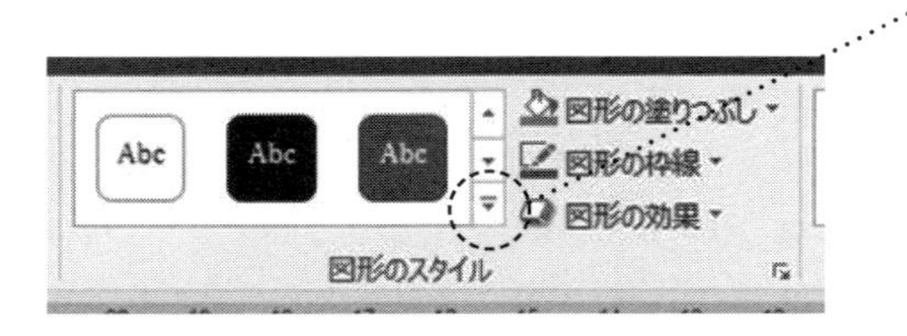

・**図形の塗りつぶし：**「図形の塗りつぶし」をクリックすると、塗りつぶす色を選択することができます。また、塗りつぶしに「図」や「グラデーション」や「テクスチャー」を選択することもできます。

・**図形の枠線：**「図形の枠線」をクリックすると、枠線の色や太さや実線／点線を選択することができます。

・**図形の効果：**「図形の効果」をクリックすると、図形に影や反射などを設定することができます。

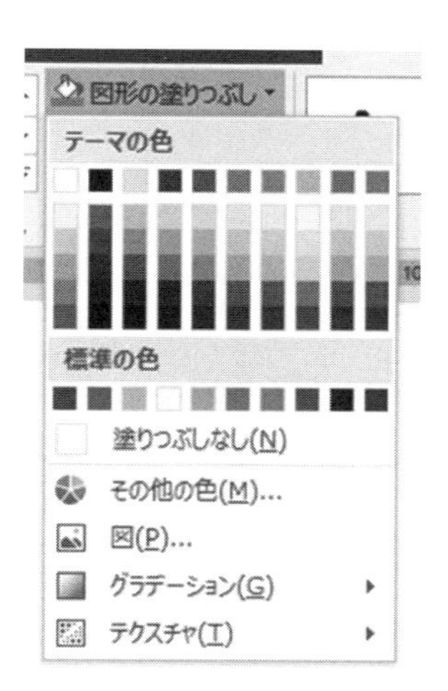

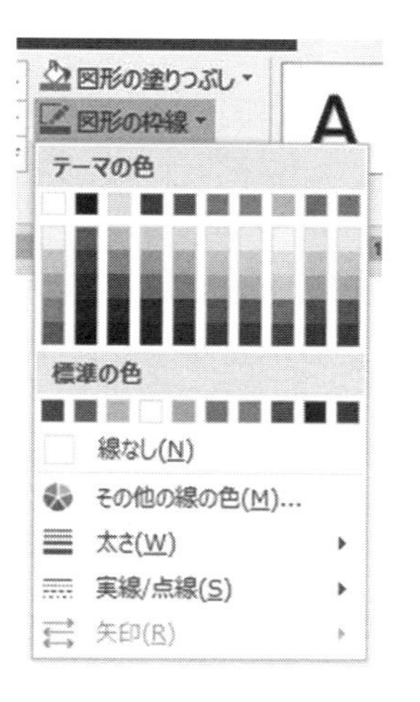

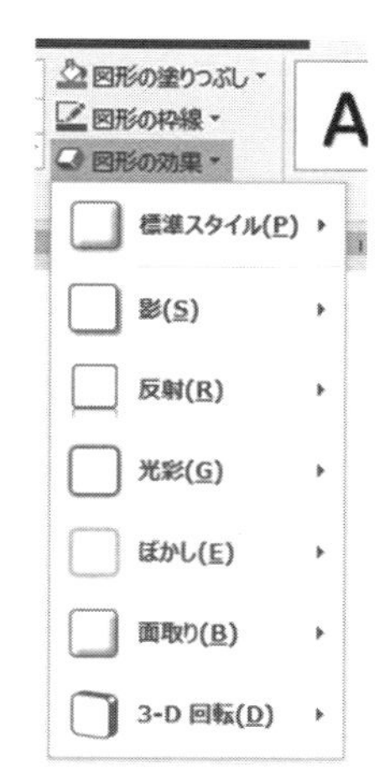

3-5-4　ワードアートのスタイル

テキストボックスまたは、図形にテキストの追加をしている場合に設定できます。あらかじめ、スタイルを設定する文字を選択しておきます。

・**ワードアートのスタイル**：「ワードアートのスタイル」一覧からスタイルを選択することができます。右側のその他ボタンをクリックするとスタイル一覧が表示されます。

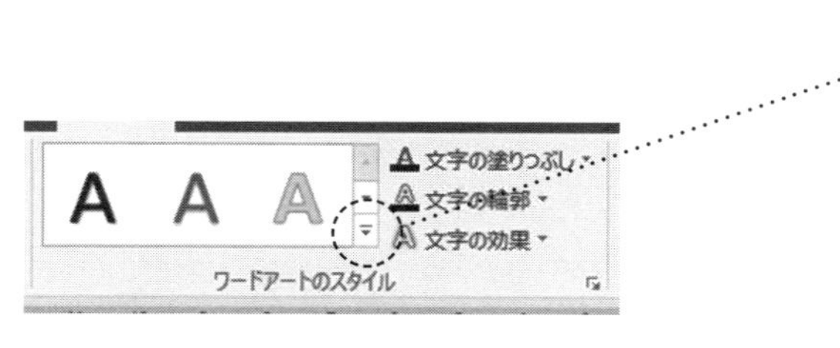

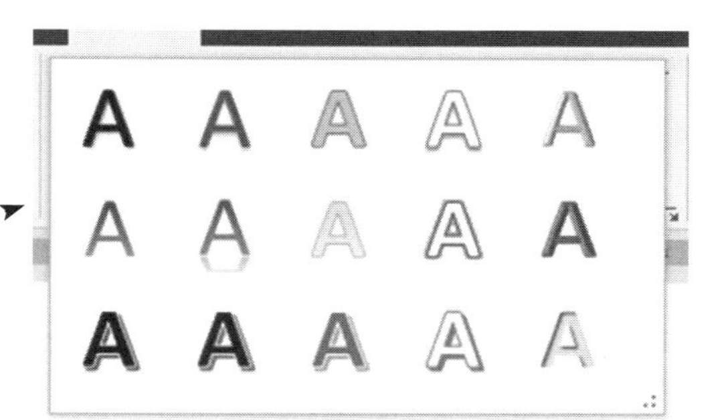

・**文字の塗りつぶし**：「文字の塗りつぶし」をクリックすると色を選択したり、「グラデーション」などを選択したりできます。
・**文字の輪郭**：「文字の輪郭」をクリックすると、文字の輪郭の色や太さや実線／点線を選択することができます。
・**文字の効果**：「文字の効果」をクリックすると、文字に影や反射などを設定することができます。

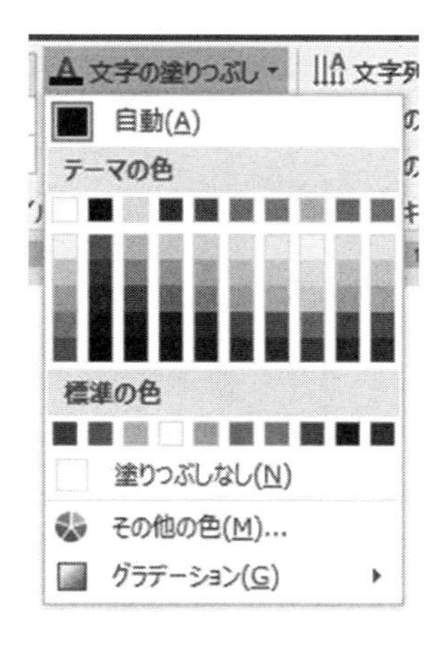

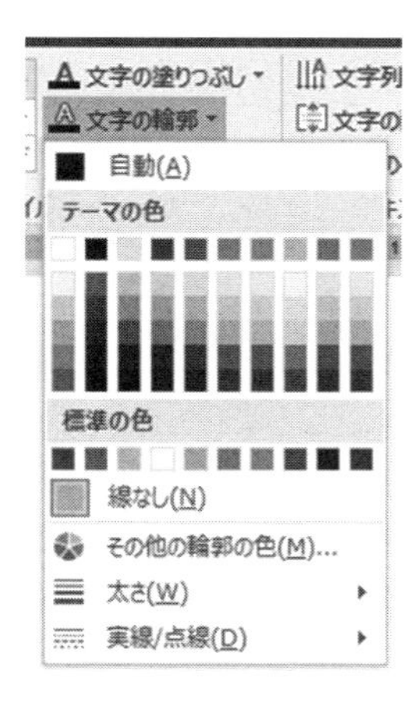

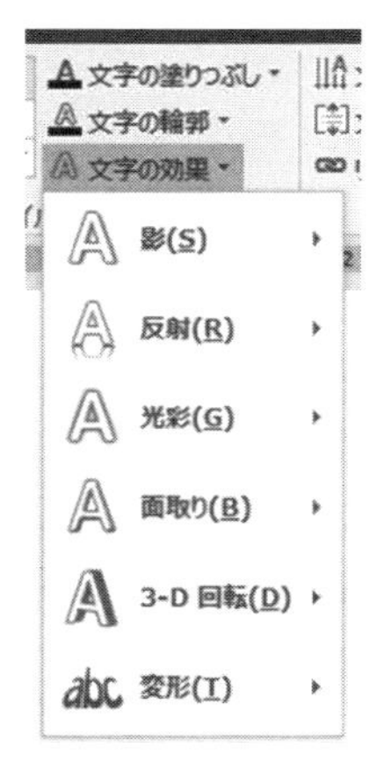

ワードアートのスタイル

スタイルを設定したワードアート

3-5-5　テキスト

・**文字列の方向**：「文字列の方向」をクリックすると、縦書きや横書きなどを選択することができます。

・**文字の配置**：「文字の配置」をクリックすると、図形中の文字の上下位置を設定することができます。

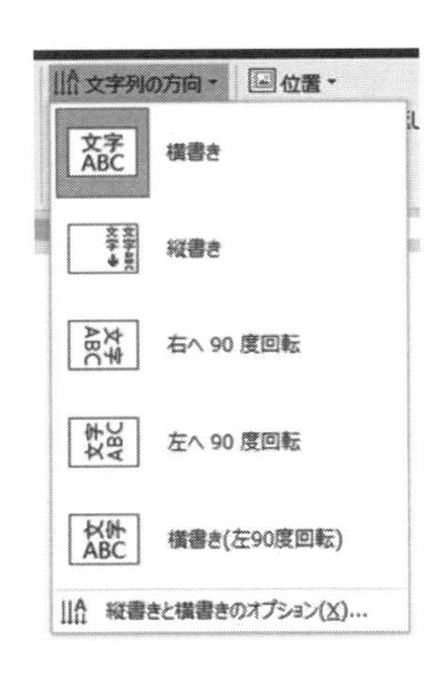

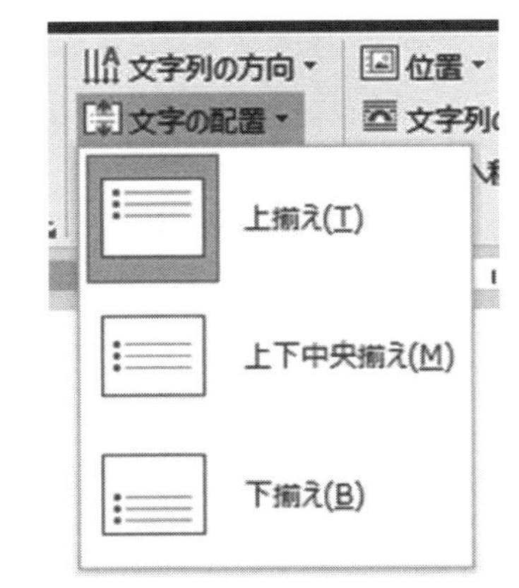

3-5-6　配置

図ツールの［書式設定］タブの「配置」と同じ機能です。

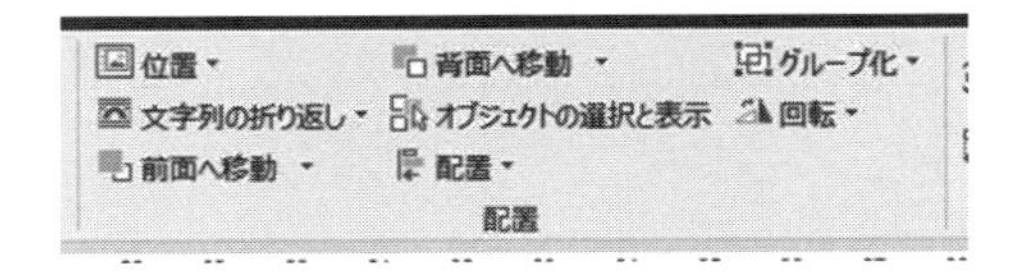

3-5-7　サイズ

図形のサイズを拡大したり縮小したりできます。図形ツールの［書式］タブの高さや幅の数値を変更すると、そのサイズに図形が拡大や縮小されますが、縦横の比率は保持されません。

また、マウスをクリックして選択したときに表示される枠線上の ○ の部分をドラッグしても、サイズの変更はできます。

キャリアアップ Point！

挿入した図形のサイズ変更で縦横の比率を保持したいときは、Shift キーを押しながら四隅の○の部分でマウスをドラッグします。また、「サイズ」グループ右下のボタン（ダイアログボックス起動ツール）をクリックすると、「レイアウト」ダイアログボックスが表示され、「縦横比を固定する」にチェックを入れると縦横比が固定されます。

3-6　SmartArt

図形を挿入すると文書だけでは表現できないようなことも表現できるようになります。そのとき、いろいろな図形を組み合わせて組織図やフローチャートなどの資料を作成したり、それらの図形の大きさや位置などを調整したりするには、大変複雑な作業が必要となります。Word には「SmartArt」という機能があり、これらの複雑な資料をよく使われる 8 種類のパターンから選択するのみで簡単に作成することができます。

3-6-1 SmartArt の挿入

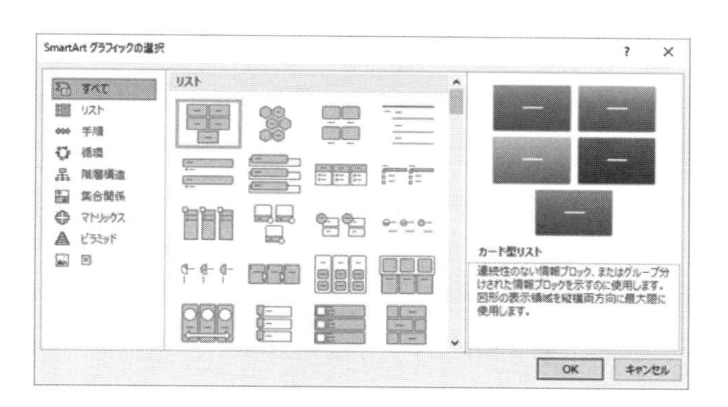

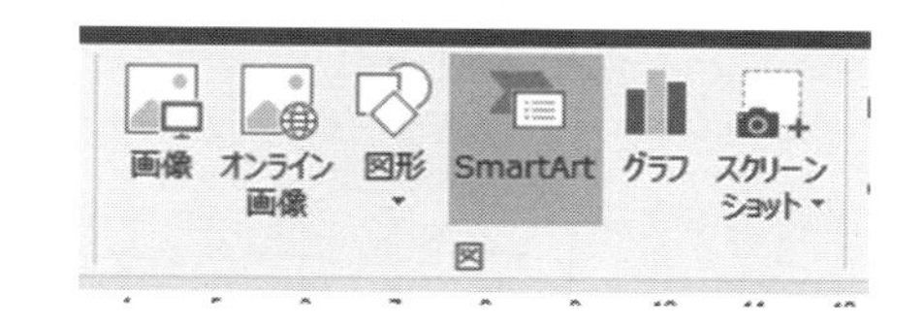

❶［挿入］タブの「SmartArt」をクリックします。
❷「SmartArt グラフィックスの選択」ダイアログボックスが表示されます。
❸ リストから挿入する SmartArt を選択して［OK］ボタンをクリックすると、挿入されます。

3-6-2 SmartArt のデザイン

「SmartArt ツール」の［デザイン］タブを利用すると、SmartArt のデザインを変更することができます。

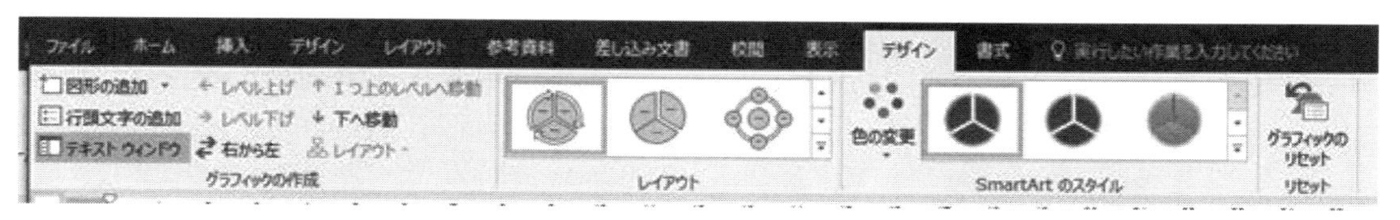

☞「グラフィックの作成グループ」では、「図形の追加」や「行頭文字の追加」をしたり、選択した図形の位置やレベルを変更したり、レイアウトを変更したりできます。
☞「レイアウト」一覧からレイアウトを変更することができます。右側のその他ボタンをクリックするとレイアウト一覧が表示されます。

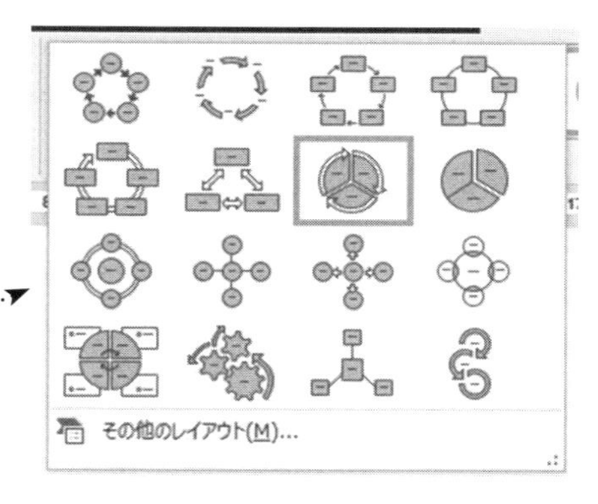

☞「SmartArt のスタイルグループ」では、色を変更したり、一覧からスタイルを変更したりすることができます。右側のその他ボタンをクリックするとスタイル一覧が表示されます。
☞「グラフィックのリセット」をクリックすると、デザインが最初の状態に戻ります。

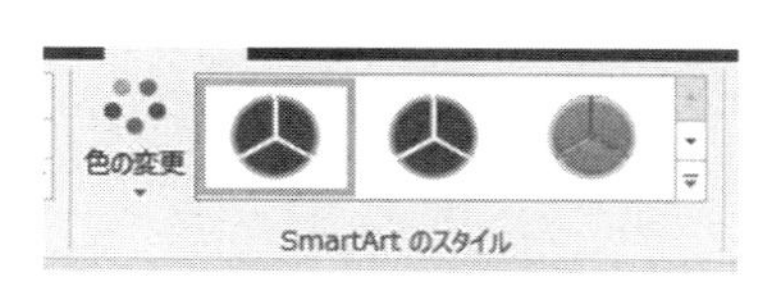

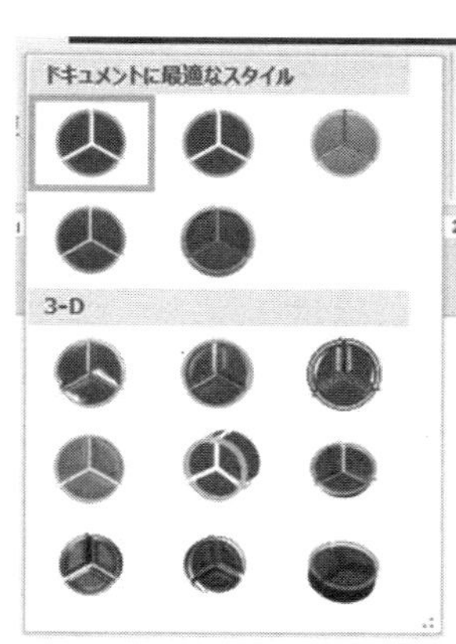

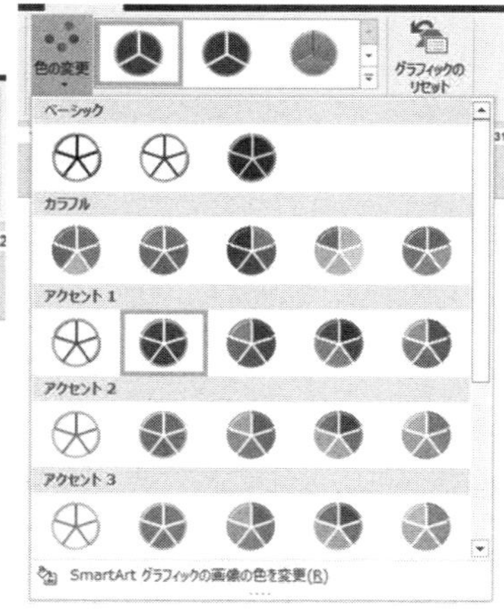

3-6-3 SmartArtの書式

「SmartArtツール」の［書式］タブを利用すると、SmartArtの書式を変更することができます。

- 「図形グループ」では、選択した図形を変更したり、拡大や縮小したりできます。
- 「図形のスタイルグループ」では、選択した図形のスタイルを変更したり、塗りつぶしや枠線などを指定したりできます。
- 「ワードアートのスタイルグループ」では、選択した図形内のテキストのスタイルを変更したり塗りつぶしや輪郭などを指定したりできます。
- 「配置グループ」では、SmartArtの文字列の折り返しの位置や選択した図形の回転などの指定ができます。
- 「サイズグループ」では、SmartArtの縦横のサイズを指定できます。

▶練習14 SmartArt機能を使って**「PDCAサイクル」**図を作成しましょう。

典型的なマネジメントサイクルの1つで、計画（plan）、実行（do）、評価（check）、改善（act）のプロセスを順に実施する。最後のactではcheckの結果から、最初のplanの内容を継続（定着）・修正・破棄のいずれかにして、次回のplanに結び付ける。このらせん状のプロセスを繰り返すことによって、品質の維持・向上および継続的な業務改善活動を推進するマネジメント手法がPDCAサイクルである。

ITmediaエンタープライズ『情報システム用語辞典：PDCAサイクル』（http://www.itmedia.co.jp/im/articles/1001/01/news028.html）より

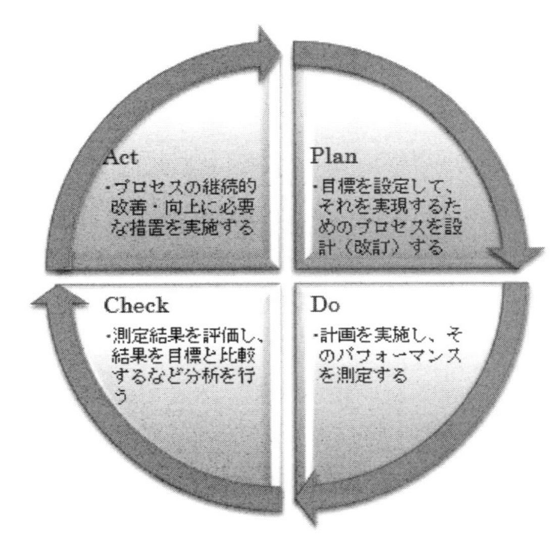

「PDCDサイクル」図

✣ 3-7 スクリーンショットの挿入

文書内に、Web ページ上の写真や地図などの情報を挿入したい場合、「スクリーンショット機能」を利用すれば、簡単に挿入することができます。

「スクリーンショット」には、開いているウィンドウの情報すべてをそのまま挿入する機能と、画面上の一部分を指定して挿入する機能があります。

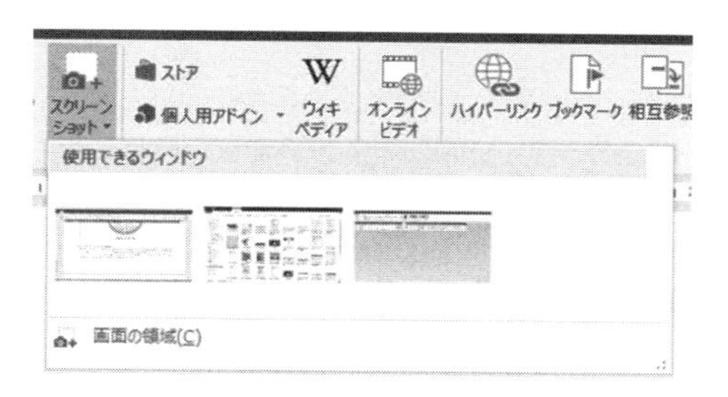

❶［挿入］タブの**「スクリーンショット」**をクリックします。

❷ ウィンドウの情報を挿入するときは**「使用できるウィンドウ」**を一覧から選択します。画面の一部分を挿入する場合は**「画面の領域」**を選択します。

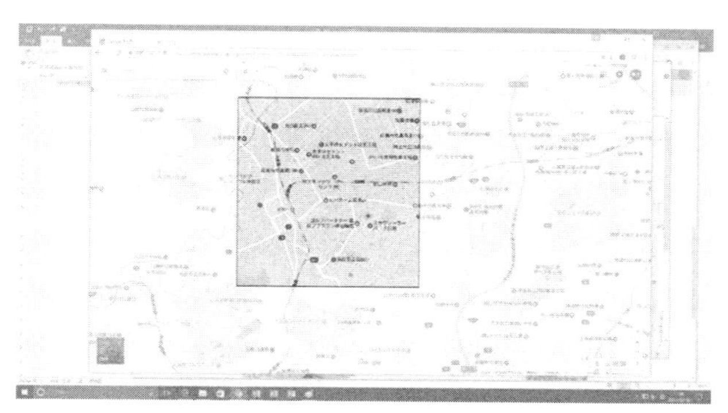

❸ ウィンドウを選択した場合は、そのウィンドウが挿入されます。画面領域を選択した場合は、Word ウィンドウが最小化され画面が白くなったら、マウスをドラッグして挿入する領域を選択します。

☞ 画面領域を選択してスクリーンショットを挿入する場合は、最初に選択する画面を表示させます。次に、Word を開いてスクリーンショットを挿入します。

☞ 挿入された領域は、図ツールの［書式］タブで書式設定を行うことができます。

キャリアアップ Point !

スクリーンショット機能では、作業中の Word 画面を挿入することはできません。このときは、画面コピー機能を使います。

Print Screen キーを押してから「貼り付け」ボタンをクリックすると、画面全体が挿入されます。現在作業中のウィンドウのみコピーする場合は、Alt ＋ Print Screen キーを押します。

» Section 4

Word のその他の機能

Word には文書を作成するために便利な機能が数多くあります。ここでは今までに紹介できなかった便利な機能を紹介します。

4-1　参考資料の作成

［参考資料］タブには、「目次」や「脚注」など文書の本文には直接関係ありませんが、知っていると便利な機能があります。

4-1-1　目次

Word の機能を利用して簡単に目次を作成することができます。目次の自動作成機能により、スタイルが「見出し」に設定されている段落を元にして自動的に目次が作成されます。

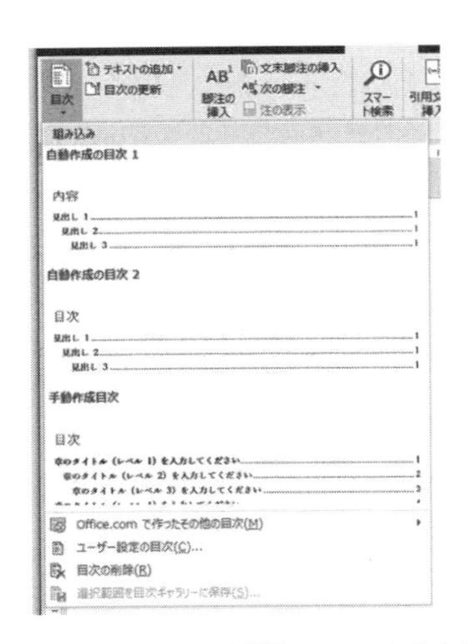

1 ［参考資料］タブの「**目次**」ボタンをクリックします。
2 目次の種類を選択すると、目次が挿入されます。

・手動作成目次を選択した場合は、目次の項目を自分で入力しなければなりません。
・「ユーザー設定の目次」をクリックすると、「目次」ダイアログボックスが表示され、より詳細な設定を行うことができます。
・「目次の削除」をクリックすると、挿入されている目次が削除されます。

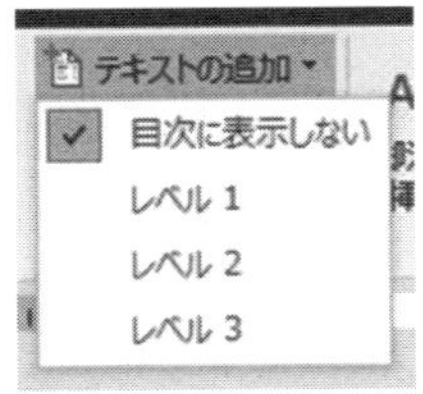

☞ 段落を選択してから「テキストの追加」をクリックし、目次に表示するレベル（見出しの種類）を設定することもできます。
☞「目次の更新」をクリックすると、自動作成された目次が最新の状態に更新されます。

4-1-2　脚注

脚注とは、ページ下部の枠外に挿入される用語の解説や補足説明などの注釈です。本文中の説明したい語句に番号や記号などを付けてページ下部の対応する箇所で説明することができます。また、ページ下部ではなく文書の最後の部分（文末）に挿入される注釈のことを文末脚注といいます。

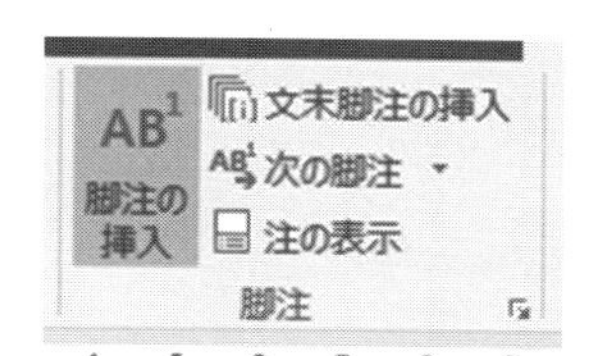

❶ 脚注を挿入する箇所（語句の末尾）をクリックします。

❷［参考資料］タブの **「脚注の挿入」** ボタンをクリックします。

❸ 自動的に番号が付いてページ下部の枠外に脚注が挿入されます。

❹ 脚注を入力します。

・「文末脚注の挿入」ボタンをクリックすると、文書の一番後ろのページに文末脚注が挿入されます。

・「次の脚注」ボタンをクリックすると、次の脚注に移動します。また、右側の ▼ ボタンをクリックして、前の脚注などを選択し移動することもできます。

・「注の表示」ボタンをクリックすると、脚注または文末脚注を表示します。脚注と文末脚注の両方が挿入されている場合は、どちらかを選択することができます。

キャリアアップ Point !

「脚注」グループ右下のボタン（ダイアログボックス起動ツール）をクリックすると、「脚注と文末脚注」ダイアログボックスが表示されて番号や記号の種類など、より詳細な設定を行うことができます。

✣ 4-2　差し込み文書の作成

Wordを使ってはがきや手紙を書くこともできます。宛名など一部が違うだけで他の部分は同じ文面の文書を作成するときは、差し込み印刷の機能を使うと簡単です。［差し込み文書］タブでは、それらの機能を利用することができます。

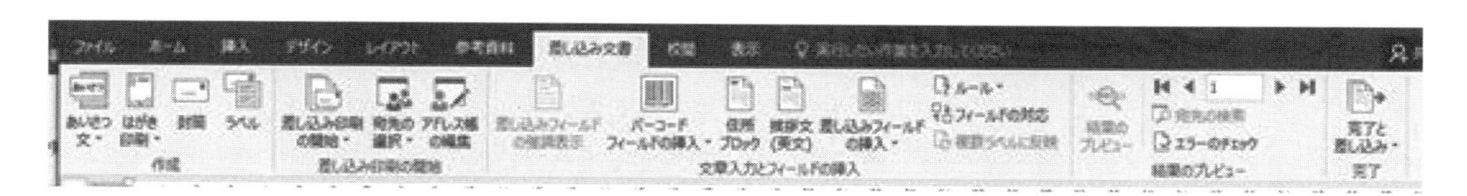

4-2-1　作成グループ

あいさつ文やはがき印刷などを簡単に作成することができます。

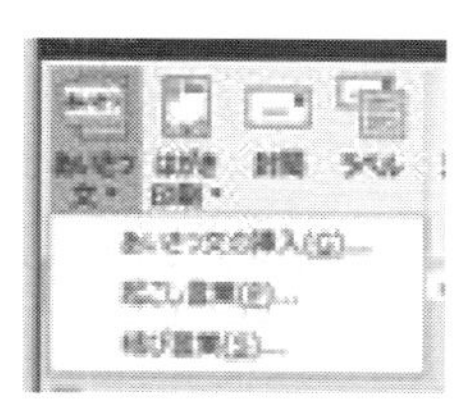

・「あいさつ文」をクリックし、「あいさつ文の挿入」などを選択すると、それぞれのダイアログボックスが開き、あいさつ文などを簡単に挿入することができます。

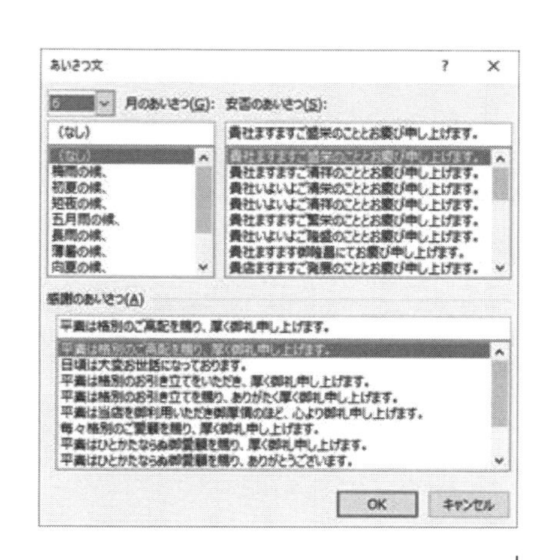

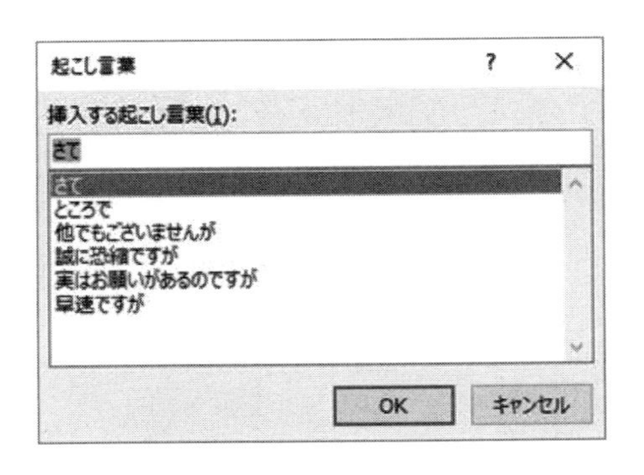

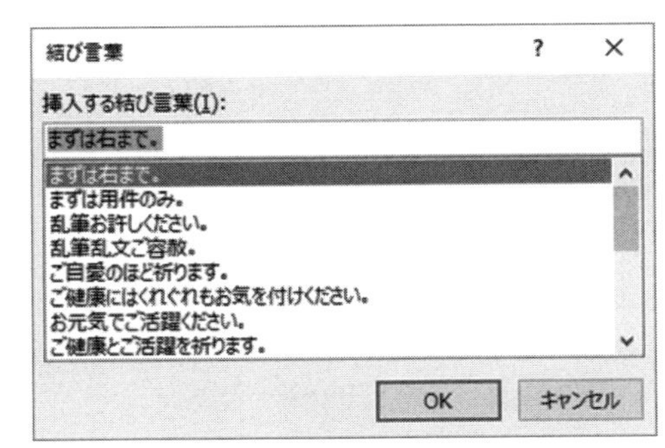

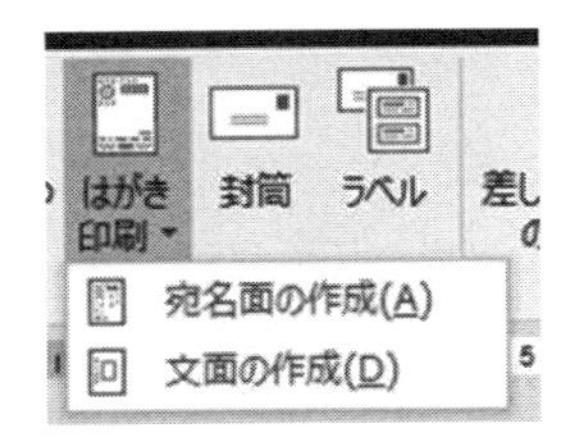

・「はがき印刷」をクリックし、宛名面か文面を選択すると、それぞれのウィザードが開き、指示に従って宛名面や文面を簡単に作成・印刷することができます。

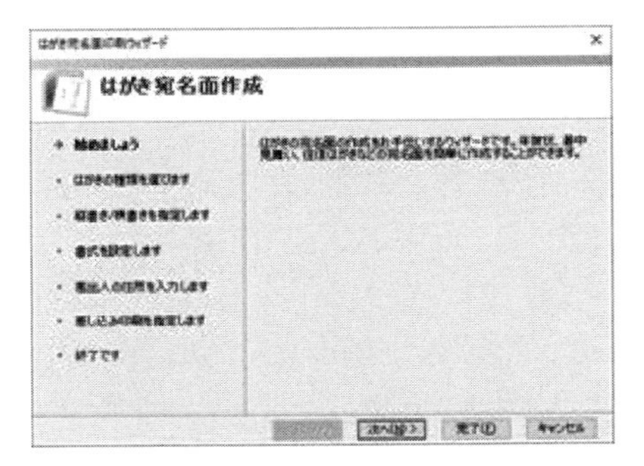

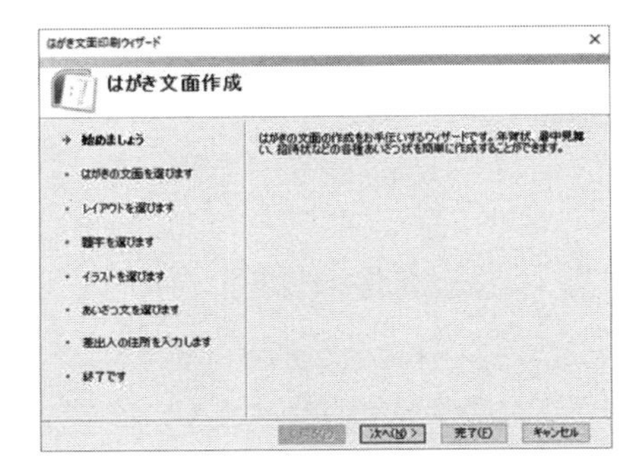

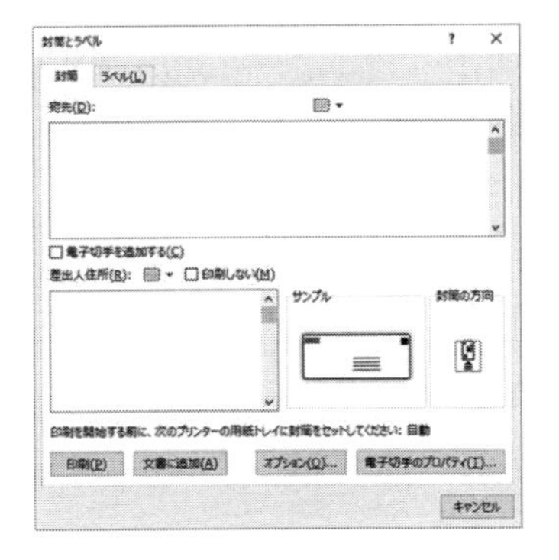

・「封筒」をクリックすると、「封筒とラベル」ダイアログボックスが開きます。封筒の宛先や差出人住所などを入力してから、「文書に追加」をクリックすると封筒の宛名面を作成することができます。ここで、「オプション」をクリックすると、封筒の種類や宛先などの位置を変更することができます。

・「ラベル」をクリックすると、「封筒とラベル」ダイアログボックスが開きます。宛先などを入力してから、「新規文書」をクリックすると新規ラベルを作成することができます。ここで、「オプション」をクリックすると、ラベルの種類を変更することができます。

4-2-2　差し込み印刷の開始グループ

差し込み印刷の文書の種類を選んだり、宛先リストを選んだりして、簡単に差し込み文書を作成することができます。

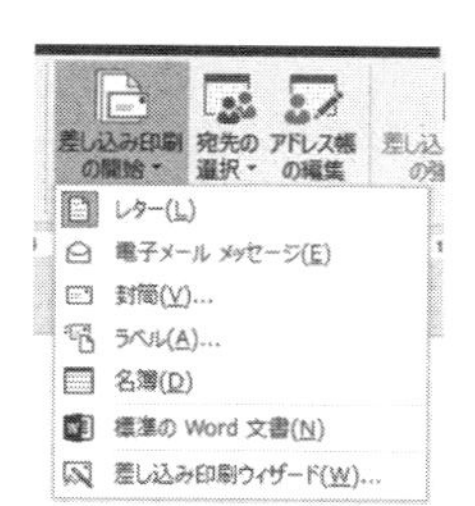

・「差し込み印刷の開始」をクリックして、手紙やラベルなど作成する文書の種類を選択します。ここで、「差し込み印刷ウィザード」を選択すると、作業ウィンドウ（ウィンドウ右側）に表示されるウィザードに従って簡単に差し込み文書を作成することができます。

・「宛先の選択」をクリックして宛先リストを選択します。「既存のリストを使用」を選択すると、Word の表や Excel で作成したデータを利用することができます。Word や Excel で作成したデータを使用する場合は、表の 1 行目には項目名を入力しておきます。

・「アドレス帳の編集」をクリックすると、「差し込み印刷の宛先」ダイアログボックスが表示されます。ここで、データソースを選択して「編集」をクリックすると宛先リストの編集ができます。

4-2-3　文章入力とフィールドの挿入グループ

使用する宛先リストから差し込みフィールド（項目）を選択して挿入することができます。

・「差し込みフィールドの強調表示」をクリックすると、文書内に差し込みしたフィールドを強調表示することができます。

・「差し込みフィールドの挿入」をクリックして宛先リストのフィールドを選択すると、そのフィールドを文書内に挿入することができます。

4-2-4　結果のプレビューと完了グループ

文面の入力や差し込みフィールドの挿入で文書が完成したら、結果を確認したり印刷したりすることができます。

・「結果のプレビュー」をクリックすると、文書内に差し込まれたフィールド名に代わって宛先リストのデータが表示されます。また、◀▶ボタンで差し込みされるレコードを移動したり、宛先を検索して移動したりすることもできます。

・「完了と差し込み」をクリックすると、宛先リストのデータを文書に差し込んで新規文書を作成したり、直接印刷したりすることができます。「個々のドキュメントの編集」を選択した場合、差し込みフィールドがすべて挿入され新規文書が作成されます。「文書の印刷」を選択した場合、差し込みフィールドを挿入しながら印刷することができます。

▶練習 15　宛先リストとして以下の**「得点表」**を作成し、差し込み文書として**「成績通知票」**を作成しましょう。

名前	国語	算数	合計	順位
山田太郎	75	65	140	4
佐藤花子	67	76	143	3
鈴木一郎	87	45	132	5
田中良子	60	87	147	2
伊藤次郎	96	70	166	1

❶ 新規作成文書として左の 6 行 5 列の表を作成し「得点表」として保存します。保存が終わったら、「得点表」を閉じます。または Word を終了します。

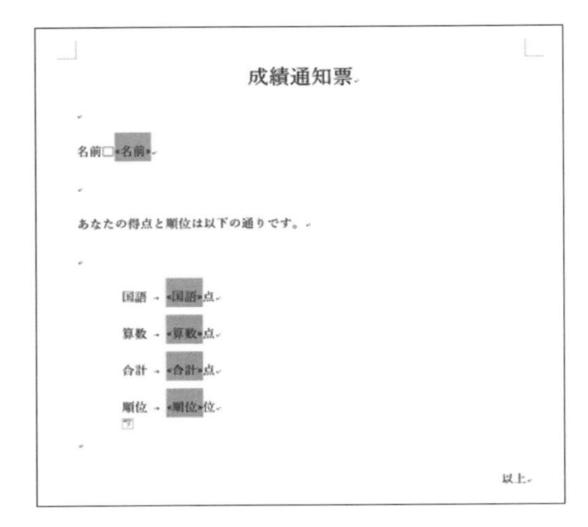

❷ 新規作成文書として以下の手順で「成績通知票」を作成します。

❸［差し込み文書］タブの「宛先の選択」から「既存のリストを使用」をクリックして、❶ で保存した「得点表」を選択します。

❹ 文面を入力します。

❺ « 名前 » などのフィールドは、「差し込みフィールドの挿入」をクリックして選択します。

❻ フォントのサイズや位置、インデントを設定します。

❼ 完成したら「成績通知票」として保存します。

❽「結果のプレビュー」をクリックすると、差し込んだ内容が確認できます。

❾「完了と差し込み」から「個々のドキュメントの編集」をクリックします。

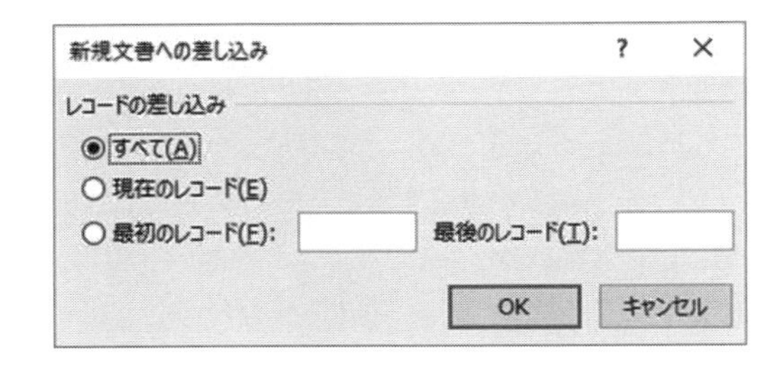

❿「新規文書への差し込み」ダイアログボックスの「レコードの差し込み」で「すべて」を選択して OK ボタンをクリックすると、文面に個々の得点が差し込まれ 5 ページの文書が新規作成されます。

✣ 4-3　校閲の設定

［校閲］タブには、文書を作成する機能はありませんが、文書内の字句等の間違いを直したり、不足している点を補ったりする機能があります。

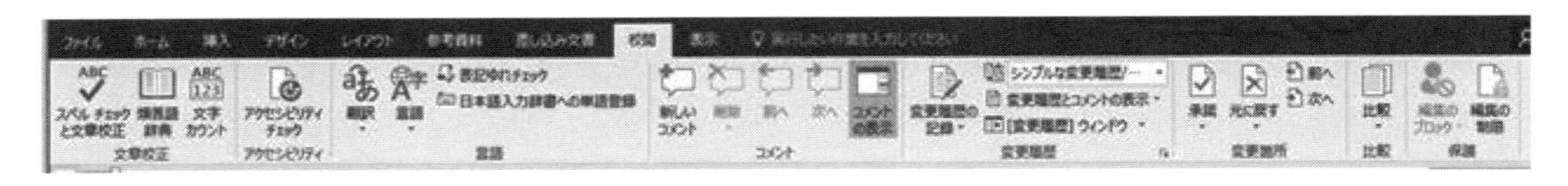

- **スペルチェックと文章構成：**文書内のスペルの間違いや文法をチェックすることができます。
- **文字カウント：**文書内の単語数、文字数、段落数、行数をカウントすることができます。

・**翻訳**：「ドキュメントの翻訳」「選択した文字列の翻訳」「ミニ翻訳ツール」があり、選択した言語に翻訳することができます。

・**新しいコメント**：範囲選択した箇所にコメントを追加することができます。コメントを追加すると、右側の余白部分に吹き出しマークが表示されます。

✣ 4-4　表示の設定

［表示］タブでは、文書を作成するときの画面表示に関する設定を行うことができます。

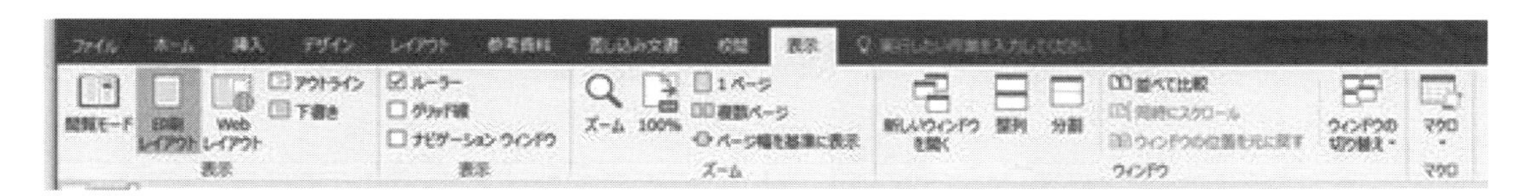

・**「（文書の）表示」グループ**：印刷ページのレイアウトで文書を表示する「印刷レイアウト」や、Web ページのレイアウトで文書を表示する「Web レイアウト」などがあります。通常は、「印刷レイアウト」で文書を作成します。

・**「表示」グループ**：インデントマーカーやタブマーカーなどが表示される「ルーラー」や「グリッド線」などを表示することができます。

・**「ズーム」グループ**：画面上の文書の表示倍率を変更することができます。

・**「ウィンドウ」グループ**：複数のウィンドウを並べたり、1 つのウィンドウを分割したりすることができます。

✣ 4-5　高度な文書保存

Word の文書保存は、「上書き保存」するか「名前を付けて保存」すれば Word 形式の文書として保存されます。Word では Word 形式の文書以外にもいろいろな形式で文書を保存することができます。また、パスワードを設定して文書を保護することもできます。

4-5-1　Web ページとして保存

通常の文書を作成する感覚で、簡単に Web ページを作成することもできます。

1 画面表示を通常の印刷用のレイアウトから、［**表示**］タブの「**Web レイアウト**」をクリックして Web 用のレイアウトに変更します。

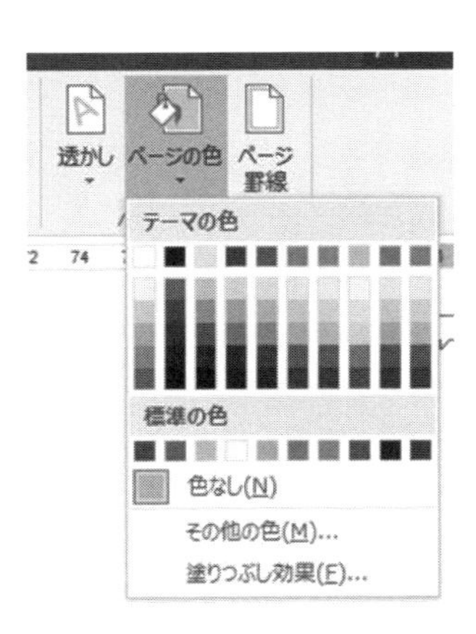

2 ページの背景を設定することができます。［**デザイン**］タブの「**ページの色**」をクリックすると、Web ページの背景の色や画像を設定できます。色をクリックすると背景色がその色に設定されます。「**塗りつぶし効果**」をクリックすると、「**塗りつぶし効果**」ダイアログボックスが表示されるので、「グラデーション」、「テクスチャ」、「パターン」、「図」の中から背景を指定します。

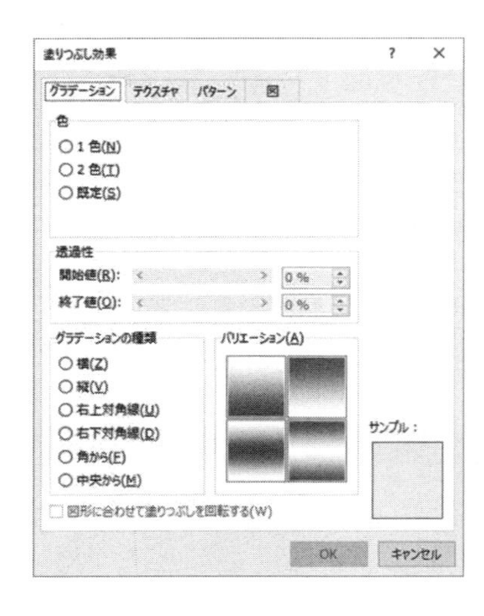

❸ Web ページの作成が終了したら、Web ページとして保存します。［**ファイル**］タブの「**名前を付けて保存**」から［**参照**］ボタンをクリックして表示される「**名前を付けて保存**」ダイアログボックス下部の「**ファイルの種類**」を、「**Web ページ**」に変更してから保存します。

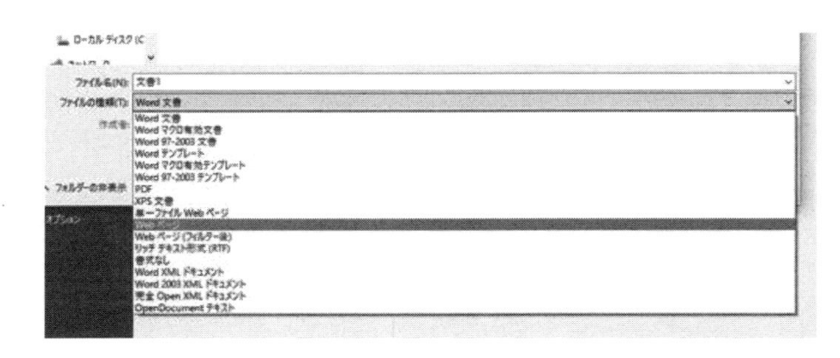

キャリアアップ Point！

Web ページを移動するためのリンクボタンを付けることもできます。リンクボタンにする文字列や図を選択してから［挿入］タブの「ハイパーリンク」をクリックすると、他の Web ページや画像などへのリンクを設定できます。

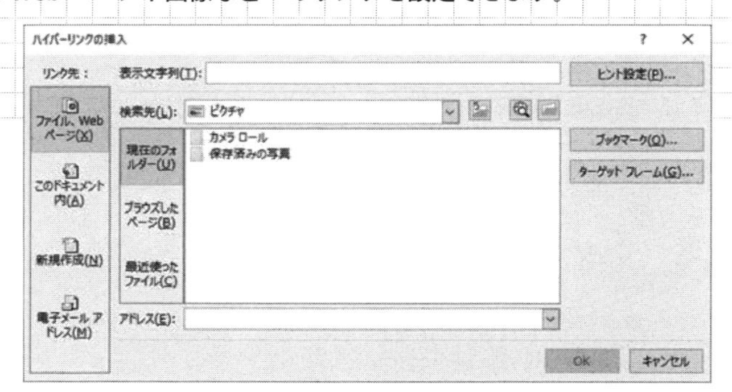

4-5-2 PDF ファイルとして保存

特定の環境に関係なく、すべての環境で作成したとおりのレイアウトで表示することができる文書として、PDF ファイルがあります。Word で作成した文書を PDF ファイルとして保存すると、編集することはできませんがパソコンやスマートフォンなどさまざまな環境で保存した文書を表示したり印刷したりすることができます。

PDF ファイルとして保存するには、［ファイル］タブの「名前を付けて保存」から［参照］ボタンをクリックして表示される「名前を付けて保存」ダイアログボックス下部の「ファイルの種類」を「PDF」に変更してから保存します。

キャリアアップ Point！

電子データとして文書をメールなどで送信する場合、Word で作成した文書をそのまま送信すると受信した側で文書の内容を変更できてしまいます。文書の内容の変更をされたくない場合、Word で作成した文書を PDF ファイルとして保存してから送信します。

4-5-3　文書を保護して保存

Word で作成した文書にパスワードを付けて保存することができます。パスワードがつけられた文書を開くときには、そのパスワードを入力しなければ開くことができなくなります。また、文書の編集作業を制限したり禁止したりすることもできます。これらについてもパスワードを設定することにより可能となります。

文書を保護するには、[ファイル] タブの「情報」から [文書の保護] ボタンをクリックして行います。

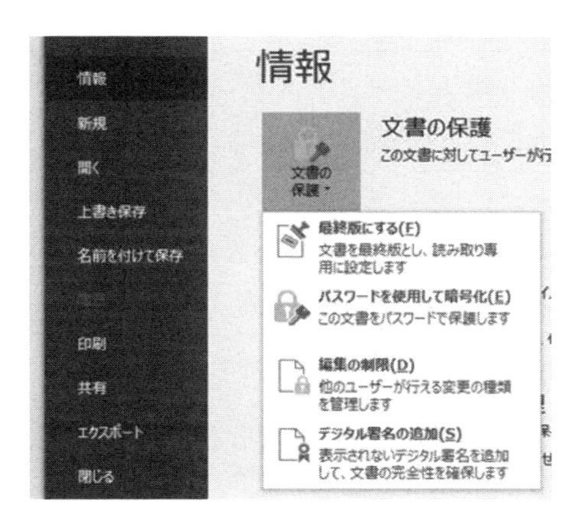

- **最終版にする：**文書が最終版として保存され「ホーム」タブや「挿入」タブなどのボタンが利用できなくなり文書の入力や編集ができません。最終版を解除する場合は、再度、[文書の保護] から [最終版にする] をクリックします。
- **パスワードを使用して暗号化：**文書にパスワードを設定して暗号化します。この文書を開くときには設定したパスワードを入力しなければなりません。パスワードを忘れてしまった場合は、文書を開くことができなくなります。暗号化を解除する場合は、再度、[文書の保護] から [パスワードを使用して暗号化] をクリックしてからパスワードを削除します。
- **編集の制限：**パスワードを設定して入力や編集を制限することができます。制限の内容を設定してから [はい、保護を開始します] をクリックしてパスワードを設定します。編集の制限を解除する場合は、再度、[文書の保護] から [編集の制限] をクリックしてから右側に表示される作業ウィンドウ下部の [保護の中止] をクリックしてパスワードを入力します。

キャリアアップ Point !

個人情報などの外部に知られてはいけない文書をメールなどで送信する場合は、パスワードを使用して暗号化してから送信します。このとき、暗号化した文書とパスワードは別々のメールで送信します。

» Practice

演習問題

▶**演習１**　次の文書を入力しなさい。

平成○年７月７日

関係各位

製品企画部長

新商品名の社内公募について

製品企画部では、10 月発売予定でオリジナルケーキの開発を行っております。レアチーズをベースにチョコレートをコーティングした高級感ある仕上がりが特徴で、女子大生・OL をターゲットとして商品展開する予定です。
つきましては、この新製品の商品名を下記の要領で社内公募致します。採用商品名につきましては賞品などを検討しておりますので奮ってご応募ください。また、それにあわせて新製品社内試食会も行いますので、ぜひご参加ください。

記

1.　募集内容　新商品名（オリジナルケーキ）
2.　応募方法　下記のフォーマットに必要事項を記入した上で、社内メールにてお送りください。
3.　締 切 り　平成○年７月 20 日（金）
4.　送 付 先　製品企画部　高橋
5.　そ の 他　社内試食会については後日連絡致します。

以上

担当）製品企画部　高橋

・・・・・・・・・・・・・切り取り・・・・・・・・・・・

≪応募用紙≫

商品名　【　　　　　　　　　　　　】

賞品についてのコンセプトなどありましたら、自由にお書きください。

▶**演習2**　次の表の入った文書を入力しなさい。

見積書番号　4560077-01

御見積書

株式会社　高三建設　御中

株式会社　山森商事
〒116-0013　東京都荒川区西日暮里7丁目1-1　山森ビル
TEL 03(57○○)57○○　FAX 03(57○○)58○○

下記の通り御見積いたしますのでご査収下さい。

御見積金額（税込み）　¥682,500

お支払い条件：別途ご相談
御見積有効期限：提出後30日
納入場所：御社ご指定場所
納入予定日：別途ご相談

項	品名	数量	単価	金額
1	デジタルスキャナ	10	20,000	200,000
2	レーザープリンタ	2	85,000	170,000
3	高解像度モニター	4	70,000	280,000
		小計		¥650,000
		消費税		¥32,500
		合計		¥682,500

【備考】
※詳細は、別紙をご参照ください。

受領	承認	担当

▶**演習 3**　図形を挿入して次の地図を作成しなさい。

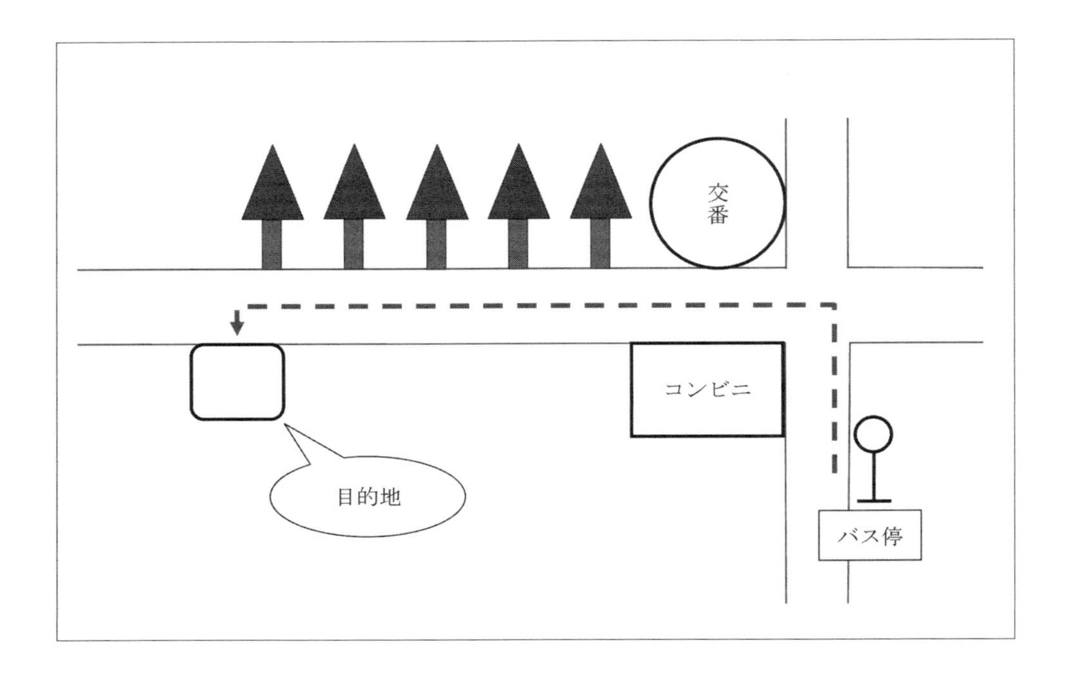

▶**演習 4**　Smart Art を使って次のトーナメント表を作成しなさい。

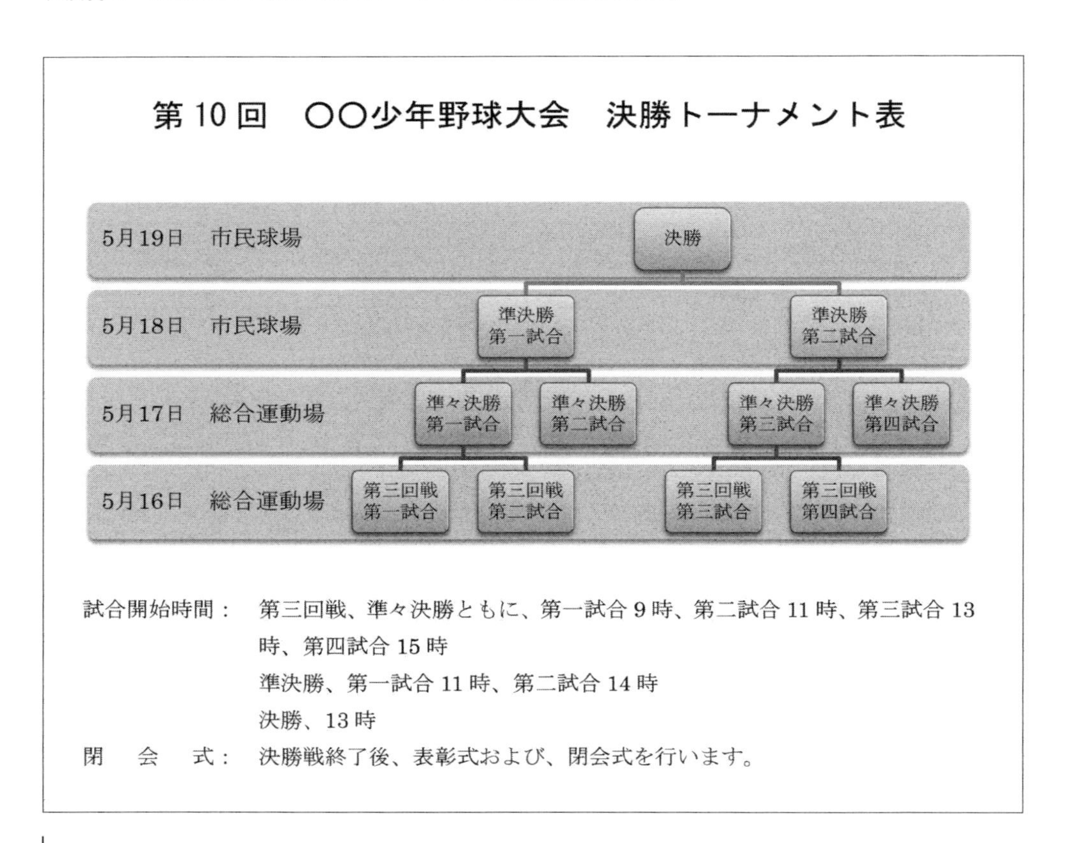

▶**演習 5**　次の申込書を作成しなさい。

○○駅前駐輪場申込書

申込日　　　　年　　月　　日

<table>
<tr><td>期間</td><td colspan="6">年　　月から　（1ヶ月・3ヶ月・6ヶ月）</td></tr>
<tr><td>種別</td><td>自転車・バイク（50cc 未満・以上）</td><td colspan="2">登録番号</td><td colspan="3"></td></tr>
<tr><td>住所</td><td colspan="6">〒</td></tr>
<tr><td>氏名</td><td>フリガナ</td><td colspan="2">生年月日</td><td colspan="3">年　　月　　日</td></tr>
<tr><td>電話</td><td>（　　　）</td><td>性別</td><td>男・女</td><td>目的</td><td colspan="2">通勤・通学・その他</td></tr>
</table>

●下記条件を承諾のうえ申し込みをします。
○駐車場所の指定があるときは、必ず指定場所に駐車します。
○場内での事故・盗難・火災及び災害による損傷等について責任を問いません。

料金表

車種	区分	定期料金		
		1カ月	3カ月	6カ月
自転車	一般	2,200 円	6,300 円	12,000 円
	学生	2,000 円	5,700 円	10,800 円
バイク	50cc 未満	3,500 円	10,500 円	21,000 円
	50cc 以上	5,000 円	15,000 円	30,000 円

▶**演習6**　次の履歴書を作成しなさい。

履　歴　書　　平成○年○月○日現在

ふりがな		印	写真
氏　　名			
年　　月　　日生（満　　歳）	性別 男・女		
ふりがな 現住所　〒		電話	
		携帯電話	
E-mail			
ふりがな 連絡先　〒		電話	
		携帯電話	

＊連絡先は現住所以外に連絡を必要とする場合のみ記入

年	月	学歴・職歴（各別にまとめて書く）

年	月	免許・資格

＊黒・楷書で記入。数字はアラビア数字で記入。

Chapter 3

PowerPointの知識と活用

この章では、スライドの作成やアニメーションの追加、スライドショーの方法など、プレゼンテーションツールの基本的な使い方を紹介します。また、後半には内容の構成法や話し方のポイント、配色等に関する注意なども盛り込んであります。ツールの特徴を理解し、それぞれの個性を生かした効果的なビジュアルプレゼンテーションを探ってみましょう。

Career development

» Section 1

PowerPoint の基本操作

1-1　PowerPoint とは

PowerPoint（パワーポイント）は、プレゼンテーション用のソフトウェアです。スライド単位で資料を作成することができる上、アニメーションや画面切り替えの設定も手軽にできます。昨今のビジネスシーンでは、印象的な発表を行うための欠かせないツールとなっています。

1-1-1　PowerPoint の起動と終了

1 PowerPoint の起動方法

1 左下の ［**スタート**］ボタンをクリックします。

2 スタートメニューのタイルから を探してクリックします。

2 PowerPoint の終了方法

1 タイトルバーの右端にある × をクリックすると終了できます。

1-1-2　PowerPoint の画面

PowerPoint を起動すると、下図のようなウィンドウが開きます。

名 称	解 説
❶ クイックアクセスツールバー	「上書き保存」「元に戻す」「繰り返し」など、編集上よく使う操作をワンクリックで行うことができます。
❷ タブ	［ファイル］や［ホーム］などのタブ表示があります。左から順に設定を進めて行くとスムーズに資料作成できます。
❸ リボン	その時点で使用可能なツールがタブごとにボタンで表示されています。何のツールか分からないときは、マウスポインタをそのボタンに合わせると、名称と簡単な説明が表示されます。
❹ スライド画面	メインの作業画面です。文字入力や画像の挿入などができます。
❺ スライド縮小表示ウィンドウ	ファイルを構成しているスライドを縮小して表示します。
❻ 作業ウィンドウ	クリップアートの挿入やアニメーションの設定等の場面で使用します。
❼ ノートウィンドウ	スライドごとに発表のためのメモを書き加えることができます。
❽ 画面切り替えボタン	表示形式を切り替えることができます。標準表示、スライド一覧表示、閲覧表示、プレゼンテーションの4種があります。

1-2 スライドの作成

PowerPointで作成する資料の基本単位は「スライド」です。PowerPointでは、スライドによって構成されたファイルを「プレゼンテーション」と呼びます。まず、スライド作成から保存までの行程を確認してみましょう。

1-2-1 プレゼンテーションの新規作成

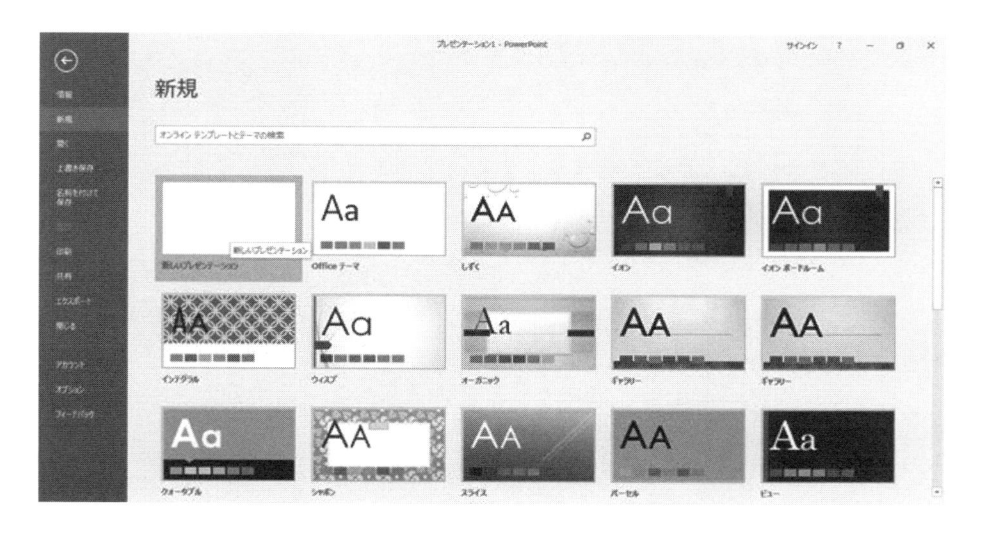

1 ［**ファイル**］タブをクリックします。

2 メニューの［**新規**］をクリックし、続いて［**新しいプレゼンテーション**］をクリックします。

3 スライドが表示されます。最初の1枚は**「タイトル スライド」**のレイアウトになっています。

1-2-2　新しいスライドの追加

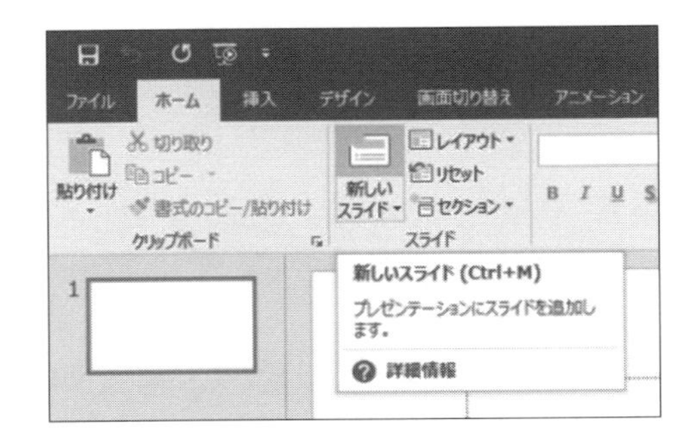

1 ［**ホーム**］タブをクリックします。
2 リボンの項目の中から［**新しいスライド**］をクリックします。
3 新しいスライドが追加されます。この方法で追加されるスライドは、「**タイトルとコンテンツ**」のレイアウトになっています。

1-2-3　スライドの削除

1 左側のスライド縮小表示ウィンドウで不要なスライドをクリックします。
2 キーボードの Delete キーを押します。
3 不要なスライドが削除されます。

▶練習 1　新しいプレゼンテーションを作成し、最初のスライドを削除した上、新しいスライドを 1 枚追加してみましょう。

1-2-4　スライドのレイアウトの変更

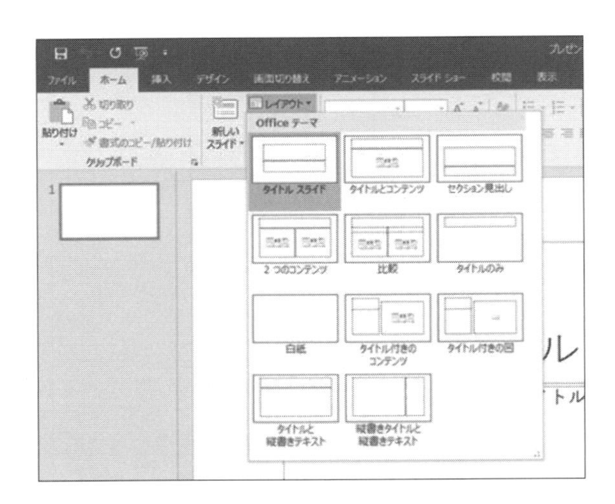

1 左側のスライド縮小表示ウィンドウで、レイアウトを変更したいスライドをクリックします。
2 メニューバーの［**ホーム**］をクリックし、リボン左側の［**スライド**］のボタン群の中から［**レイアウト**］をクリックします。
3 選択したレイアウトがスライドに適用されます。

タイトルスライド

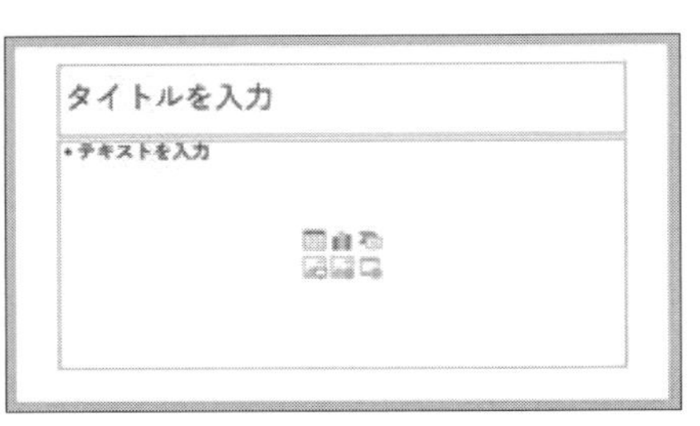

タイトルとコンテンツ

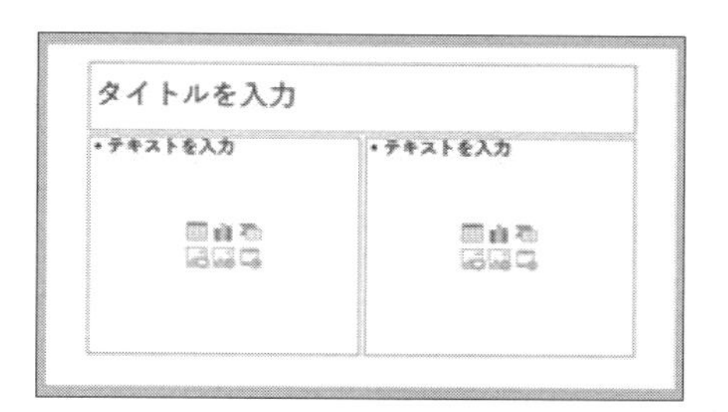

2つのコンテンツ

タイトルのみ

▶**練習 2**　2枚目のスライドを「タイトルとコンテンツ」のレイアウトで追加してみましょう。

1-2-5　スライドデザインの設定

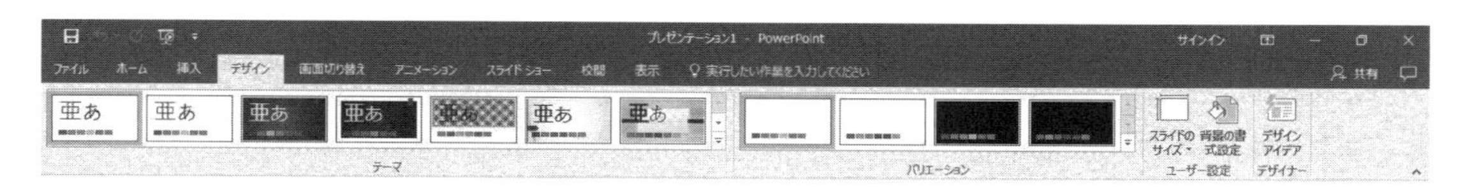

1 ［**デザイン**］タブをクリックします。

2 リボンの左側にスライドのデザインが表示されます。

3 各デザインをポイントして、イメージを確認します。

4 デザインの1つを選択し、クリックします。

5 クリックしたデザインがスライドに適用されます。

▶**練習 3**　好みのデザインを 1 種類選び、全てのスライドに適用してみましょう。

キャリアアップ Point！

初期段階で用意されているデザインのテーマには限りがあります。そのため、他の人が自分と同じデザインのスライドを用意しているということも生じかねません。PowerPoint では、デザインテーマだけでなく配色パターンも変更できますので、色で自分らしさを表現してみてもよいでしょう。［デザイン］タブをクリックし、［バリエーション］の中から選択するか、［バリエーション］の枠の右下にある［その他］のボタンをクリックして［配色］の中から選んでみましょう。

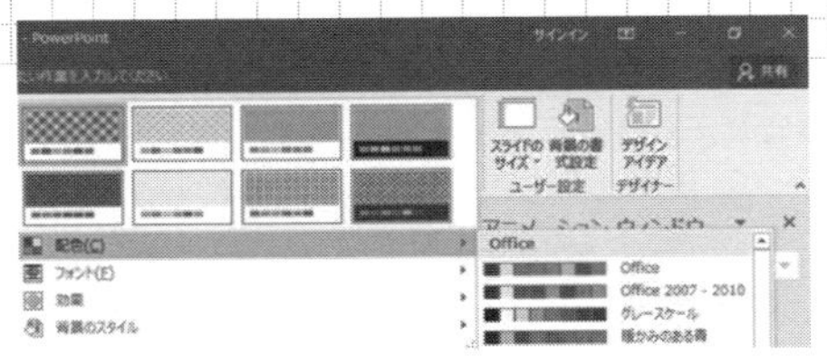

1-2-6　文字入力

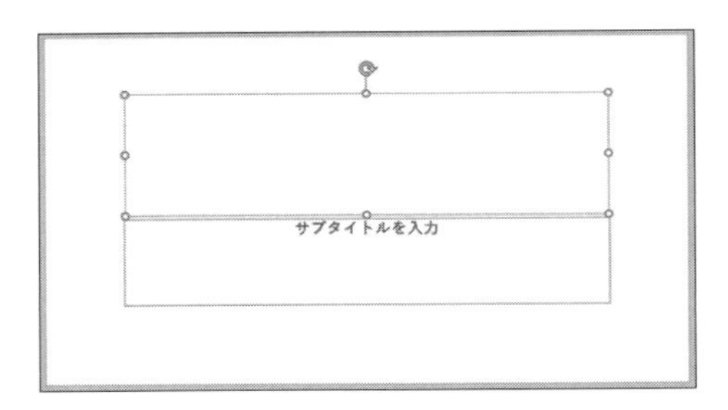

1. スライド画面において、文字を入力したい枠をクリックします。
2. 枠線が点線から破線に変わり、カーソルが点滅します。
3. 文字を入力します。

1-2-7　文字の書式設定

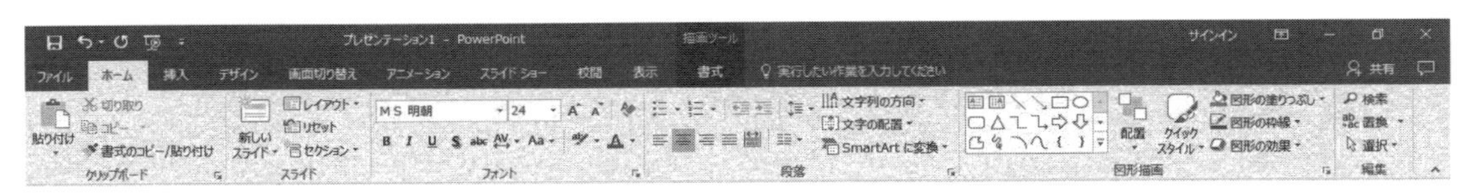

1. 設定したい文字列をドラッグして選択します。
2. **［ホーム］**タブをクリックします。
3. **［フォント］**の箇所において、フォントタイプやサイズ、文字色等を設定します。
4. 設定内容に応じて文字表現が変化します。

▶**練習 4**　最初のタイトルスライドに**「私のふるさと自慢」**という題名と自分の名前を記入してみましょう。また、スライドのデザインに合わせてフォントや文字サイズ、文字色を変更しましょう。

キャリアアップ Point !

文字の書式設定は、文字ごとに行うことは稀で、テキストボックスごとに統一する場合がほとんどです。テキストボックス単位で書式設定する場合には、テキストボックスの枠線をクリックし、カーソルが点滅していない状態（枠線は実線）で書式設定の操作（[ホーム] タブ⇒ [フォント] 調整）を行います。

▶**練習 5**　2 枚目のスライドに自分自身の出身地の概要を箇条書き 5 項目程度で簡単にまとめ、文字の書式を調整しましょう。

1-2-8　プレゼンテーションの保存

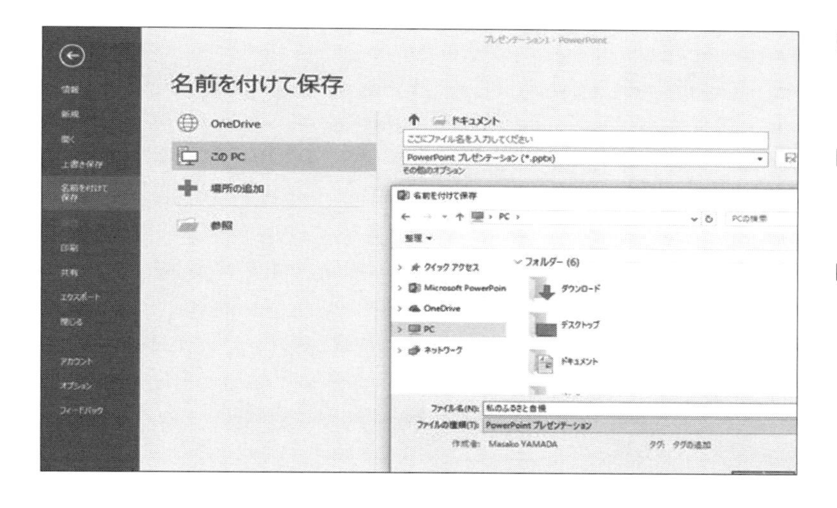

❶ **[ファイル]** タブをクリックし、**[名前を付けて保存]** をクリックします。

❷ ダイアログボックスにおいて、ファイルの保存先とファイル名を設定します。

❸ 右下の **[保存]** ボタンを押すと、それまでの作業内容が指定の場所に保存されます。

▶**練習 6**　作成したプレゼンテーションを**「私のふるさと自慢」**というタイトルで保存しましょう。

1-2-9　ファイルを開く

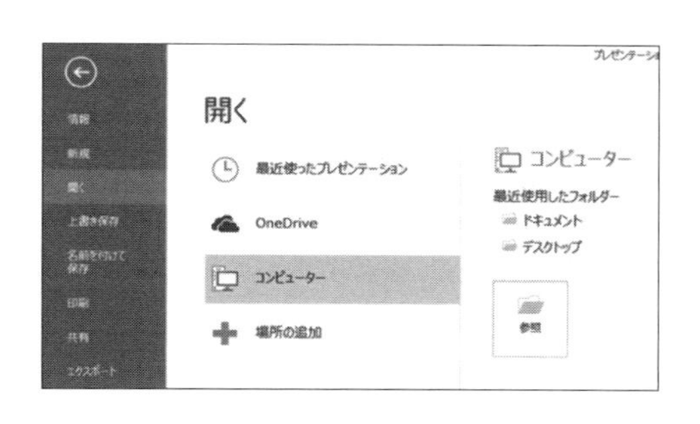

❶ **[ファイル]** タブをクリックし、**[開く]** をクリックします。

❷ 画面左側の **[参照]** ボタンをクリックします。

❸ ダイアログボックスにおいて目的のファイルが保存されている場所を指定し、開きたいファイルをクリックします。

❹ 右下の **[開く]** ボタンを押すと、指定したファイルが開かれます。

☞ [ファイル] タブをクリックし、 [開く] をクリックした上 [最近使ったアイテム] を選択すると、PowerPoint で最近使われたファイルがリストアップされます。リストから開きたいファイルをクリックして開くこともできます。

✣ 1-3　要素の追加

PowerPoint では、スライドにさまざまな要素を追加することができます。Word と同様に、図形や各種の画像の追加はもちろんのこと、動画を加えることもできます。ビジュアルプレゼンテーションの名にふさわしい、視覚的効果の高い資料を作成してみましょう。

1-3-1　画像の挿入

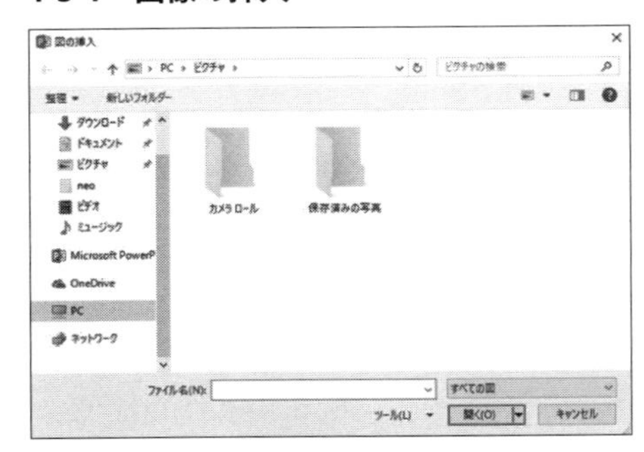

1 [挿入] タブをクリックし、リボンの中の [画像] のボタン群の中から [画像] をクリックします。
2 ダイアログボックスにおいて、挿入したい画像の保存先をクリックして指定します。
3 挿入したい画像を選択し、右下の [挿入] ボタンをクリックします。
4 スライド内に指定した画像が表示されます。

1-3-2　オンライン画像の挿入

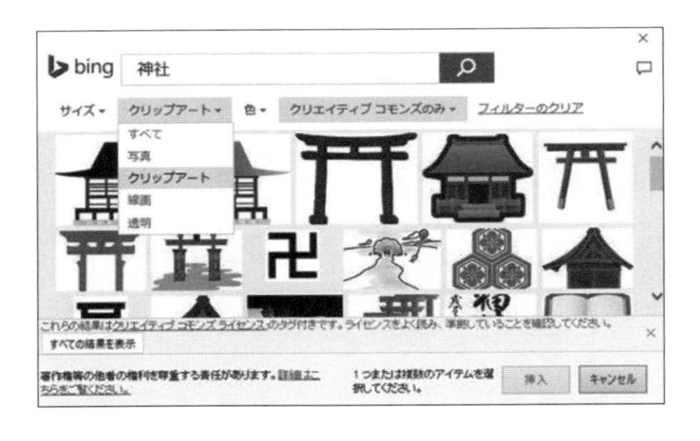

1 [**挿入**] タブをクリックし、リボンの中の [**画像**] のボタン群の中から [**オンライン画像**] をクリックします。
2 表示される [**画像の挿入**] ダイアログボックスにおいて右上の欄にキーワードを入力し、「**検索**」ボタン をクリックします。
3 サイズ、種類、色などを選択した上、表示される画像の中から挿入するものをクリックし、右下の [**挿入**] ボタンをクリックします。
4 スライド内に画像が表示されます。

☞ 各種画像の使用の際には、著作権に十分配慮しなければなりません。ライセンスの許諾範囲にも注意しましょう。

1-3-3　グラフの挿入

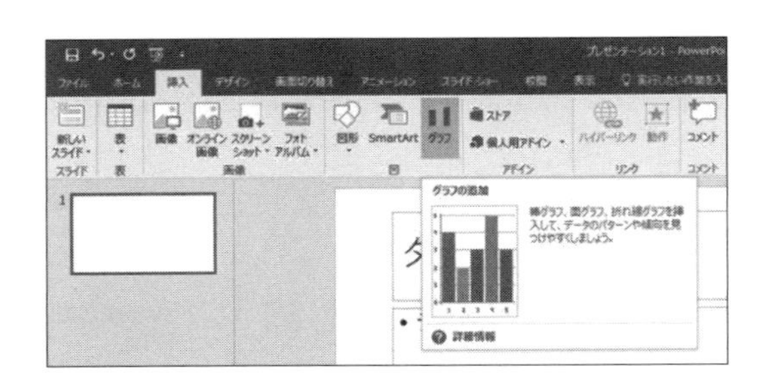

1 [**挿入**] タブをクリックし、リボンの中の [**図**] のボタン群の中から [**グラフ**] をクリックします。
2 表示される [**グラフの挿入**] ダイアログボックスにおいて、挿入したいグラフの種類を探し、[**OK**] をクリックします。
3 スライド内にグラフが追加され、データ入力用の Excel ワークシートが別ウィンドウで表示されます。

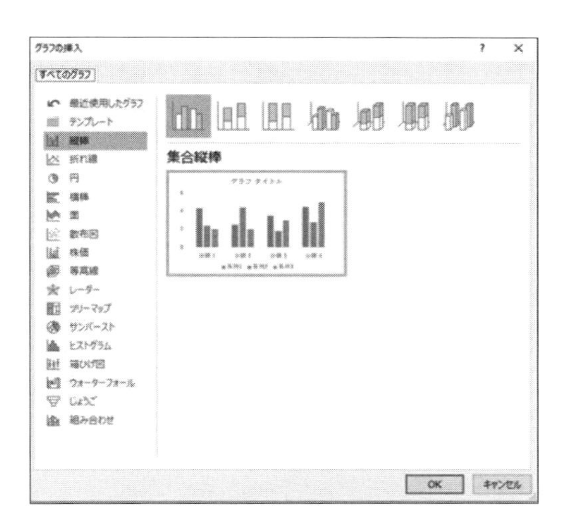

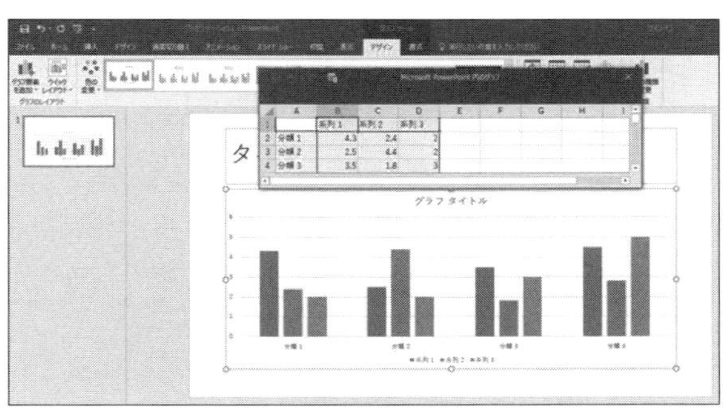

4 ワークシートにデータを入力し、データ範囲に合うように青い枠線の右下隅のハンドルをドラッグしてサイズ調整します。

5 PowerPoint のスライド画面において、グラフタイトル等を設定します。

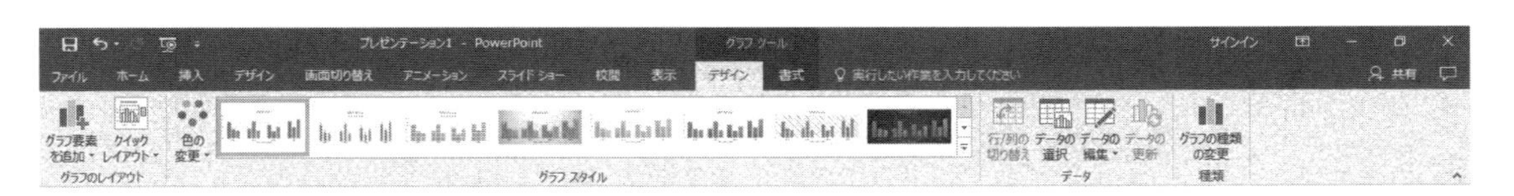

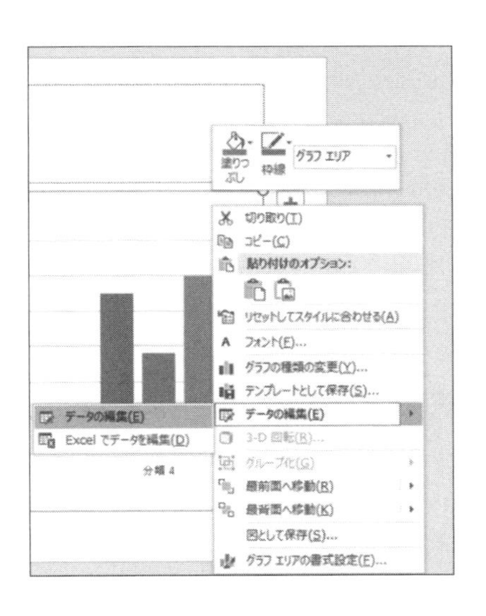

☞ グラフの詳細設定は途中段階だけでなく、作成後でも可能です。グラフの表示エリアをクリックすると、[グラフツール] に関わるタブ（デザイン・書式）が表示されます。

☞ グラフの Excel データは PowerPoint のプレゼンテーションに組み込まれているため、独立して保存する必要はありません。また、グラフ作成後にも編集することができます。グラフエリアを右クリックして［データの編集］を選択し、調整を行います。

▶**練習 7** **「私のふるさと自慢」**に更にスライドを追加し、5 枚以上のスライドによるプレゼンテーション資料（タイトルスライド含む）を完成させましょう。

1-3-4　動画の挿入

❶［**挿入**］タブをクリックし、リボンの右側の［**メディア**］のボタン群の中から［**ビデオ**］をクリックします。
❷［**ビデオの挿入**］ダイアログボックスにおいて、スライドに加えたい動画ファイルを指定します。
❸ スライド内に動画の最初の画面が表示されます。
❹ 動画部分をポイントすると、下部に［**再生／一時停止**］ボタンが表示されます。
❺［**再生／一時停止**］ボタンを１回クリックすると、動画がスタートし、もう一度クリックすると停止します。

1-4　スライドショーの設定

プレゼンテーションのモードでは、スライドの切り替わり、文字や図の出現・消滅等の際にアニメーションを付け加えることができます。PowerPoint らしい動きのあるプレゼンテーションに仕上げてみましょう。

1-4-1　スライドの画面切り替え

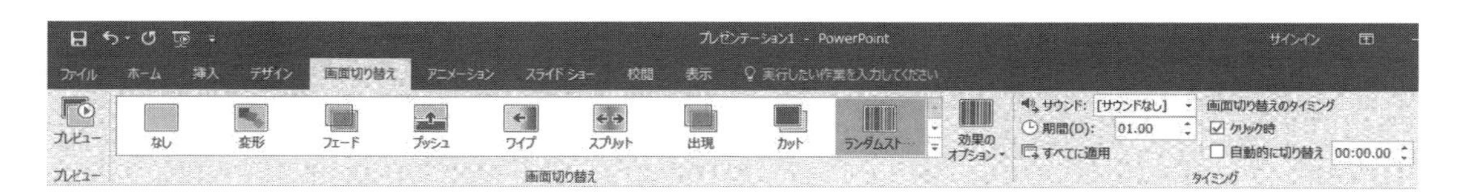

❶［**スライド縮小表示ウィンドウ**］において、画面切り替えの効果を付けるスライドをクリックします。
❷［**画面切り替え**］タブをクリックし、リボン中央部の［**画面切り替え**］に表示されるボタン群の中から使用したい効果をクリックします。
❸ 選択したスライドの切り替えに効果が適用されます。

効果の名称	効果の種類
カット	指定したスライドに瞬時に切り替わります。［効果のオプション］ボタンを使って選択すると、スライドとスライドの間に黒いスクリーンを一瞬だけ入れて切り替わりを強調することができます。
フェード	指定したスライドが滲むように徐々に現れ、前のスライドから切り替わります。「効果のオプション」を使うと、「黒いスクリーンから」を選択することができます。
プッシュ	指定したスライドが前のスライドを押し出すようにして現れます。［効果のオプション］を使うと、下から、上から、右から、左から、のように、スライドが入る方向を選ぶことができます。
スプリット	指定したスライドが、中央部分から徐々に現れ、前のスライドに重なっていきます。［効果のオプション］を使うと、両端から変化する「ワイプイン」を選択することもでき、また、変化の方向を縦に変更することもできます。
ディゾルブ	指定したスライドがモザイク状に徐々に現れ、前のスライドから切り替わります。
ブラインド	ブラインドを開くようにして指定したスライドが現れます。［効果のオプション］では、ブラインドの縦横の方向を選ぶことができます。

▶**練習 8　「私のふるさと自慢」**のスライドに、フェードやディゾルブなど画面切り替えの効果を加えてみましょう。

1-4-2　アニメーション効果の追加

1 アニメーションを付けたいプレースフォルダ（文字入力のための枠）や図をクリックして選択します。

2 ［**アニメーション**］タブをクリックし、リボンの中の［**アニメーション**］の枠に表示されたボタンの中から動きのパターンを選んでクリックします。

3 指定したアニメーションが追加されます。

キャリアアップ Point !

図や文字が現れるときだけでなく、表示した後や消える段階にもアニメーションを付け加えることができます。「開始」「強調」「終了」「アニメーションの軌跡効果」を組み合わせることで、視覚的にも印象的なプレゼンテーションに仕上げることができます。

開　始	スライドショー実行中、文字や図が表示される際にアニメーションを加えることができます。 例）アピール、フェード、スライドイン、フロートイン、スプリット、ワイプ、ホイール、ターン、ズームなど
強　調	スライドショー実行中、既に表示された文字や図にアニメーションを加えることができます。 例）パルス、カラーパルス、シーソー、スピン、拡大 / 縮小など
終　了	スライドショー実行中、文字や図が消える際にアニメーションを加えることができます。 例）クリア、フェード、スライドアウト、フロートアウト、スプリットなど
アニメーションの軌跡効果	スライドショー実行中、軌跡を指定して文字や図に動きを加えることができます。 例）ハート、五角形、アーチ、バウンド、8 の字、波線など

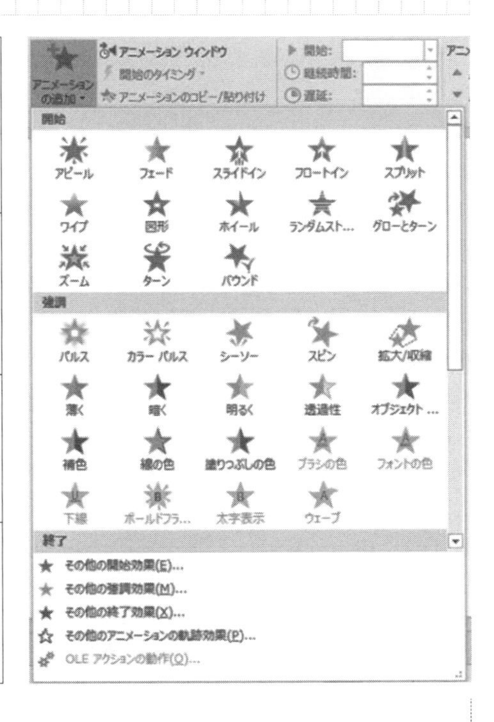

▶**練習 9　「私のふるさと自慢」**のプレゼンテーションにおいて、2 枚目以降のスライドの文字部分やクリップアートの表示に「開始」のアニメーションを付けてみましょう。

キャリアアップ Point！

複数のスライドにおいて、同じレイアウトや同じアニメーション使用する場合は、まず1枚のスライドについて書式設定や画面切り替えのアニメーション設定を済ませてしまいましょう。複製したいスライドを指定した上、［挿入］タブ⇒［スライドの複製］をクリックして中身を書き換えるようにすれば、楽に資料作成を進めることができます。

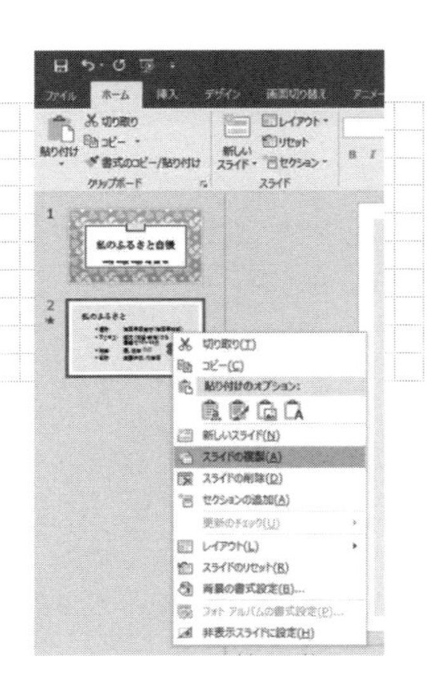

1-4-3　スライドショーの開始と進行

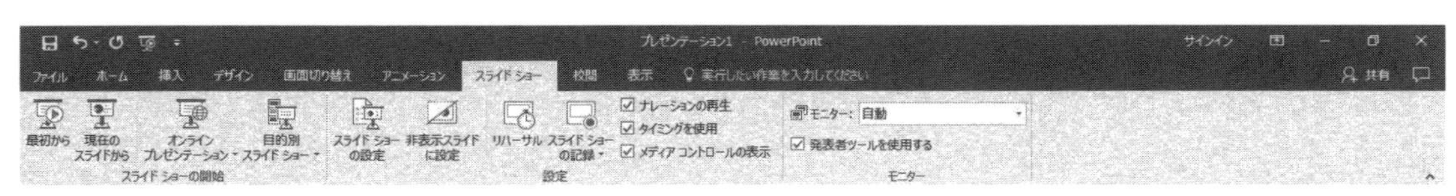

1. ［**スライドショー**］タブをクリックし、リボン左側の［**スライドショーの開始**］のボタン群の中から［**最初から**］をクリックします。
2. 最初の1枚からスライドショーが始まります。
3. 次のスライドに進む場合には Enter キー、前のスライドに戻る場合には Backspace キーを押します。

☞ キーボードの F5 キーを押すことによっても、最初の1枚からスライドショーを開始することができます。

1-4-4　途中からのスライドショーの開始

1. スライドショーを始めたいスライドを選択します。
2. ［**スライドショー**］タブをクリックし、リボン左側の［**スライドショーの開始**］のボタン群の中から［**現在のスライドから**］をクリックします。
3. 選択したスライドからスライドショーが始まります。

☞ 画面右下の画面切り替えボタンから をクリックすることで、現在の表示画面からスライドショーを始めることもできます。

1-4-5　スライドショーの終了

1. スライドショー実行中にキーボードの Esc キーを押します。
2. スライドショーが終了し、元の作業画面に戻ります。

☞ プレゼンテーション実行中に画面を右クリックすることによって、スライドショーをコントロールすることもできます。「次へ」「前へ」「スライドショーの終了」等のメニューから希望の操作を選択します。

▶**練習 10**　スライドショーを実行し、**「私のふるさと自慢」**のアニメーションを確認しましょう。

キャリアアップ Point !

通常のアニメーションは、クリックする度に実行される設定となっていますが、動きと動きを繋ぎ、連続的に変化するようなアニメーションに仕上げることもできます。［アニメーション］タブをクリックし、［アニメーションウィンドウ］のボタンをクリックすると、設定されたアニメーションの詳細が右側に表示されます。それぞれのアニメーション要素について、右端の ▼ ボタンをクリックすると、前の動作との関係を指定することができます。

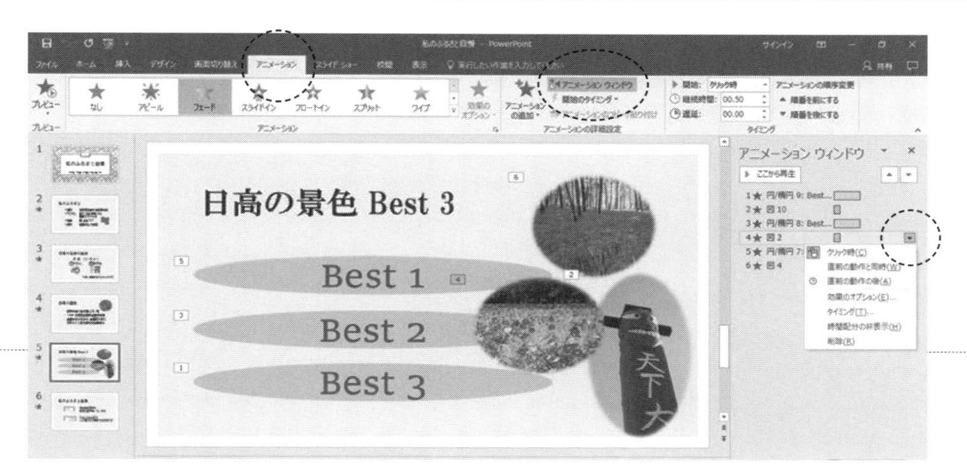

クリック時	クリックするタイミングでアニメーションを実行
直前の動作と同時	直前の動きと同じタイミングでアニメーションを実行 （複数の要素を同時に動かすときに使用）
直前の動作の後	直前の動作と動作の間に間をあけず、連続した動きとしてアニメーションを実行 （複数のアニメーションを一つの動きのように繋げて見せる場合に使用）

▶**練習 11**　図形を組み合わせて顔のイラストを描き、「目→鼻→口→輪郭→髪」のように、連続的に描かれていく様子を、［開始］のアニメーションと［直前の動作の後］の設定を使って表現してみましょう。

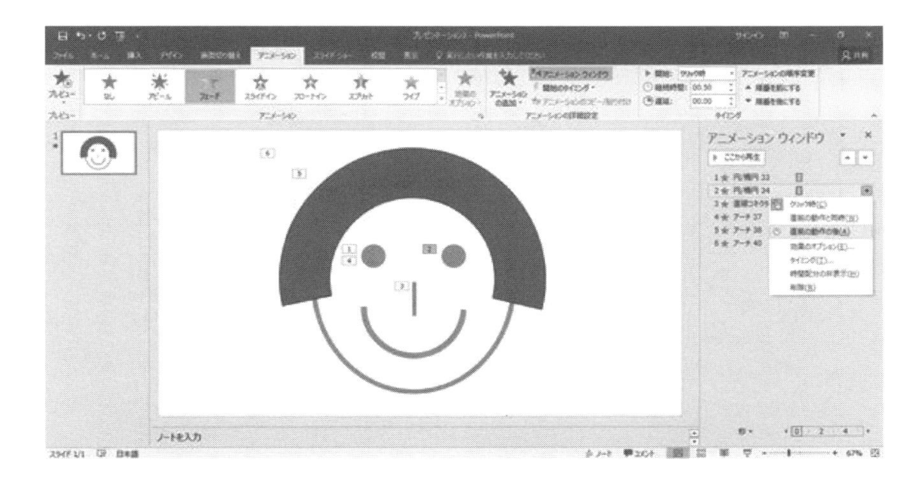

1-4-6　リハーサルの実行とスライド切り替えタイミングの保存

1 ［**スライドショー**］タブをクリックし、リボン中央部の［**設定**］のボタン群の中から［**リハーサル**］をクリックします。
2 本番の時間設定に合わせ、スライドを送りながらプレゼンテーションのリハーサルを行います。
3 その後のプレゼンテーションでリハーサル時のスライド切り替えのタイミングを使いたい場合には、最後に表示される問いに対して**「はい」**をクリックします。
4 次回以降のスライドショーでは、保存されたタイミングによって、自動でスライドが切り替わります。

☞ 保存されたタイミングを消去したい場合には、［スライドショー］タブの［設定］のボタン群より［スライドショーの記録］の ▼ をクリックし、「クリア」⇒「現在のスライドのタイミングのクリア」をクリックします。

✣ 1-5　スライドの印刷

PowerPoint で作成したスライド資料を印刷して、配付資料にすることもできます。4 種の印刷タイプから選択して、目的にあった配付資料を作成してみましょう。

1-5-1　スライドの印刷

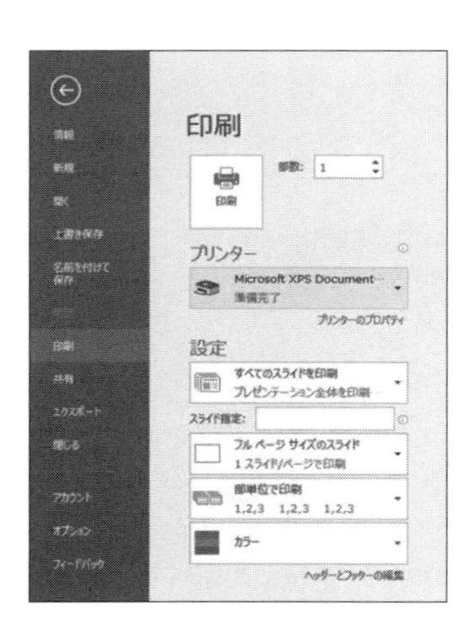

1 ［**ファイル**］タブをクリックし、［**印刷**］を選択します。
2 印刷に使用するプリンターを選択し、印刷するページやカラー設定等を調整します。
3 最上部に表示された［**印刷**］ボタンをクリックします。

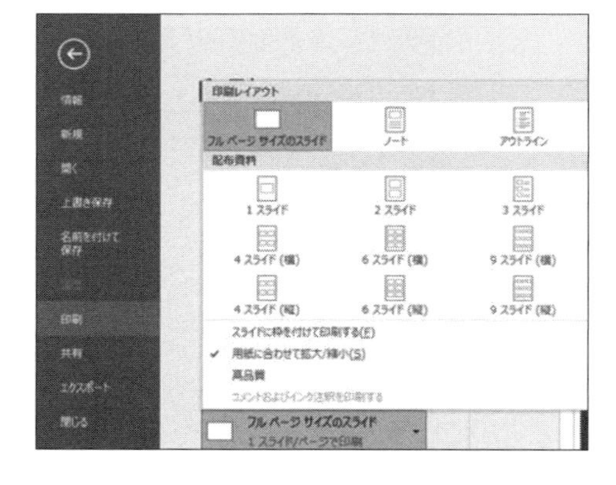

スライド	スライド画面の内容のみを 1 枚ずつ印刷します。
ノート	スライド画面の下のノートウィンドウに記入された内容を印刷します。
アウトライン表示	要旨をまとめた資料を印刷します。
配布資料	スライド画面を縮小して、複数のスライドを 1 枚の用紙に印刷します。 3 枚のスライドを 1 枚に収める場合には、右側にメモ欄が付きます。

▶練習 12 3 枚のスライドを 1 ページにする「配布資料」の形式で**「私のふるさと自慢」**のスライド資料をプリントアウトしてみましょう。

≪ 「私のふるさと自慢」スライド作成例 ≫

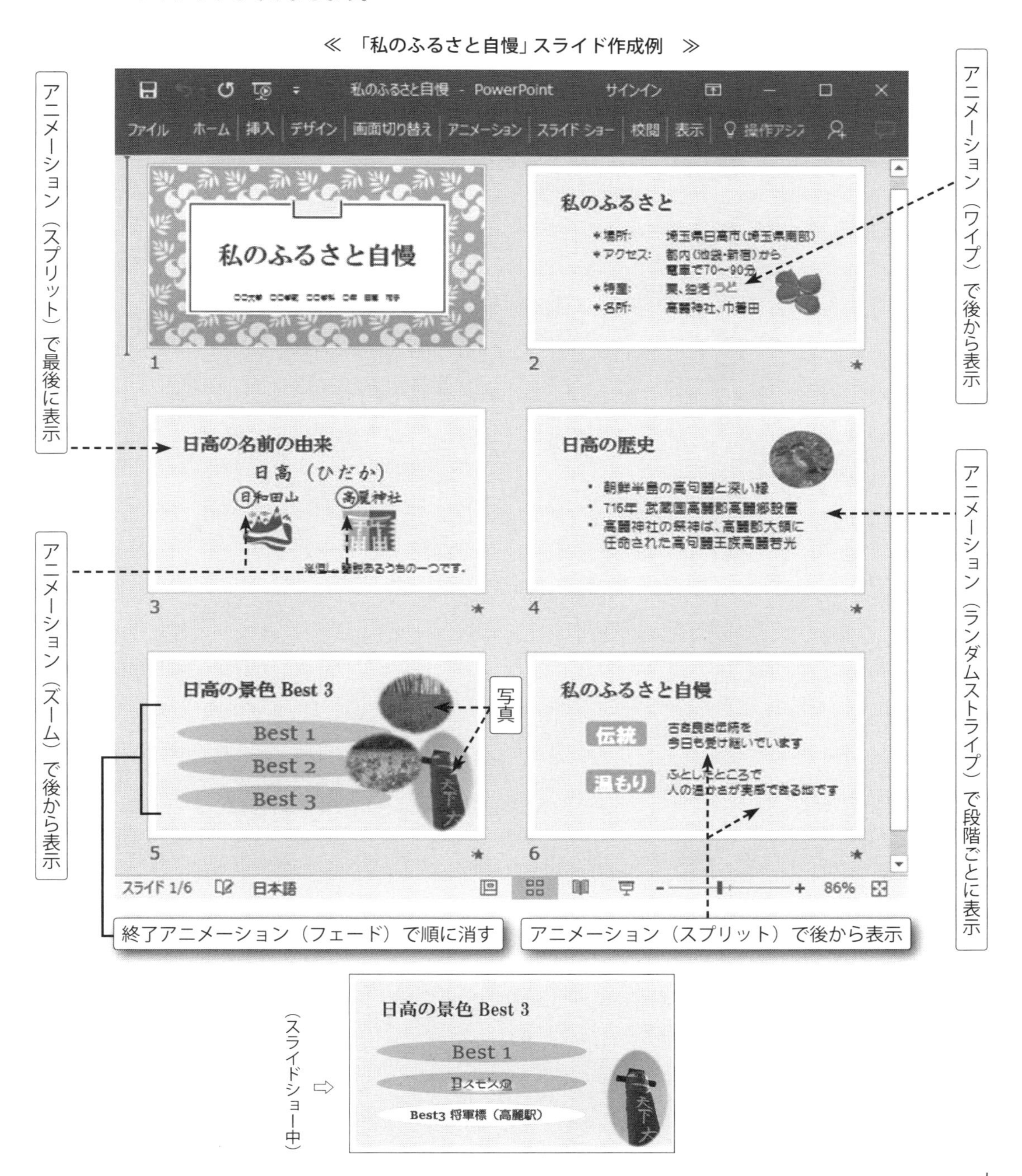

» Section 2

プレゼンテーションの方法

✣ 2-1　プレゼンテーションとは

プレゼンテーション（presentation）とは、計画や企画案などを会議などの場で説明することを意味します。最近はこの言葉も日常的に使われるようになり、「プレゼン」と略される程に浸透してきました。

発表と区別してプレゼンテーションという言葉が用いられるのは、そこに説得という目的が隠されているためです。発表者の言いたいことをただ披露するのでは不十分で、ここでは、リスナーの理解と興味関心を引き出すことが求められます。パワーポイントで魅力的な資料を作成し、効果的なプレゼンテーションを探ってみましょう。

2-1-1　プレゼンテーションの評価に影響を与える要素

プレゼンテーションにはさまざまな要素が関わります。以下の要素に注目して、これまでの自分自身のプレゼンテーションを振り返ってみましょう。

- プレゼンテーションの内容（明瞭な結論、流れ、具体性など）
- 提示資料（見やすさ、分量、分かりやすさなど）
- 配付資料（見やすさ、分量、分かりやすさなど）
- 予定時間との関係（予定時刻通りの開始、予定時刻通りの終了）
- 伝え方（声の大きさ、視線、表情など）
- リスナーとその反応に応じた対処（リスナーへの配慮、臨機応変な対応）

✣ 2-2　プレゼンテーションの方法

その人らしい個性あるプレゼンテーションを行うことは非常に重要なことですが、基本として身につけておくべき表現手法もあります。ここでは、SDS 法と PREP 法の 2 つを紹介します。PowerPoint で作成する資料も、実際のプレゼンテーション方法に合わせて準備すると良いでしょう。

2-2-1　SDS 法

SDS 法（エスディーエス法）は、冒頭で全体の要約、その後に具体的な内容を詳細に述べ、最後に再び全体を要約して締めくくる方法です。最初の段階で概要が伝わることでリスナーの関心が高まるため、深い理解に繋げることができます。

各種の説明会や人物紹介のように、結論というべきポイントをさほど絞り込む必要がなく、説得よりも説明の意味合いが強い場合にはこの方法を使うと良いでしょう。

① Summary（要約）	これから話す内容を要約して最初に話します。これにより、リスナーはプレゼンテーションの全体像をあらかじめ想像することができ、理解が深まることが期待できます。
② Details（詳細説明）	本論を具体的に詳しく話していきます。
③ Summary（要約）	最後に話してきたことの全体を簡潔にまとめ、プレゼンテーションを通じた自分の主張を再度印象づけます。

2-2-2 PREP 法

PREP 法（プレップ法）は、結論、その結論に至った理由、それを示す具体例を順に述べ、最後を結論で締め括る方法です。主張したいことを最初に述べてから、理由の説明、具体例の提示と続きますので、リスナーにとって理解しやすい流れであると同時に、非常に説得力のあるプレゼンテーション法であるといえます。

新商品の発表会やプロジェクトの報告等、結論を明確に示す必要があり、他との違いを際立たせるべきときには、この PREP 法が効果的です。

① Point（結論・要点）	最初に結論を述べます。
② Reason（理由）	何故その結論に至ったのか、理由を述べます。
③ Example（具体例・事例）	具体例、事例を挙げ、結論の正しさを補強します。
④ Point（まとめ）	最後に、もう一度自分の主張のポイントを繰り返してプレゼンテーションを締め括り、結論を印象付けます。

キャリアアップ Point！

全てのスライドを作成した後に、スライドの提示順序を変更する場面はよくあります。画面左側の［スライド縮小表示ウィンドウ］で、変更したいスライドをドラッグ＆ドロップすれば、簡単に順序を入れ替えることができます。

▶練習 13 「私のふるさと自慢」のプレゼンテーションは分かりやすい流れになっているでしょうか。SDS 法、PREP 法等のプレゼンテーション方法を参考に、スライドの提示順序や記載内容の調整を行いましょう。

✣ 2-3 話し方のポイント

プレゼンテーションの大まかな流れが決まったら、口頭で伝える内容を具体的に考えていく必要があります。いくら提示資料や配付資料が立派にできていても、口頭での伝え方が適切でなければ、そのプレゼンテーションは台無しになってしまいます。

話し方のコツとして、次のホールパート法や時系列法を意識してみましょう。

2-3-1 ホールパート法

最初に要点の数を述べてから話を始める方法です。ポイントの数がリスナーにあらかじめ伝わるため、全体の中のどの位置にある内容を今聞いていることになるのか、リスナー自身が整理しながら聞くことができます。

> **例）タイトル 「私のふるさと観」**
>
> 日本のふるさとの魅力は2つあると私は考えています。1つ目は、人の温かさ、そして2つ目は、緩やかな時間の流れです。
>
> では、まず1つ目の「人の温かさ」からお話ししましょう。私自身も地方出身者ですが、上京してから初めて故郷に帰ったときに実感されたのは、人と人との繋がりの温かさでした。東京の人は冷たい、地方の人は温かい、といった単純なことではなく、この温かさは繋がりにこそ宿るものだと私は思います。何の説明もなく、時間をかけて築き上げられてきた繋がりの中に身を委ねられるのが、日本のふるさとの魅力といえるのか

もしれません。
もう１つの魅力は、「緩やかな時間の流れ」です。都会の時間の流れは、故郷の５倍にも達するように感じられます。都会の便利さは快適さをもたらします。新たな可能性をも与えてくれます。例えば、行動範囲が広がったり、交流できる人が増えたり、といったこともあります。しかしながら、スピードも要求されるのです。都会の時間の流れは、ときとして濁流のような勢いを持ちます。一方のふるさとの時間の流れは、緩やかで穏やかです。人間本来のリズムを取り戻させてくれるのが、ふるさとの時間なのではと感じています。
ふるさとの魅力として感じることは人それぞれでしょう。思うところは様々あると思いますが、上京して５年の時間を経て、私自身が今実感を持ってお伝えできることは、「人の温かさ」と「緩やかな時間」の流れの２つなのです。

2-3-2　時系列法

例えば、以前→現在→今後、入学前→在学中→卒業後等、時間軸に沿って話題を進行していく方法です。時系列が一方向に進んでいくため混乱を避けることができ、また、どんなリスナーにも理解しやすい流れを作ることができます。

例）タイトル　「私のふるさと観」

上京する前、私は世間の何をも知らず、地方の一都市が全ての世界、それだけが見渡せていれば十分でした。生まれ育った場所にそのまま生活しているのですから、ふるさとを思うこともなく……。その有難さや都会生活との違いを考えることなどまるでありませんでした。
その私が短大への進学で遂に上京することとなりました。埼玉でアパートを借り、１人暮らしを始めました。住む場所も友達も、全てが新しい環境で、とにかく毎日必死で過ごしていたように思います。そこには、地方とは違った時間の流れを感じていたかもしれません。刺激的でもありましたが、自分の身に沁みついた地方の感覚というものを初めて認識することにもなりました。この頃、私にとってのふるさとは、ただ「脱するべきもの」でした。
そして、短大を卒業し、Ｕターンはせずに東京で就職する道を選びました。短大での２年の時を経て、私の中でのふるさとの位置づけは少しずつ変化していきました。「脱するべきもの」ではなく、「帰るべきところ」となっていったのです。東京での就職は、決してふるさとを嫌ってのことではなく、ふるさとの温かさ、人の温もりに支えられての挑戦でした。
既に就職して３年、上京から５年が経とうとしています。私のふるさと観はこの５年で全く違うものとなりました。生活の場とは別に、帰れる場所、自分を迎えてくれる場所があることは本当に幸せなことだと思います。

▶**練習 14**　ホールパート法や時系列法等を活用し、**「私のふるさと自慢」**の各スライドの下のノートウィンドウに口頭で伝える内容を箇条書きでメモしてみましょう。

キャリアアップ　Point！

スライド画面の下部にあるノートウィンドウの内容は、スライドショー実行中にはリスナーに提示されません。口頭で伝える内容の要点や、調整が必要な内容についてメモしておくとよいでしょう。
ノートウィンドウの内容が手元の資料として必要な場合には、［印刷レイアウト］において、「フルページサイズのスライド」ではなく、「ノート」を選択して印刷します。

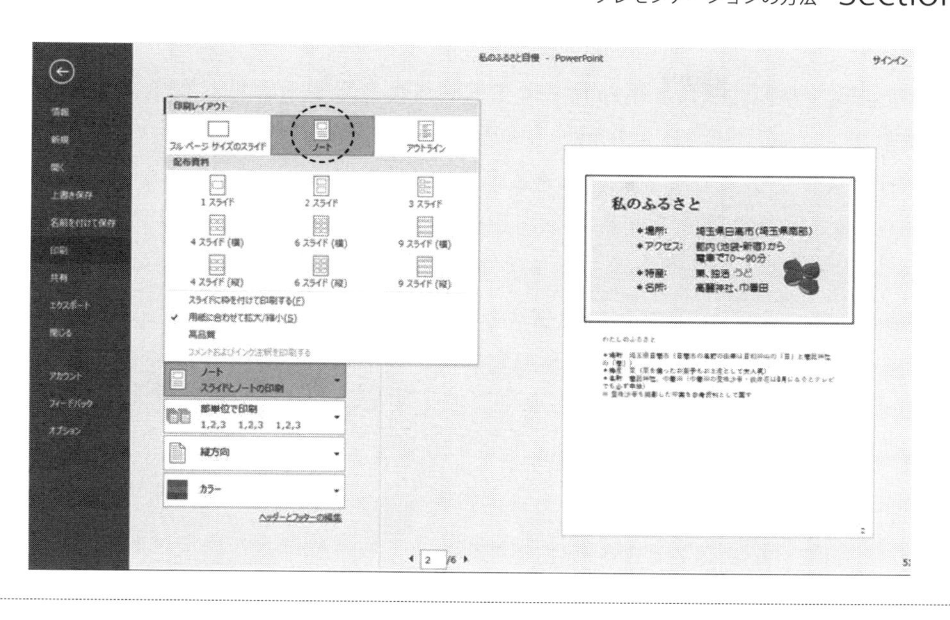

✣ 2-4 提示資料と配付資料

プレゼンテーションには提示する資料と配付する資料の２通りを用意する場合が多くあります。プレゼンテーションの流れに対応した分かりやすい資料を準備することはもちろんのこと、視覚的に見やすいものを作ることも重要です。見やすさを追求するためのキーワードとして、ここでは視認性、可読性、誘目性、ユニバーサルデザインの４つを紹介します。

2-4-1 視認性

視認性は、見えやすさの度合いを表す用語です。均一な背景がある状態で、どの程度の距離からその存在を確認できるかを表します。プレゼンテーション資料では、特に背景と文字の色の関係に留意する必要があります。

例えば、白い背景に黄色い文字では非常に読みにくい状態になることは容易に想像できるでしょう。一方、同じ黄色い文字でも黒い背景ならば非常に読みやすいといえます。つまり、注意すべきは、色そのものではなく、背景と文字色の明るさの関係です。明るさの度合いの差が大きい場合には視認性が高くなり、リスナーに文字の判読のストレスを与えない、優しい資料に仕上げることができます。

	視認性 高		視認性 低	
背景色	黒	白	黒	白
文字色	黄色・橙・黄緑	紫・青・赤紫・緑	紫・青紫・青・緑	黄色・橙・黄緑

視 認 性

視認性は、見えやすさの度合いを表す用語です。均一な背景がある状態で、どの程度の距離からその存在を確認できるかを表します。プレゼンテーション資料では、特に背景と文字の色の関係に留意する必要があります。

視 認 性

視認性は、見えやすさの度合いを表す用語です。均一な背景がある状態で、どの程度の距離からその存在を確認できるかを表します。プレゼンテーション資料では、特に背景と文字の色の関係に留意する必要があります。

視 認 性

視認性は、見えやすさの度合いを表す用語です。均一な背景がある状態で、どの程度の距離からその存在を確認できるかを表します。プレゼンテーション資料では、特に背景と文字の色の関係に留意する必要があります。

2-4-2　可読性

文字を読めるかどうかの程度を表すのが可読性という言葉です。可読性は前項で紹介した視認性に左右されます。可読性に関わる要素としては、文字色と背景色の関係の他、文字の大きさ、文字の太さや様式（フォント）、行間等が挙げられます。

可 読 性

文字を読めるかどうかの程度を表すのが可読性という言葉です。可読性は、前項で紹介した視認性に左右されます。

可読性に関わる要素としては、文字色と背景色の関係の他、文字の大きさ、文字の太さ(フォント)、行間等が挙げられます。

可 読 性

文字を読めるかどうかの程度を表すのが可読性という言葉です。可読性は、前項で紹介した視認性に左右されます。

可読性に関わる要素としては、文字色と背景色の関係の他、文字の大きさ、文字の太さ(フォント)、行間等が挙げられます。

可 読 性

文字を読めるかどうかの程度を表すのが可読性という言葉です。

可読性は、前項で紹介した視認性に左右されます。

可読性に関わる要素としては、文字色と背景色の関係の他、文字の大きさ、文字の太さ(フォント)、行間等が挙げられます。

可　読　性

文字を読めるかどうかの程度を表すのが可読性という言葉です。可読性は、前項で紹介した視認性に左右されます。

可読性に関わる要素としては、文字色と背景色の関係の他、文字の大きさ、文字の太さ（フォント）、行間等が挙げられます。

可　読　性

文字を読めるかどうかの程度を表すのが可読性という言葉です。可読性は、前項で紹介した視認性に左右されます。

可読性に関わる要素としては、文字色と背景色の関係の他、文字の大きさ、文字の太さ（フォント）、行間等が挙げられます。

可　読　性

文字を読めるかどうかの程度を表すのが可読性という言葉です。可読性は、前項で紹介した視認性に左右されます。

可読性に関わる要素としては、文字色と背景色の関係の他、文字の大きさ、文字の太さ（フォント）、行間等が挙げられます。

2-4-3　誘目性

漢字が示す通り、誘目性は「目を誘う度合い」、つまり、どれだけ目を引くかという程度を表します。資料の中で目立たせたい箇所に誘目性の高い色を使用することも効果的です。

	誘目性 高		誘目性 低	
背景色	黒	白	黒	白
文字色	黄色・橙・赤	赤・橙・黄	青紫・紫・青緑・青	青紫・青緑・紫

2-4-4　ユニバーサルデザイン

年齢や性別、文化や言葉の違い、ハンディキャップの有無を問わず、誰もが困難なく利用できるデザインをユニバーサルデザイン（universal design）と呼びます。

デザイン性の高い資料も魅力的ですが、誰にとっても読みやすく分かりやすい資料であるよう、いつも注意を払う心掛けこそが大切です。お年寄りに配慮して大きくはっきりとした文字を使う、色覚障害のある人にも分かりやすい色使いを工夫する等、ユニバーサルデザインを念頭に置いて資料作りを進めると良いでしょう。

キャリアアップ Point！

パワーポイントのスライド資料は、プレゼンテーションの原稿ではありません。逆にいえば、資料を読んで全てが分かるようであれば、プレゼンテーションの意味はないことになります。スライド１枚あたりの文字量は少なめにし、リスナーに読む負担をかけないようにすることを心掛けましょう。スライド１枚の内容を説明するために、１分以上の時間を使うイメージで。また、話すスピードとしては、１分間に 350 文字程度が適度です。誰にとっても聞き取りやすく、理解しやすいペースとリズムを工夫してみましょう。

▶**練習 15　「私のふるさとと自慢」**のスライド中の文字の視認性や可読性を確認しましょう。また、スライドテーマ（デザイン）、文字のフォントタイプやサイズ、文字色を変更し、見え方の変化を試してみましょう（この練習に関わる変更は保存せず、作業前の状態を維持しておきましょう）。

✣ 2-5 プレゼンテーションのセルフチェック

プレゼンテーションの準備ができたら、必ずリハーサルを行います。口頭で伝える内容とスライドの情報のバランス、スライドの切り替えのタイミング、資料の過不足、プレゼンテーション場面での自分自身の緊張度合等、確認すべきことは沢山あります。リハーサルは 1 度行って終わりではなく、その都度改善点を見つけ、プレゼンテーションを磨き上げていくことが重要です。また、1 人で行うのではなく、人の目や耳を借りて率直な感想をフィードバックしてもらうことも大切なポイントです。

まずは、次の各項目についてクリアできているか、自分自身でチェックしてみましょう。

❶ プレゼンテーションの内容

- ☐ 分かりやすく、論理的な構成になっている（SDS 法、PREP 法等の使用）。
- ☐ プレゼンテーションのポイントがつかみやすい。
- ☐ 具体的な内容が盛り込まれている。
- ☐ 配付資料以上の話題が盛り込まれている。

❷ 提示資料（PowerPoint 使用の場合）

- ☐ 可読性の高い配色、フォント、文字サイズ、行間隔を選択している。
- ☐ ユニバーサルデザインに配慮している（色、要素の大きさ等）。
- ☐ 画面やスクリーンから遠いリスナーでも十分に読める大きさの文字を使っている。
- ☐ リスナーが疲れない程度の文字量に制限している。
- ☐ 不要なアニメーションを使っていない。
- ☐ 不自然な動きのアニメーションがない。
- ☐ リスナーを飽きさせない提示資料に仕上がっている。
- ☐ 口頭のプレゼンテーションによって完成する提示資料となっている。
- ☐ レーザーポインターや画面上のポインタを効果的に使用できている。

❸ 配付資料

- ☐ 可読性の高い配色、フォント、文字サイズ、行間隔を選択している（モノクロ印刷の場合も同様）。
- ☐ ユニバーサルデザインに配慮している（色、要素の大きさ等）。
- ☐ 口頭のプレゼンテーションによって完成する配付資料となっている。

❹ 時間

- ☐ 予定時間を使い切り、かつ超過していない。
- ☐ 予定時刻に始め、予定時刻に終了している。
- ☐ 内容の重要度に合った時間配分ができている。

❺ 伝え方

- ☐ 一番遠いリスナーにも十分に届く声を出せている。
- ☐ リスナーに伝わりやすいスピードで話せている（1 分間に 350 文字程度）。
- ☐ テンポが良い。
- ☐ 原稿やメモに頼らず、ポイントを頭に入れてプレゼンテーションに臨んでいる。
- ☐ リスナーの方に視線を向けることができている。

□ リスナー全員に視線を配れている。
□ 表情豊かにプレゼンテーションできている。
□ 身振り手振りを交え、伝えたいという気持ちを見せている。

❻ リスナーへの対処

□ 質疑応答の時間が確保できている。
□ 質問に対し、何らかの返答ができている（答えられない場合には、そのことが伝えられている）。
□ リスナーの希望に応じてより詳しく説明できるよう、補足資料や追加提示できる情報が準備されている。

▶**練習 16** **「私のふるさと自慢」**のスライドと配付資料を使って実際にプレゼンテーションを行い、95 ページからの**「プレゼンテーションのセルフチェック」**項目に基づいて、友人同士、クラスメイト同士でお互いに評価を行いましょう。

キャリアアップ Point !

プレゼンテーションは、慣れ親しんだ場所で行うとは限りません。他大学や他社、イベント会場、学会会場等でプレゼンテーションを行う場合には、パソコンの貸し出しの可否や、貸し出される PC の OS（Windows7、WindowsVista、WindowsXP、MacOS 等)、PowerPoint の バ ー ジ ョ ン（PowerPoint2016、PowerPoint2013 等)、プロジェクタの機種とコネクタの種類（HDMI、D-Sub15 ピン、DVI-I29 ピン等）を事前に確認しておく必要があります。

キャリアアップ Point !

プレゼンテーションを行う PC 環境と作成したスライド資料の相性が悪い場合には、各スライド内で大幅なズレが生じることもあります。心配が残る場合には、ビデオ形式（MPEG-4）のファイルに変換すると良いでしょう。[ファイル] タブをクリックした後、[エクスポート]、[ビデオの作成] の順にクリックし、プレゼンテーションの品質や記録されたタイミング・ナレーションの利用の有無を選択して保存します。

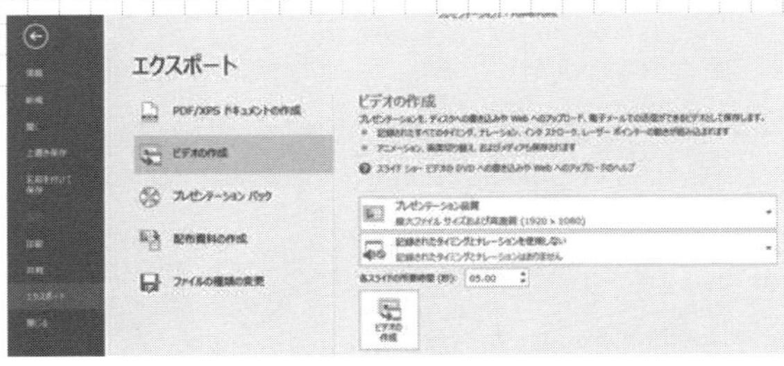

キャリアアップ Point !

同じスライドでも、投影に使うプロジェクタによって色の表現が異なります。パソコンで確認できる色がそのままスライドショーで再現されるとは限りませんので、見えにくさが予想される配色はあらかじめ避けておきましょう。

Chapter 4

Excel の知識と活用

表の作成や編集、関数を使った計算処理、グラフ作成、印刷などの基本操作をはじめ、データの並べ替え、抽出、集計など、便利な機能について説明します。企業等でのデータのまとめや見て分かりやすいグラフの作成など、多くの所で役立つ技術が身につきます。

Career development

4

» Section 1

Excelの基本操作

1-1　Excelとは

Excelでは、ワークシートと呼ばれる表を元にして各種の計算やグラフ作成、データの抽出や並べ替えなどができます。また、他のWindowsアプリケーションと同じように図形や文章を貼り付けることもできます。まずExcelの主な機能について簡単にみておきましょう。

1-1-1　Excelの機能

1 表計算

表計算では、最大で横16,384列（2^{14}列）、縦1,048,576行（2^{20}行）からなる表（ワークシート）を使用します。表はセルと呼ばれる部分に仕切られ、その中に数字、文字、計算式などを入れることができます。計算は、データの入ったセルを指定した計算式などを入れて行います。データを変更すれば計算式にしたがって、ただちに再計算をしてくれます。さらに合計や平均はもちろん統計､財務などの計算に便利な各種の関数が用意されていますので、容易にこれらの計算をすることができます。

2 グラフ

グラフは、セルに入れた数値を元に作成します。グラフの対象となるデータの範囲とグラフの種類などを指定するだけで簡単に作成できます。グラフの種類としては、棒グラフ、折れ線グラフ、円グラフ、立体グラフなど多数用意されています。これらのグラフは、元になったデータを変更するとそれに合わせてグラフも自動的に変更されます。

3 データベース

データベースとは簡単にいうとデータを集めてさまざまなことに利用しやすい形にしたものです。Excelでは条件を指定して必要なデータを取り出したり、大きい順あるいは小さい順に並べ替えたりすることができます。また項目別に合計や平均を計算することもできます。

4 その他

上記の基本的な機能のほかに次のようなこともできます。

- ファイルの保存では、作成した表やグラフはブック単位にファイル名を付けて保存できます。ここでブックとはワークシートが1枚以上集まったもののことです。
- 印刷では、ワークシートを拡大縮小、あるいは分割して印刷することができます。
- ワードアート、画像、図形をWordと同じように使用できます。

このほかにも、平均や標準偏差をはじめとする「統計分析」、直線回帰、対数近似や多項式近似による「予測」、与えられた制約条件を満足するような複数の変数の値を求めることのできる「ソルバー」など多くの機能を持っています。

1-1-2　Excel の起動と終了

1 Excel の起動

1 左下の［**スタート**］ボタン をクリックします。

2 ［**Microsoft Excel 2016**］ をクリックします。

☞ タスクビューに [Microsoft Excel 2016] が表示されていればそこからの起動もできます。

2 Excel の終了

画面右上の［終了ボタン］ をクリックします。

1-1-3　Excel の画面

Excel を起動して［空白のブック］をクリックすると、下図のようなウィンドウが開きます。

⬆ 図 1　Excel の画面

① **タイトルバー**：作業中のファイル名が表示されます。最初は［Book1 - Excel］となっています。

② **クイックアクセスツールバー**： 使用頻度の高いボタンを集めたバーです。

③ **タブ**： 目的に合わせてボタンや機能をまとめた部分です。

④ **リボン**：タブとその下のグループ化されたボタンの部分の総称です。

⑤ **名前ボックスと数式バー**：数式バーはワークシートのセル（マス目）に入れる数式等を表示し、編集するとこ

ろです。名前ボックスにはセルの位置や名前などが表示されます。**図 1** では、名前ボックスにデータの入力できるセルの位置が表示されています。

⑥ **ワークシートと列番号・行番号：**シートの最上行には列番号（A,B,C,...)、最左列には行番号（1,2,3,...）が表示されています。列番号と行番号で示したセルの位置をセル番地（またはセル番号）といいます。セル番地は A1 から XFD1048576 まであります。**図 1** で、太い枠線で囲まれている A1 のセルはアクティブセルといい、そこにデータを入力することができます。

⑦ **シート：**ワークシートの下段にはシートの見出しが表示されます。 Excel では、複数のシート（Sheet1,Sheet2,…）が集まってブックになっています。

⑧ **ビューセレクタ：**［標準］、［ページレイアウト］、［改ページプレビュー］ のボタンがあります。

⑨ **ズームスライダ：**ワークシートの倍率を変更します。

1-1-4　新規作成

1 新しい Excel ファイル（ブック）の作成

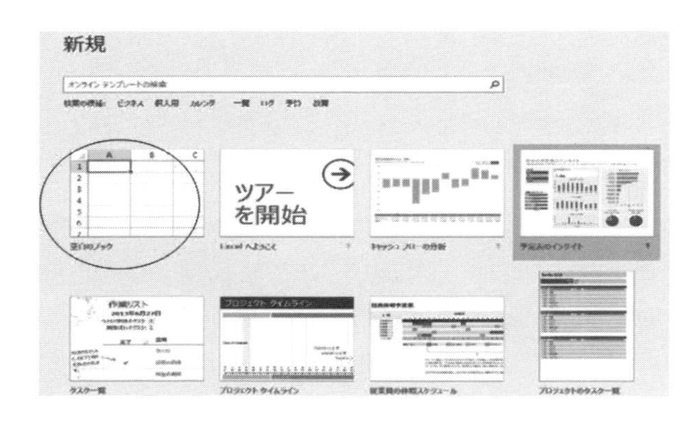

1 ［**ファイル**］タブをクリックします。

2 メニューの「**空白のブック**」をクリックします。

☞「新規」をクリックしたとき、「テンプレート」と呼ばれる文書のひな形を選択することができます。

2 新しいワークシートの作成

最初の状態では、Sheet1 のみですが、シート見出しの右のワークシートの挿入 ⊕ をクリックして新しいワークシートの追加ができます。また、シート見出しを右クリックしてシートの名前の変更ができます。

1-1-5　Excel ファイル（ブック）を開く

既に作成し保存されている Excel ファイル（ブック）を開いて利用します。

1 ［**ファイル**］タブをクリックします。

2 メニューの「**開く**」をクリックします。

3 メニューの［**最近使用したファイル**］では、最近使用したファイル一覧が表示され、その中からファイルを選択して開くことができます。それ以外のファイルは、［**この PC**］、［**参照**］をクリックして、その中からファイルを選択して開くことができます。

1-1-6　Excel ファイル（ブック）の保存

作成や編集した文書を保存することができます。

1 上書き保存

「クイックアクセスツールバー」の「上書き保存」ボタンをクリックします。上書き保存すると、以前に保存されていた内容はなくなり、新しく保存する内容に変わります。新規作成したものでまだ一度も保存していないときは、「名前を付けて保存」ダイアログボックスが表示され、「ファイル名」を入力してから「保存」ボタンをクリックします。

☞［ファイル］タブ⇒［上書き保存］ボタンでも保存できます。

2 名前を付けて保存

以前に保存した内容も残す場合は、［ファイル］タブ⇒［名前を付けて保存］ボタンをクリックし、別の名前を付けて保存します。

1-1-7　印刷

1. **［ファイル］**タブをクリックします。
2. メニューの**「印刷」**をクリックします。
3. 右側に表示される印刷プレビューを確認して、**「印刷」**ボタンをクリックします。改ページや拡大縮小については、後の「その他の便利な機能」の「印刷プレビューと印刷」で説明します。

1-1-8　セルの選択

・アクティブセルの選択方法

セルに数値などを入力するためには、アクティブセルを選択する必要があります。選択方法は、マウスで入力したいセルに移動し、クリックします。矢印キーを使用してアクティブセルを移動することもできます。

・セルの範囲指定方法

マウスの左ボタンでドラッグします。または開始セルをクリックし、最終セルで Shift キーを押しながらクリックをします。離れたセルを含む範囲を指定する場合は、Ctrl キーを押しながらマウスをクリックします。

1-1-9　データ入力

1. セルを選択しアクティブセルにして、データを入力します。名前ボックスにセル番地が表示されます。
2. アクティブセルのデータが、数式バーに表示されます。
3. 入力後 Enter キーを押し確定すると、数字の場合は、セル内に自動的に右詰で表示されます。

☞ Enter キーを押すと、アクティブセルは、自動的に下のセルに移動します。この動きは、［ファイル］タブ⇒［Excel のオプション］⇒［詳細設定］の中の［編集設定］で変更できます。

1 **数値の入力**

- **正の整数を入力する場合：**数値を入力し、最後に Enter キー（または矢印キー）を押します。３桁区切りのカンマ（，）を入力することも可能です。
- **負の整数を入力する場合：**最初にマイナス（－）を、その後数字入力し、最後に Enter キー（または矢印キー）を押します。
- **小数を入力する場合：**数値とピリオド(．)を組み合せて入力します。
- **分数を入力する場合：**分数は整数値、スペース、分子、／、分母の順で入力します。整数値が 0 の場合は 0 と必ず入力します。

2 **日付の入力**

日付は、スラッシュ(/)またはハイフン(-)を使って区切ります。年/月/日または月/日の順に入力します。

入力例） 2015/10/15 15/10/15 H27/10/15 10/15

3 **時刻の入力**

時刻はコロン（:）を使って区切ります。時:分:秒または時:分で入力します。

入力例） 13:31:00 13:31 1:31 PM

4 **文字の入力**

文字の場合は、確定するとセルに自動的に左詰表示されます。文字は基本的にはキーボードから入力した内容がセルに入ります。注意しなければならないのは、入力した内容により Excel が自動的に判別（数値・日付・時刻・計算式等）し、思わぬ結果となる場合があります。その場合にはアポストロフィー（'）を最初に入力し、その後に文字を入力しましょう。

セル内で改行する場合は、Alt キーを押したまま Enter キーを押します。

5 **オートコンプリート**

文字を入力する場合、同じ列の入力済文字と最初のいくつかの文字が同じとき、入力済の文字が入力候補として表示されます。その入力候補の文字を入力する場合は、表示されている状態で Enter キーを押します。

6 **ふりがな**

漢字に変換するために入力した文字をふりがなとして表示できます。ふりがなを表示したいセルを選択して、［ホーム］タブの［フォント］にある［ふりがなの表示／非表示］をクリックします。

1-1-10　データ削除

入力したデータを消去したい場合には、そのセルをクリックするかあるいは矢印キーで太い枠線をそのセルに移動してアクティブセルにした後 Delete キーを押します。広い範囲のデータを消去したい場合はドラッグして消去する範囲を選択したあと Delete キーを押します。

1-1-11　計算式の入力

計算式は必ず等号（=）で始まり、定数、セル番地、関数および計算記号などからできています。計算式を入力すると、計算式は、数式バーにも表示され、確定すると、セル内に計算結果が表示されます。計算式により計算された値は、参照しているセル番地にある値が変更されると、それに応じて再計算され変化します。

1 演算子について

演算子は通常使用している文字（÷、×）、大中括弧（{ }、〔 〕）は使用できません。

演算子	内　容	例
+（プラス記号）	加算	=3+3
-（マイナス記号）	減算	=3-1
	負の数	-1
*（アスタリスク）	乗算	=3*5
/（スラッシュ）	除算	=3/5
%（パーセント記号）	パーセンテージ	20%
^（キャレット、ハット）	べき算	=3^4　【3^4 で、3*3*3*3 と同じ】
&（アンパサンド）	2 つの文字列を結合	=" 兄弟 "&" 姉妹 "【兄弟姉妹と同じ】

2 演算子の優先順位

演算子の優先順位については、次のようになります。ただし、（　）を使用すれば優先順位は変えられます。

優先順位	演算子	意味
1	－	負の数
2	%	パーセンテージ
3	＾	べき算
4	＊と／	乗算と除算
5	＋と－	加算と減算
6	&	文字列の結合または連結

・大中カッコの使用はできないので丸カッコ（　）を代用します。
　例）＝　123.3+（(4+3）＊（7+9)）
・ゼロで割るとエラー（#DIV/0!）が表示されます。

▶**練習 1**　結果のセルに右にある計算式を入れて、計算をしてみましょう。

	A	B	C	D
1	計算式			
2				
3	内容	データ１	データ２	結果
4	加算	23	6	
5	減算	8	15	
6	乗算	12	7	
7	除算	18	3	
8	べき算	5	3	
9	文字結合	世界	平和	
10	平均	8	5	

計算式
=B4+C4
=B5-C5
=B6*C6
=B7/C7
=B8^C8
=B9&C9
=(B10+C10)/2

⇒

結果
29
-7
84
6
125
世界平和
6.5

» Section 2

表計算

2-1　表計算の基本

ここでは数字、文字、計算式の入れ方や簡単な関数の使い方、罫線の引き方など表の作成に必要なことについて説明します。

2-1-1　表の作成

例題 1　下図に示すようなA社における地区別製品別の販売実績表を作成します。そのあと縦横の合計および地区別の構成比の計算をしてみましょう。

	A	B	C	D	E	F
1	地区別製品別の販売実績　（単位万円）					
2						
3	地区	デジタルカメラ	パソコン	液晶テレビ	合計	構成比
4	北海道	3157	2872	3472		
5	東北	3378	2587	3987		
6	関東	6522	7472	8593		
7	中部	4821	4391	5024		
8	近畿	5650	6033	7921		
9	中国・四国	5486	3240	4527		
10	九州	4193	2236	5143		
11	合計					

⬆ 図 2　地区別製品別の販売実績表

❶「地区別製品別の販売実績　(単位万円)」は A1 のセルにすべて入れます。

❷「デジタルカメラ」などの文字列が B3 セルに入りきらなくてもすべて入れ、C3 セルには次のデータを入れます。

❸ セル幅を変更して文字列が見えるようにします。列 A から列 F まで同じ幅になるようにしましょう。

❹ A1 に入れた文字列を、「セルを結合して中央揃え」を使用して A1 から F1 の中央にしましょう。

2-1-2　列幅の変更

セルの幅や高さは変更できます。長いデータを入れると右側のセルに何も入っていない場合はすべて表示されますが、そうでない場合は途中で切れてしまいます。数値の場合は、####### 記号の表示になってしまいます。このようなときには列幅を変更します。

1 マウスでの列幅変更

B	C	
別の販売実績	（単位万円）	
デジタルカ	パソコン	液晶テ
3157	2872	
3378	2587	

1 幅を変更したい列番号の右側の枠線にマウスポインタを合わせます。マウスポインタの形が ✚ のようになったら枠線をドラッグします。右方向にドラッグすると広がり、左方向にドラッグすると狭くなります。

2 複数の列を同じ幅にしたい場合は、それらの列番号をドラッグし選択したあと **1** の処理をします。ドラッグした列番号のどれを対象に変更してもすべての列幅が同じになります。

② 数値を指定して列幅の変更

1 幅を変更したい列番号をクリック、複数の列の幅を変更する場合はドラッグして選択します。
2 ［**ホーム**］タブの［**セル**］⇒［**書式**］⇒［**列の幅**］を選択します。
3 ［**列幅**］のボックスに文字数を入れます。ここでの文字数は、標準フォント（通常はMS P ゴシック、11 ポイント）での文字数です。
4 ［**OK**］をクリックします。

☞ **行の高さの変更**：セルの高さの変更は、高さを変更したい行番号の下側の枠線にマウスポインタを合わせ枠線を上下に移動することによりできます。

2-1-3　罫線

表を見やすくするために罫線を引くことができます。この罫線はセルとセルの間に引かれるのではなく各セルの枠の部分に引かれます。

1 罫線を引く範囲をドラッグし選択します。
2 ［**ホーム**］タブの［**フォント**］⇒［**罫線**］ボタンの右側にあるプルダウンボタン をクリックし、［**罫線のメニュー**］を表示します。［**罫線**］ボタンの絵柄には、前回選択された罫線が使用されているので、前回と同じ罫線を使用する場合はこのボタンをクリックするだけでできます。
3 ［**罫線のメニュー**］から選んでクリックします。罫線を消す場合は［**罫線のメニュー**］の罫線の引かれていない［**枠なし**］ボタンを選びます。

▶**練習 2**　**例題 1** で表になる部分をドラッグして選択し、［罫線のメニュー］の田（格子）を選び、表全体に罫線を引いてみましょう。

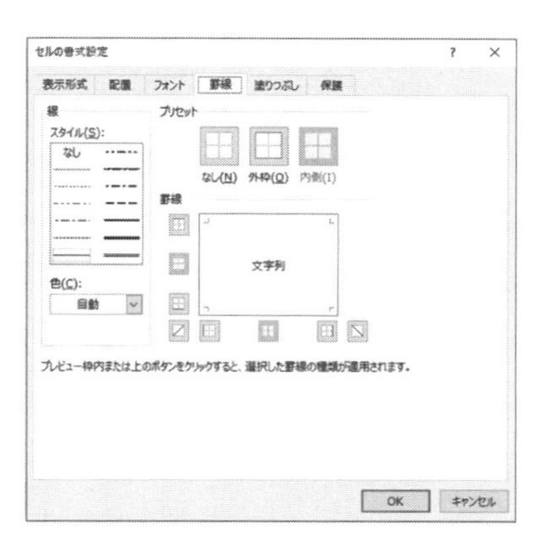

［罫線のメニュー］で［その他の罫線］⇒［罫線］パネルを選択すると、線の種類や色なども細かく指定できます。選択されたセルに罫線を引いたり、セルに引かれている罫線を削除したりできます。罫線ボックスで罫線を引く部分をクリックし、罫線の種類が目的のものでない場合は線のスタイルをクリックして選択します。［色］はプルダウンボタン をクリックすると使用可能な罫線の色の一覧が表示されます。

2-1-4　文字の色やセルの背景色

・セルの塗りつぶし

1 ［**ホーム**］タブの［**フォント**］⇒［**塗りつぶしの色**］を選択します。

・文字の色

1 ［**ホーム**］タブの［**フォント**］⇒［**フォントの色**］を選択します。

▶練習 3　例題 1 で、地区のセルと製品のセルを適当な色で塗ってみましょう。

2-1-5　文字の位置

文字の位置を変えたり揃えたりするためには、[ホーム] タブの配置にあるボタンを使用します。

……　左から、[上揃え] [上下中央揃え] [下揃え] のボタン
…　左から、[左揃え] [中央揃え] [右揃え] のボタン
………　文字の [方向] を指定するボタン
………　[インデント解除] および [インデント] 指定のボタン
…………　セル内の [文字の折り返し] をするボタン
…………　[セルを結合して中央揃え] をするボタン

▶練習 4　例題 1 で、表題などを中央にしましょう。

① センタリングする範囲をドラッグし選択しておきます。
　「地区」から「構成比」までをドラッグします。
② [中央揃え] ボタンをクリックします。
③ 表題の「地区別製品別の販売実績（単位万円）」を [セルを結合して中央揃え] ボタンで A1 ～ F1 の中央にします。

・**セルの書式設定：**[ホーム] タブの [配置] の右下にある「ダイアログボックス表示ボタン」をクリックして [セルの書式設定] の [配置] パネルを選択すると横や縦の位置、方向、文字の折り返し、セルの結合などの指定ができます。

2-1-6　計算式の入力

例題 1 で、北海道の合計を計算する数式を入れてみましょう。数式として =B4+C4+D4 と入れてもよいでしょう。しかし合計はよく使われるし、多くのセルの合計をこのような計算式で記述するのは手間がかかります。データが連続している場合は、[オート SUM] を使用して簡単に合計が計算できます。

1. 計算式を入力するセル **E4** をクリックして、アクティブにします。
2. **[ホーム]** タブ（または **[数式]** タブ）にある Σオート SUM ボタンをクリックします。合計の対象となる範囲が点滅するので正しければ Enter キーを押します。合計の対象となる範囲が違う場合には、正しい範囲をドラッグして Enter キーを押します。数式バーには、合計の関数 =SUM(B4:D4) が表示されます。B4:D4 は B4 から D4 までの範囲を示します。

2-1-7 計算式のコピー

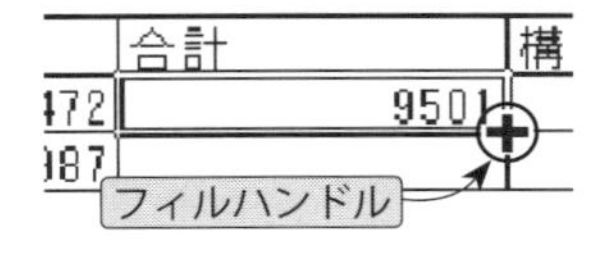

計算式は 1 つ 1 つ各セルに入れていくこともできますが、規則性のあるものについてはコピー（複写）を使うと便利です。式をコピーするとそのままコピーされるのでなく、式にあるセル番地を自動的にずらして、位置にあったセル番地に変更してくれます。

▶練習 5　下記の方法（1）または（2）に従って、**例題 1** の北海道の合計を下方にコピーしてみましょう。

(1) コピー元とコピー先が連続して（隣り合って）いる場合：オートフィル機能を使用します。

① コピーの元になるセルをクリックします。
② 元になるセルの右下にある小さな四角形フィルハンドルにマウスポインタを合わせます。マウスポインタの

形が ＋ に変わります。

③ フィルハンドルをドラッグしてコピー先の範囲を選択します。

E4 のセル	=SUM(B4:D4)
E5 のセル	=SUM(B5:D5)
E6 のセル	=SUM(B6:D6)
E7 のセル	=SUM(B7:D7)
E8 のセル	=SUM(B8:D8)
E9 のセル	=SUM(B9:D9)
E10 のセル	=SUM(B10:D10)

(2) **コピー元とコピー先が連続していない場合：**上記の方法は使えないのでメニューを使用します。

① コピー元になるセルをクリックします。

② ［ホーム］タブの［コピー］をクリックします。

③コピー先のセルをドラッグして選択します。

④ ［ホーム］タブの［貼り付け］を選択します。

キャリアアップ *Point !*

合計などを簡単に見たいときには、選択した範囲の数値の平均、データ個数、合計が、オートカルク機能により下欄のステータスバーに表示されます。例題 1 では、B4 から D4 まで選択すると

平均: 3,167　データの個数: 3　合計: 9,501

が表示されます。右クリックして表示項目の変更もできます。

▶練習 6　オートフィル機能を使用して連続データを簡単に入力してみましょう。

1月
January
日
日曜日
Sun
第１章
1月1日

最左列だけを入力して右にコピーしてみましょう。左端の列全体をドラッグして選択したあと、フィルハンドルを右方向にドラッグします。月名や曜日は循環データとして入力されます。数字や日付は連続データとして入力されます。

結果は以下のようになります。

1月	2月	3月	4月	5月	6月	7月	8月	9月	10月	11月	12月	1月	2月
January	February	March	April	May	June	July	August	September	October	November	December	January	February
日	月	火	水	木	金	土	日	月	火	水	木	金	土
日曜日	月曜日	火曜日	水曜日	木曜日	金曜日	土曜日	日曜日	月曜日	火曜日	水曜日	木曜日	金曜日	土曜日
Sun	Mon	Tue	Wed	Thu	Fri	Sat	Sun	Mon	Tue	Wed	Thu	Fri	Sat
第１章	第２章	第３章	第４章	第５章	第６章	第７章	第８章	第９章	第１０章	第１１章	第１２章	第１３章	第１４章
1月1日	1月2日	1月3日	1月4日	1月5日	1月6日	1月7日	1月8日	1月9日	1月10日	1月11日	1月12日	1月13日	1月14日

2-1-8　相対参照と絶対参照

列番号と行番号で記述されるセル番地には、コピーをすると変わってしまう相対参照とコピーしても変わらない絶対参照があります。

1 相対参照

相対参照は、数式を入れるセルの位置からその数式の中で参照しているセルの位置が上下左右いくつ離れているかという位置関係を記述したものです。このためコピーすると相対的な位置関係が保たれるように参照しているセル番地は変更されます。

例題 1 で、北海道の合計を E4 に計算したなら、 =SUM(B4:D4)　となっています。ここでの B4、D4 は相対参照で、それぞれ E4 と位置を比較して、同じ行で

B4 は 3 列左のセル、D4 は 1 列左のセル

を表わしています。したがって次の行で同じ列の E5 に数式をコピーすると式で参照しているセル番地は、E5 を基準に 3 列左のセル、1 列左のセルになるため E5 では　=SUM(B5:D5)　となります。

2 絶対参照

絶対参照は、ワークシートの中の絶対的なセル番地の記述の方法で、相対的な表示でないためコピーをしても変化しません。列番号または行番号の前にドル記号（ $ ）を付けると絶対参照になります。最初からドル記号を付けて入力してもよいし、相対参照で入れた直後に F4 キーを押してもよいでしょう。F4 キーを押すごとに相対参照から絶対参照、行のみ絶対参照、列のみ絶対参照と変わって元に戻ります。

（例）A1 → $A$1 → A$1 → $A1 → A1（元に戻る）

3 構成比の計算

例題 1 で地区別の構成比の計算をしてみましょう。地区別の構成比は、E4 から E11 までに計算してある各地区の合計それぞれを、総合計（E11 にある）で割って求めます。

F4 のセル	=E4/$E$11
F5 のセル	=E5/$E$11
F6 のセル	=E6/$E$11
F7 のセル	=E7/$E$11
F8 のセル	=E8/$E$11
F9 のセル	=E9/$E$11
F10 のセル	=E10/$E$11
F11 のセル	=E11/$E$11

1 セル **F4** に計算式 **=E4/E11** と入れます。

2 このままでは F5 に F4 の式をコピーすると =E5/E12 となってしまうので、総合計のある **E11** は **$E$11**（または行のみ絶対参照の **E$11**）として、コピーしても変化しない絶対参照にします。したがって F4 キーを押して **E11** を **$E$11** に変えます。

3 Enter キーを押します。

4 **F4** の式を **F5** から **F11** までコピーします。

2-1-9　数字の表示形式

数字に通貨記号を付けたりカンマで区切るなどの表示形式の設定ができます。

1 標準の表示形式

新規ワークシートでは、すべてのセルに標準形式が設定されています。入力されたデータに対しては、それぞれに適した表示形式が自動的に指定されます。例えば前に通貨記号の付いた数値や、後にパーセント記号の付いた数値を入力すると、セル書式が標準の表示形式からそれぞれ通貨記号やパーセント記号の付いた形式に変更されます。標準形式では次のように表示されます。

- **整数**：数字を右詰めで表示します。カンマの区切りはありません。
- **小数**：数字を右詰めで、小数点はピリオド (.) で表示します。カンマの区切りはありません。
- **文字列**：左詰めで表示します。

2 ツールボタンによる指定

［ホーム］タブの［数値］にあるボタンで指定の可能なものは次の 5 つの表示形式です。

ボタンは左から順に以下のとおりです。

- **通貨スタイル**：選択範囲の数値データの頭に通貨記号 (¥) を付けます。他通貨は ▼ をクリックして選択します。
- **パーセントスタイル**：選択範囲の数値データを 100 倍し、パーセント記号（%）を付けます。
- **桁区切りスタイル**：選択範囲の数値データをカンマで 3 桁ずつ桁区切りします。
- **小数点表示桁上げ**：ボタンを 1 回クリックするごとに、選択範囲の数値データの小数点以下の桁数が 1 桁追加されます。

・**小数点表示桁下げ：**ボタンを 1 回クリックするごとに、選択範囲の数値データの小数点以下の桁数が 1 桁削除されます。

▶**練習 7　例題 1** で金額の部分を桁区切りし、構成比の部分を%表示にしてみましょう。

3 表示形式ボックスによる指定

［ホーム］タブの［数値］の上部にある［表示形式ボックス］を使って表示形式を設定することもできます。この方法では数値だけでなく日付や時刻などについても細かく指定できます。

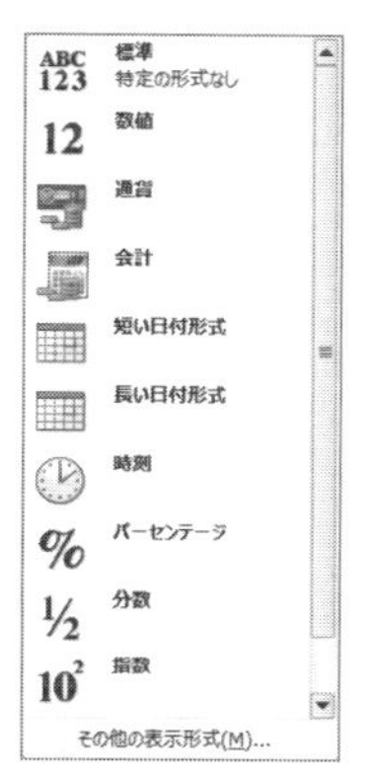

1 表示形式の設定範囲をドラッグし選択しておきます。

2 ［**ホーム**］タブの［**数値**］の上部にある［**表示形式ボックス**］の ▼ をクリックします。

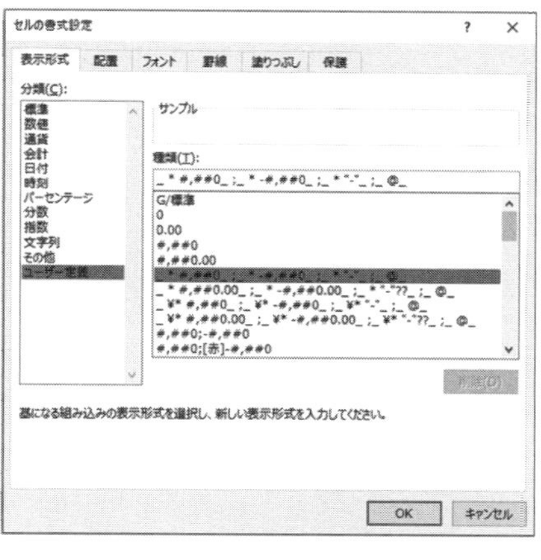

3 数値、通貨、時刻などを分類から選びます。［**その他の表示形式**］を選ぶと、そこでは、右に選択した表示形式に対するサンプルが表示されるので参考にすることができます。自分で表示形式を定義（ユーザー定義）することもできます。

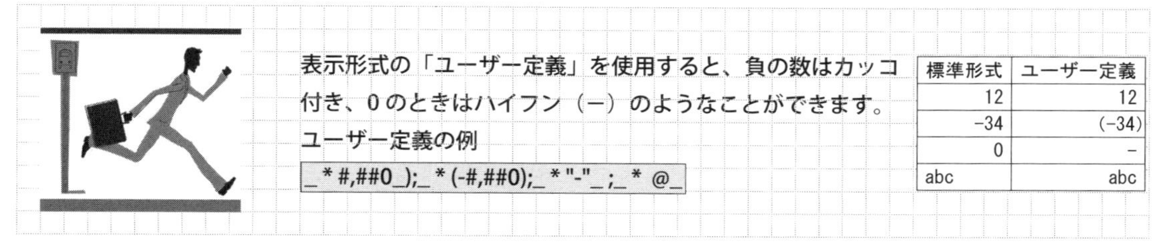

キャリアアップ Point！

表示形式の「ユーザー定義」を使用すると、負の数はカッコ付き、0 のときはハイフン（−）のようなことができます。

ユーザー定義の例

_* #,##0_);_* (-#,##0);_* "-"_ ;_* @_

標準形式	ユーザー定義
12	12
−34	(−34)
0	−
abc	abc

各セルの数字や文字に対して Word と同様にフォントや文字のサイズの変更ができます。［ホーム］タブの［書式のコピー / 貼り付け］ボタン を使用して、あるセルから他のセルまたはセル範囲に書式をコピーすることもできます。またセルのスタイルを設定するには［ホーム］タブの［スタイル］⇒［セルのスタイル］で選択します。

2-1-10　行・列の挿入と削除

1 行・列の挿入

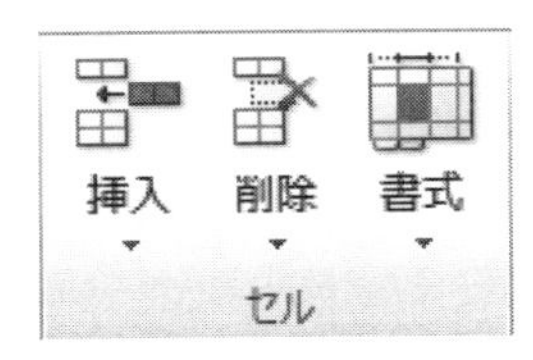

1 新しい行を挿入する場合は、挿入したい位置の行番号をクリックして行全体を選択します。新しい列を挿入する場合には、挿入したい位置の列番号をクリックして列全体を選択します。

2 ［**ホーム**］タブの［**セル**］⇒［**挿入**］⇒［**シートの行を挿入**］あるいは［**シートの列を挿入**］を選択します。

▶**練習 8**　**例題 1** で九州の下に海外の販売実績を挿入してみましょう。

① 行番号 11 をクリックし、この行全体を選択します。

②［ホーム］タブの［セル］⇒［挿入］⇒［シートの行を挿入］を選択します。

③ 下記の海外のデータを入れて、縦横の合計の計算と確認をします。

地区	デジタルカメラ	パソコン	液晶テレビ
海外	4622	1135	2355

※ここまでの操作で、**例題 1** は、**図 3** のようになっているか確認しておきましょう。

	A	B	C	D	E	F
1	地区別製品別の販売実績　（単位万円）					
2						
3	地区	デジタルカメラ	パソコン	液晶テレビ	合計	構成比
4	北海道	3,157	2,872	3,472	9,501	8.7%
5	東北	3,378	2,587	3,987	9,952	9.1%
6	関東	6,522	7,472	8,593	22,587	20.8%
7	中部	4,821	4,391	5,024	14,236	13.1%
8	近畿	5,650	6,033	7,921	19,604	18.0%
9	中国・四国	5,486	3,240	4,527	13,253	12.2%
10	九州	4,193	2,236	5,143	11,572	10.6%
11	海外	4,622	1,135	2,355	8,112	7.5%
12	合計	37,829	29,966	41,022	108,817	100.0%

⬆ **図 3　地区別製品別の販売実績表（計算結果）**

2 行・列の削除

1 行を削除する場合は、削除したい位置の行番号をクリックして行全体を選択します。列を削除する場合には、削除したい位置の列番号をクリックして列全体を選択します。

2 ［**ホーム**］タブの［**セル**］⇒［**削除**］⇒［**シートの行を削除**］あるいは［**シートの列を削除**］を選択します。あるいは右クリックして、メニューを表示して［**削除**］を選択してもできます。

☞ 行と列だけでなく、セルを 1 つまたは複数選択してその位置に挿入したり、その部分を削除したりすることもできます。

3 セルの挿入

1 挿入するセルの範囲をドラッグして選択します。

2 ［**ホーム**］タブの［**セル**］⇒［**挿入**］⇒［**セルの挿入**］を選択します。

3 挿入ダイアログボックスが表示されますので、たとえば挿入範囲にあるセルを下方向にシフトして挿入したい場合は［**下方向にシフト**］を指定します。

④ セルの削除

1 削除するセルの範囲をドラッグして選択します。

2［**ホーム**］タブの［**セル**］⇒［**削除**］⇒［**セルの削除**］を選択します。

3 削除ダイアログボックスが表示されますので、たとえば、削除範囲の下側のセルを上方向にシフトしたい場合は、［**上方向にシフト**］を指定します。

▶**練習 9　図 3** の表にいろいろな罫線や色などを使用して見やすい表にしてみましょう。

キャリアアップ Point !

大きい数などを入力したり表示したりする場合、指数表示形式が使用できます。例えば、指数表示形式　2.345E+03　は、2.345×10^3　のことで、2345 です。Excel には、数字の範囲などに次のような制限があります。非常に大きな数や小さい数などを扱う場合は、注意が必要です。

有効桁数	15 桁
処理できる負の最小値	-2.2251×10^{-308}
処理できる正の最小値	2.2251×10^{-308}
処理できる正の最大値	$9.99999999999999 \times 10^{307}$
処理できる負の最大値	$-9.99999999999999 \times 10^{307}$
計算で使用できる最も前の日付	1900 年 1 月 1 日
計算で使用できる最も後の日付	9999 年 12 月 31 日
1 セルの最大文字数	32,767 文字

≫ Section 3

グラフ機能

✣ 3-1　グラフの作成

ここではワークシートのデータを元にグラフの作成に必要なことについて説明します。グラフは、データを視覚的に表示したもので、ワークシート上の異なる数値を比較する場合に、より興味深く、分かりやすくなります。グラフの種類としては、棒グラフ、折れ線グラフ、円グラフ、レーダーチャート、散布図などさまざまなものが用意されています。

例題 2　**図 3** の地区別製品別の販売実績表を元に**図 4** に示すような棒グラフを作成します。

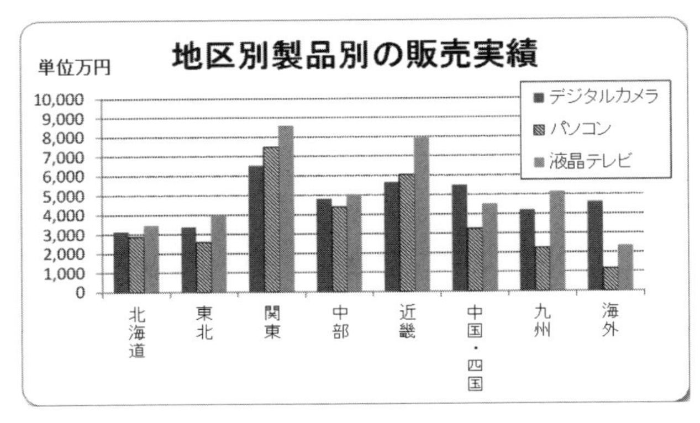

⬆ 図 4　地区別製品別の販売実績グラフ

3-1-1　棒グラフ

グラフを作成するには、対象となるデータの範囲を指定し、グラフの種類を選択します。また、凡例、グラフのタイトル、軸のラベルを入れることもできます。既存のグラフに対してはグラフにするデータ範囲を変更したり、データ系列の方向を行または列に変更したりすることもできます。

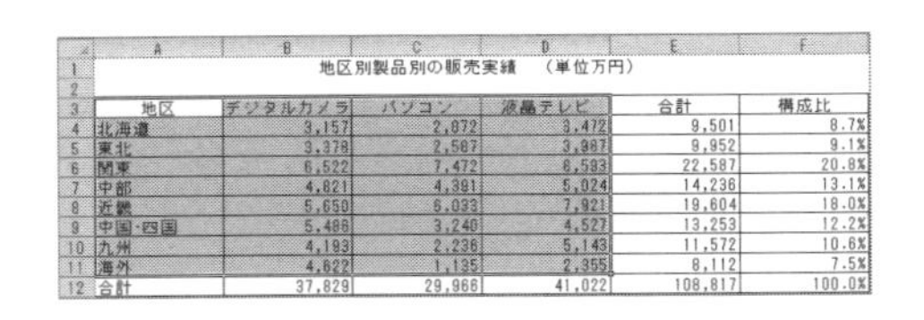

地区別製品別の販売実績　（単位万円）

地区	デジタルカメラ	パソコン	液晶テレビ	合計	構成比
北海道	3,157	2,872	3,472	9,501	8.7%
東北	3,378	2,587	3,987	9,952	9.1%
関東	6,522	7,472	8,593	22,587	20.8%
中部	4,821	4,391	5,024	14,236	13.1%
近畿	5,650	6,033	7,921	19,604	18.0%
中国・四国	5,486	3,240	4,527	13,253	12.2%
九州	4,193	2,236	5,143	11,572	10.6%
海外	4,622	1,135	2,355	8,112	7.5%
合計	37,829	29,966	41,022	108,817	100.0%

1. グラフにするデータのあるセル範囲をドラッグして選択します。このとき数値部分だけでなく、グラフ軸の見出しラベルとなる項目まで含んだ範囲にします。**例題 2** では、グラフにするデータのあるセル範囲 **A3:D11** をドラッグして選択します。グラフ軸の見出しラベルとなる地区と製品まで含んだ範囲にし、合計や構成比はグラフの範囲からは除きます。

2. ［**挿入**］タブの［**グラフ**］⇒［縦棒 / 横棒グラフの挿入］⇒［**2-D 縦棒**］の中の左にある［**集合縦棒**］を選択します。

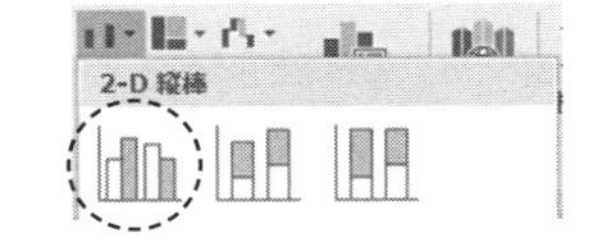

3. グラフが表示されます。

3-1-2　グラフの移動と拡大

グラフを囲む枠線上の四隅および上下左右の中心にサイズ変更ハンドルが合わせて 8 ヶ所に表示されていれば、グラフの移動および大きさの変更ができます。サイズ変更ハンドルが表示されていない場合は枠内で何も無い部分

（グラフエリア）をクリックします。

1 **グラフの移動**

枠線の内部にマウスポインタを合わせてドラッグしたまま動かすと、マウスポインタが、✣ の形に変わりグラフを移動できます。

2 **グラフの拡大縮小**

サイズ変更ハンドルにマウスポインタを合わせ、その形の両端が矢印に変わったところでドラッグしたまま動かすとグラフの拡大や縮小ができます。

グラフや目盛線のあるプロットエリアも拡大や縮小ができます。

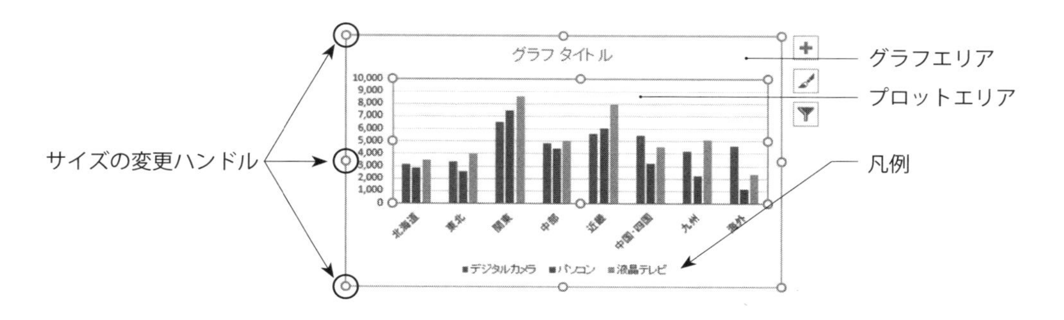

3-1-3 グラフの枠の変更

グラフエリアの枠の角を丸くし、影付きにしてみましょう。

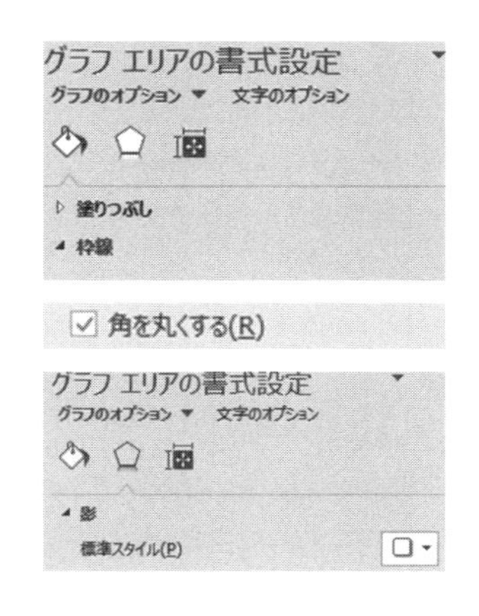

❶ グラフエリアを選択します。サイズ変更ハンドルの付いた枠線で、グラフの表示されている領域が囲まれます。ハンドルマークが表示されていない場合は枠内で何も無い部分をクリックします。

❷ このグラフエリアで右クリックし、（または、［**グラフツール**］の［**書式**］タブで［**選択対象の書式設定**］）［**グラフエリアの書式設定**］の中の［**塗りつぶしと線**］ で［**枠線**］の中の［**角を丸くする**］をクリックします。なお、［**グラフツール**］はグラフが選択されているとき表示されます。

❸ ［**グラフエリアの書式設定**］の中の［**効果**］、［**影**］で［**標準スタイル**］の中から影を選択します。

キャリアアップ Point !

ワークシートのセル幅を変更してもグラフの大きさが変わらないようにするには、グラフエリアをクリックして、［グラフツール］の［書式］タブで［サイズ］の右下にある［サイズとプロパティ］ をクリックして、その中の［プロパティ］パネルで［セルに合わせて移動やサイズ変更をしない］を選択します。

3-1-4　グラフタイトルの編集

タイトルの文字や背景を編集してみましょう。

1 タイトルに「**地区別製品別の販売実績**」と入れます。タイトルの部分で右クリックしてメニューを表示し、[フォント名]や［サイズ］を変更することができます。

さらにタイトルの部分の背景にグラデーション効果を付けてみましょう。

2 タイトルの部分で右クリックしてメニューを表示し、［**グラフタイトルの書式設定**］を選択して、パネルで［**塗りつぶしと線**］ ⇒［**塗りつぶし（グラデーション）**］などを選択して編集します。

6［**閉じる**］をクリックします。

3-1-5　グラフの軸や軸ラベルの編集

1 軸の編集

X 軸（横軸）あるいは Y 軸（縦軸）にある地区名や数字のサイズ、配置角度を変更できます。ここで X 軸にある地区名を縦向きにしてサイズを小さくしてみましょう。**例題 2** では X 軸は項目軸、Y 軸は数値軸となります。

1 グラフの横軸を右クリックしてメニューを表示します。地区名のどれかを右クリックしてもかまいません。

2 メニューから［**フォント**］を選択して、フォントの種類やサイズを変更することができます。

3［**軸の書式設定**］をクリックし、［**サイズとプロパティ**］ の中の［**配置**］を選択して、文字列の方向を縦書きにします。

4［**閉じる**］をクリックします。

☞ Y 軸の数値表示も同様に編集できます。

2 軸ラベルの編集

軸ラベルは軸の説明です。Y 軸に「単位万円」という軸ラベルを入れてみましょう。

1 グラフエリアの空白部分をクリックしてグラフを選択します。

2［**グラフツール**］の［**デザイン**］タブの［**グラフ要素の追加**］⇒［**軸ラベル**］⇒［**第 1 縦軸ラベル**］。

3 軸ラベルに「**単位万円**」と入れます。

4 軸ラベルを右クリックして、［**軸の書式設定**］をクリックし、［**サイズとプロパティ**］ の中の［**配置**］を選択して、［**文字列の方向**］を横書きにします。

5 軸ラベルをドラッグして、数値の上方へ移動します。

3-1-6　プロットエリア内の編集

グラフや目盛線のあるプロットエリア内での編集をしてみましょう。

1 背景の変更

1 プロットエリアを右クリックしてメニューを表示します。

2 [**プロットエリアの書式設定**] を選択して、パネルで [**塗りつぶしと線**] ⇒ [**塗りつぶし**)] などを選択して編集します。

3 [**閉じる**] をクリックします。

2 棒グラフの編集

グラフの色やパターンの変更、グラフ上に値を表示するかの指定などができます。

1 編集したい棒グラフ（系列）を右クリックして選択します。指定した系列の棒グラフすべてにハンドルマークがつきます。１つの棒グラフだけ編集したければ、再度クリックするとその棒グラフだけがハンドルマークで囲まれます。

2 [**データ系列の書式設定**] を選択して、[**塗りつぶしと線**] ⇒ [**塗りつぶし**] ⇒ [**塗りつぶし（パターン）**] などを選択して編集します。

3 [**閉じる**] をクリックします。

キャリアアップ Point !

グラフ上に値を表示するには、[グラフツール] の [デザイン] タブの [グラフ要素の追加] ⇒ [データラベル] ⇒ [外側] をクリックします。

3 目盛の編集

目盛線の種類や目盛の最大値、最小値、間隔などの指定ができます。

1 目盛線を右クリックしてメニューを表示します。

2 [**軸の書式設定**] を選択して、[**軸のオプション**] で、最大値、最小値、単位などの指定をします。

目盛線の種類を点線に変更してみましょう。

3 [**目盛線の書式設定**] を選択して、[線] で点線に変更します。

4 [**閉じる**] をクリックします。

3-1-7 凡例の編集

凡例の移動、拡大縮小、文字の編集などができます。凡例を縮小して右上に移動して枠線を付けてみましょう。

1 凡例を右クリックしてメニューを表示します。

2 メニューから [**フォント**] を選択して、フォントの種類やサイズを変更することができます。

3 [**凡例の書式設定**] をクリックし、[**塗りつぶしと線**] ⇒ [**枠線**] ⇒ [**線（単色）**] **などを選択**して、枠線を付けます。

4 [**閉じる**] をクリックします。

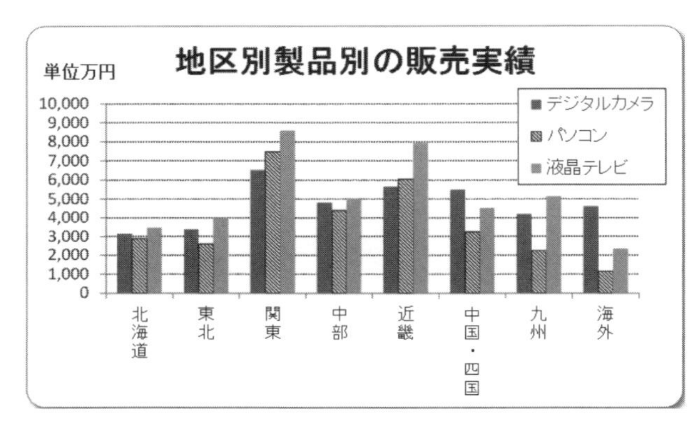

⬆ **図 5 地区別製品別の販売実績グラフ（編集後）**

ここまでで、グラフが**図 5** のようになっているか確認しましょう。

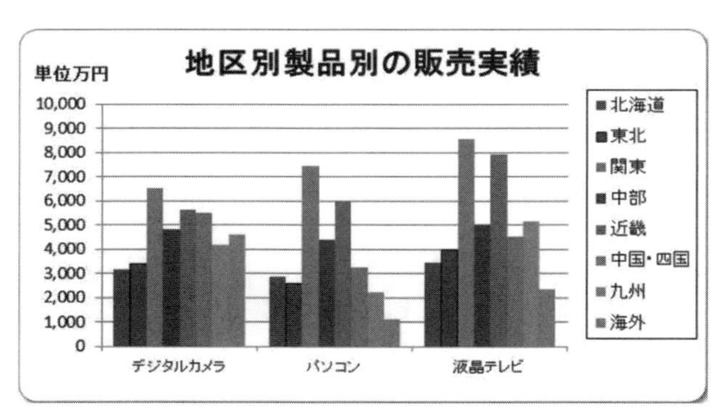

⬆ **図 6　地区別製品別の販売実績グラフ（行 / 列の切り替え）**

☞ グラフで行と列を切り替えるには、［グラフツール］の［デザイン］タブで［データ］⇒［行 / 列の切り替え］をクリックします。

✣ 3-2　いろいろなグラフ

3-2-1　グラフの種類の変更

グラフ全体を別の種類のグラフに変更できます。または、一部のグラフだけを別の種類のグラフにすることもできます。たとえば**図 5** でパソコンだけを縦棒グラフから折れ線グラフに変更することもできます。

⚽ **例題 3　図 5** のグラフを横棒の積み上げ（積み重ね）グラフに変更し、区分線（対比線）も付けてみましょう。

図 5 のグラフはそのままにしたい場合は、グラフエリアをクリックして選択し、コピーしたあと、他の場所に貼り付けてそのグラフの種類を変更しましょう。

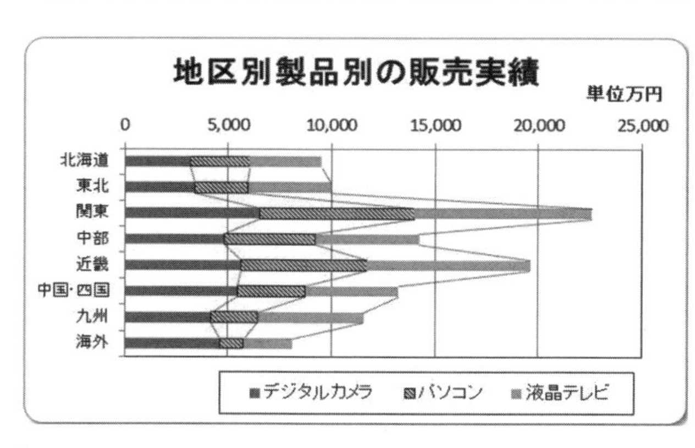

⬅ **図 7　地区別製品別の販売実績グラフ（横棒の積み上げグラフ）**

1 横棒積み上げグラフに変更

1. グラフエリアをクリックして選択します。一部のグラフの種類だけを変更する場合は、そのグラフだけをクリックして選択します。
2. ［**グラフツール**］の［**デザイン**］タブで［**種類**］⇒［**グラフの種類の変更**］をクリックします。

3. ［**グラフの種類**］は［**横棒**］、［**形式**］は［**積み上げ横棒**］を選択します。
4. ［**OK**］をクリックします。

2 Y 軸（縦軸）の編集

Y 軸の地区名を横書きにし、上から 北海道……海外 の順にします。

1. 縦軸を右クリックしてメニューを表示します。地区名のどれかを右クリックしてもかまいません。
2. メニューから［**フォント**］を選択して、フォントの種類やサイズを変更することができます。
3. ［**軸の書式設定**］をクリックし、［**サイズとプロパティ**］ の中の［**配置**］で横書きにします。
4. ［**軸の書式設定**］の中の［**軸のオプション**］ を選択して、［**軸を反転する**］にチェックを付けます。
5. ［**閉じる**］をクリックします。

3 区分線の付与

次に製品別に線で結んで分かりやすくする区分線を付けてみましょう。

1. グラフエリアの空白部分をクリックしてグラフを選択します。
2. ［**グラフツール**］の［**デザイン**］タブで［**グラフ要素の追加**］⇒［**線**］⇒［**区分線**］をクリックします。
3. 区分線を右クリックしてメニューを表示します。
4. ［**区分線の書式設定**］をクリックし、［**線**］で点線にします。
5. ［**閉じる**］をクリックします。

3-2-2　円グラフと 離れた範囲の指定

例題 4

図 3 の地区別製品別の販売実績表を元に**図 8** に示すような地区別合計の構成を示す 3 次元（立体）円グラフを作成してみましょう。そして円グラフを回転して、関東を正面にして、切り離します。

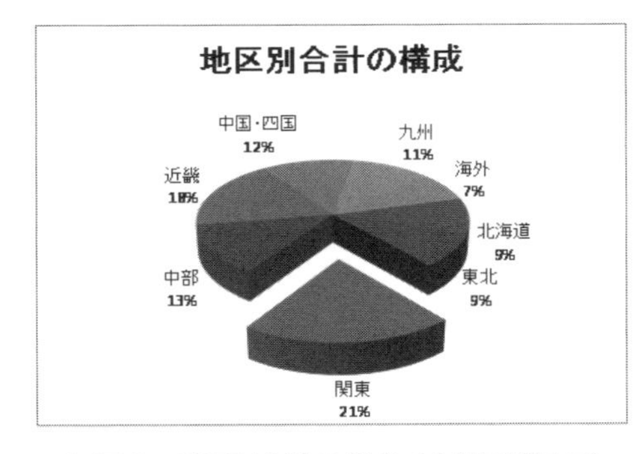

⬆ 図 8　地区別合計の構成（立体円グラフ）

1. 最初にグラフでラベルにするデータのあるセル範囲 **A3:A11** をドラッグして選択します。次に地区別の合計のあるセル範囲 **E3:E11** を Ctrl キーを押したままドラッグして選択します。 Ctrl キーを押すことにより離れた複数の範囲を選択することができます。

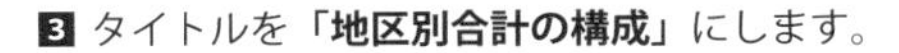

2. ［**挿入**］タブの［**グラフ**］⇒［**円またはドーナツグラフの挿入**］⇒［**3-D 円**］を選択します。

3. タイトルを「**地区別合計の構成**」にします。
4. ［**グラフツール**］の［**デザイン**］タブで［**グラフ要素の追加**］⇒［**データラベル**］⇒［**外部**］をクリックします。

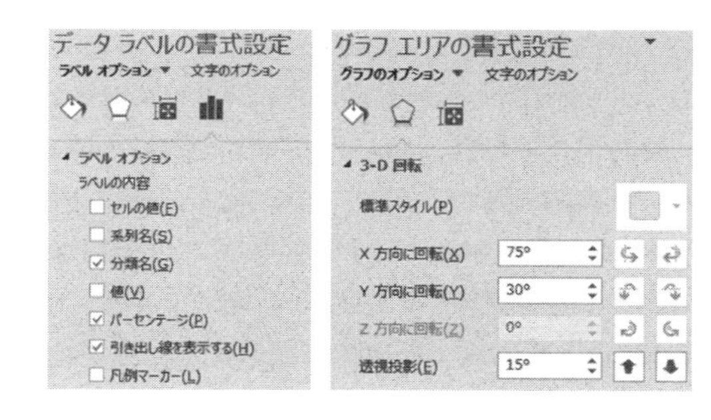

5 データラベルを右クリックしてメニューを表示します。

6 ［**データラベルの書式設定**］をクリックし、［**分類名**］と［**パーセンテージ**］、［**引き出し線を表示する**］をチェックします。凡例を非表示にするには、凡例をクリックして選択し Delete キーを押します。

7 ［**閉じる**］をクリックします。

8 グラフエリアを選択したあと、**右クリックしてメニューを表示し、**［**3-D 回転**］を選択します。回転の **X** の数値を変えて、関東が正面になるように指定します。

9 「**関東**」の部分を 2 度クリックして選択し、ドラッグして切り離します。

10 ［**閉じる**］をクリックします。

3-2-3　立体棒グラフと回転

⚽ **例題 5**　**図 3** の地区別製品別の販売実績表を元に**図 9** に示すような地区別製品別の販売実績の 3 次元（立体）棒グラフを作成します。そして見やすくなるように回転等をします。

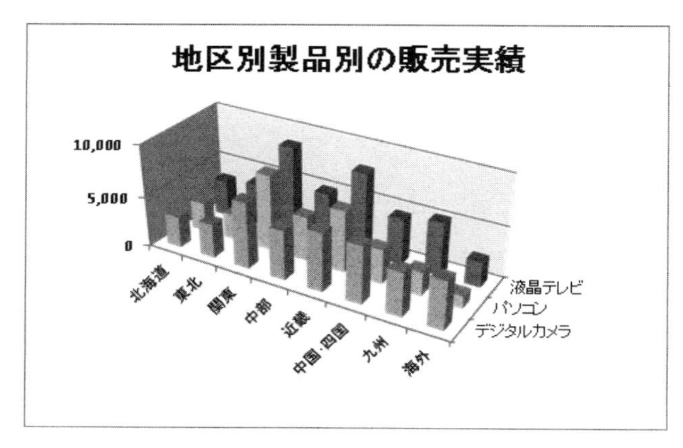

⬆ **図 9　地区別製品別の販売実績（立体棒グラフ）**

立体棒グラフを最初から作成することもできますが、**図 5** のグラフの種類を立体縦棒グラフに変更してみましょう。 元のグラフはそのままにしたい場合は、グラフエリアをクリックして選択し、コピーし、他の場所に貼り付けてそのグラフの種類を変更するとよいでしょう。

1 **立体縦棒グラフに変更**

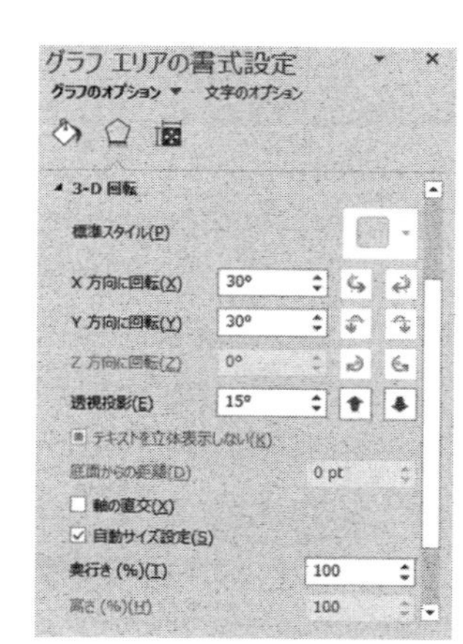

1 グラフエリアをクリックして選択します。

2 ［**グラフツール**］の［**デザイン**］タブで［**種類**］⇒［**グラフの種類の変更**］をクリックします。

3 ［**グラフの種類**］は［**縦棒**］、［**形式**］は［**3-D 縦棒**］を選択します。

4 ［**OK**］をクリックします。

☞ 凡例を非表示にするには、凡例をクリックして選択し Delete キーを押します。

□2 立体縦棒グラフの回転

❶ グラフエリアを選択したあと、右クリックしてメニューを表示し、［**3-D 回転**］を選択します。
❷ 横方向の回転を **X**、縦方向の回転を **Y** で指定します。さらに奥行きも指定できます。

3-2-4　絵グラフ

棒グラフを作成して、それを絵グラフにします。さらにグラフの中にコメントなどを入れてみましょう。

例題 6

図 3 の地区別製品別の販売実績表を元に**図 10** に示すような液晶テレビの地区別販売実績の棒グラフを絵グラフとして作成します。さらに海外のところに吹き出しを付けて「もっと新製品を輸出しよう！」というコメントを入れてみましょう。

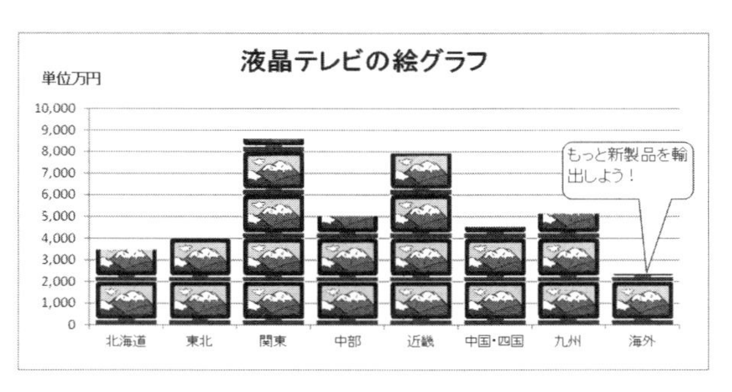

↑ 図 10　液晶テレビの絵グラフ

□1 **縦棒グラフの作成（最初に棒グラフを作る）**

❶ 最初にグラフでラベルにするデータのあるセル範囲 **A3:A11** をドラッグして選択します。次に販売実績の合計のあるセル範囲 **D3:D11** を、Ctrl キーを押したままドラッグして選択します。
❷ ［**挿入**］タブの［**グラフ**］⇒［**縦棒／横棒グラフの挿入**］⇒［**2-D 縦棒**］の中の左にある［**集合縦棒**］を選択します。
❸ タイトルを「**液晶テレビの絵グラフ**」にします。
❹ ［**閉じる**］をクリックします。

□2 **絵グラフの編集**

① 絵の貼り付け

棒グラフに絵を貼り付けて絵グラフを作る。

❶ 絵グラフの元になる絵を Windows のペイントなどで作成します。あるいは画像なども利用できます。
❷ 元になる絵を選択して「**コピー**」します。
❸ グラフの表示に切り換え、絵グラフにしたい棒グラフを選択し、すべての棒グラフにハンドルマークの付いた状態にして、「**貼り付け**」をクリックします。

② 絵の積み重ね

これで絵グラフはできますが、棒の長さに応じて伸縮した状態ではなく、同じ大きさの絵を積重ねたグラフにしてみましょう。

❶ グラフの絵の部分をクリックして選択したあと、右クリックしてメニューを表示します。［**データ系列の書式設定**］をクリックし、［**塗りつぶし（図またはテクスチャ）**］⇒［**拡大縮小と積み重ね**］を選択し、1つの絵の表す単位［**Units/Picture**］は、**2000** とします。
❷ ［**閉じる**］をクリックします。

③ 棒グラフの太さの調整

地区名がすべて表示されるようにグラフの大きさや、文字サイズなどを変更しておきます。棒グラフの幅は、グラフの絵の部分を右クリックしてメニューを表示し、［データ系列の書式設定］をクリックし、［系列のオプション］⇒［要素の間隔］で調整できます。

データ系列の書式設定
系列のオプション
系列のオプション
使用する軸
主軸 (下/左側)(P)
第 2 軸 (上/右側)(S)
系列の重なり(O) 0%
要素の間隔(W) 18%

③ 吹き出しでコメント

次にコメントを入れます。

1［**挿入**］タブの［**図形**］⇒［**吹き出し**］を選択します。

2 吹き出しにコメントを入れ、位置および形を整えます。

▶**練習 10**　**図 3** の地区別製品別の販売実績表を元に、グラフの種類や色などを工夫して、いろいろなグラフを作ってみましょう（下図は作成例）。

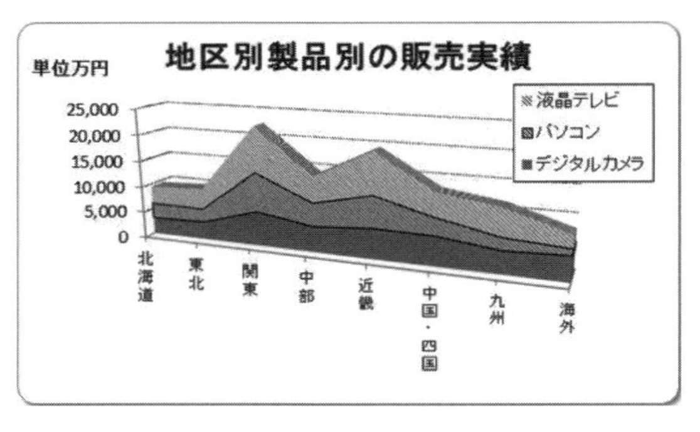

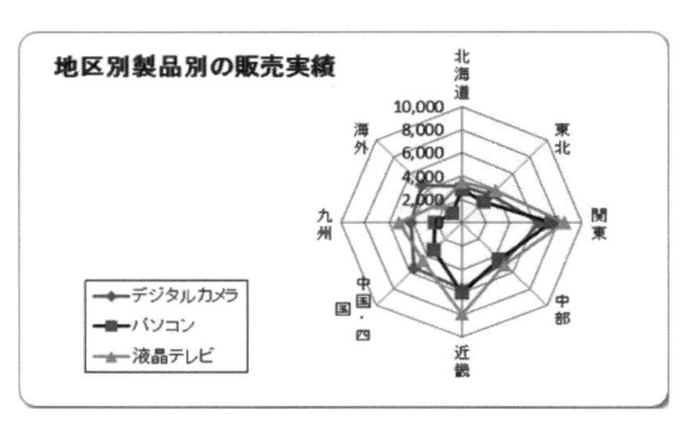

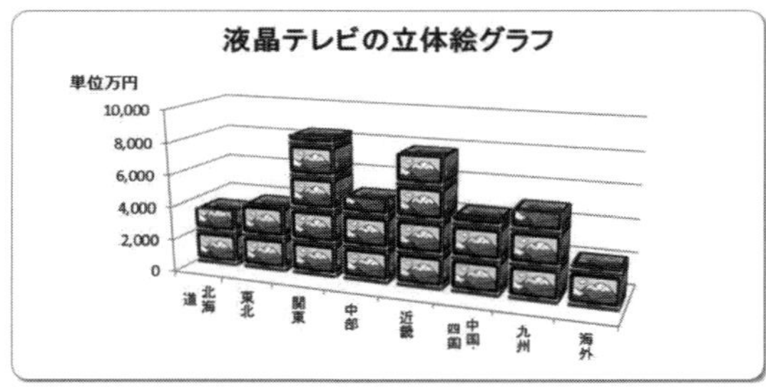

» Section 4

関数の利用

4-1 関数の基本

Excel には、合計、平均を計算する関数をはじめとして統計や財務、数学などで使用する便利な関数が豊富に用意されています。関数とは、目的の計算を簡単に行うために、あらかじめ用意されている数式の集まりのことです。関数に計算の対象となる数値や文字列、セル番地を指定すると、関数を入力したセルに計算結果が表示されます。

4-1-1 関数の入力

関数を使う場合、キーボードからの入力も可能ですが、「関数の挿入」を利用すると操作が簡単で間違いも少なくなります。関数の挿入を起動するには、数式バーの左にある［関数の挿入］ボタン *fx* をクリックします。あるいは［数式］タブ ⇒［関数の挿入］を選択します。「関数の挿入」ダイアログボックスが開くのでそこに表示された中から目的の関数を選択します。

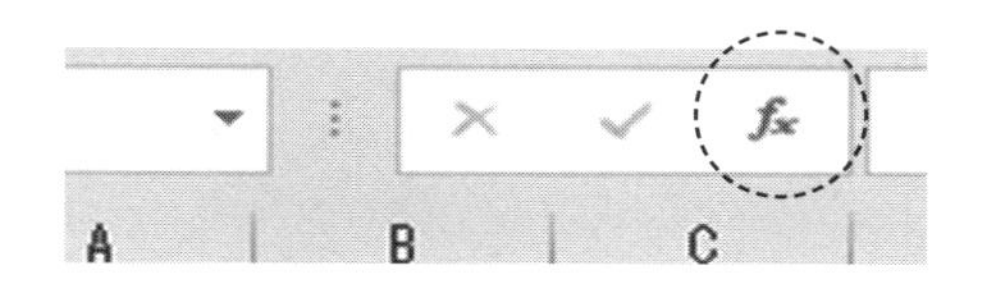

4-1-2 さまざまな関数

例題 7 A 社の就職試験データとして名前、小論文、一般常識、面接の点数をそれぞれ表に入力します。この表を使って、点数の平均、順位、結果（採用 / 不採用）を求めます。ただし順位は平均点の高い順に付けます。結果は、順位が 3 位以内の人だけに採用と表示し、そのほかは不採用と表示します。

	A	B	C	D	E	F	G
1	就職試験データ						
2							
3	名前	小論文	一般常識	面接	平均	順位	結果
4	鈴木太郎	60	80	70			
5	田中花子	80	60	60			
6	高橋三郎	85	70	80			
7	佐藤善光	73	80	60			
8	高山芳彦	75	75	70			
9	林田好茂	70	65	70			
10	堺小由樹	80	70	80			

⬅ **図 11 就職試験データ**

4-1-3 平均点

平均を求めるためには、関数 **AVERAGE** を使用します。

1 AVERAGE(数値 1, 数値 2, ...)

引数である数値 1、数値 2、... には、平均の計算対象となる数値データあるいはセルの範囲を指定します。引数は 255 個まで指定できます。AVERAGE 関数では、空白や文字の入ったセルは計算の対象になりませんが、値が 0 のセルは対象になります。

例題 7 では、E4 に =AVERAGE(B4:D4) を入れます。かっこの中の B4:D4 が平均の対象となる B4 から D4 までの範囲を示し引数と呼ばれます。直接、キーボードから E4 に関数を入力することもできますが、［関数の挿入］ダイアログボックスを使用する方法について説明します。

1 セル **E4** をクリックしたあと、数式バーの左にある［**関数の挿入**］ボタン *fx* をクリックします。

2 ［**関数の挿入**］が表示されます。平均を計算する関数が分からないときは、関数の検索のボックスに「**平均**」と入れ、［**検索開始**］をクリックします。平均を計算する関数が、**AVERAGE** と分かっているときは、関数の分類で［**すべて表示**］または［**統計**］を、あるいは、［**最近使用された関数**］にあればそれを選択します。関数名が表示されるので、その中から **AVERAGE** を探して選択します。

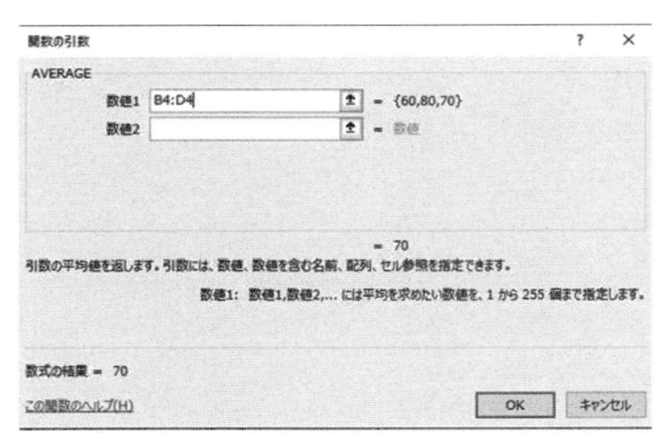

3 ［**OK**］をクリックすると［**関数の引数**］ダイアログボックスが表示されます。数値 1 が計算対象範囲である **B4:D4** となっているか確認します。違う場合は、**B4** から **D4** までをドラッグして**数値 1** のボックスに範囲を入れます。対象セルがダイアログボックスで隠れて見えない場合は、入力ボックスの右の折りたたみボタン をクリックします。あるいは **B4:D4** と直接入力もできます。

4 範囲の指定はこれだけなので、［**OK**］をクリックします。

	A	B	C	D	E	F	G
1	就職試験データ						
2							
3	名前	小論文	一般常識	面接	平均	順位	結果
4	鈴木太郎	60	80	70	70		
5	田中花子	80	60	60	66.66667		
6	高橋三郎	85	70	80	78.33333		
7	佐藤善光	73	80	60	71		
8	高山芳彦	75	75	70	73.33333		
9	林田好茂	70	65	70	68.33333		
10	堺小由樹	80	70	80	76.66667		

5 **E4** の平均が正しくできたなら、これを **E5** から **E10** までコピーします。平均は左のようになります。

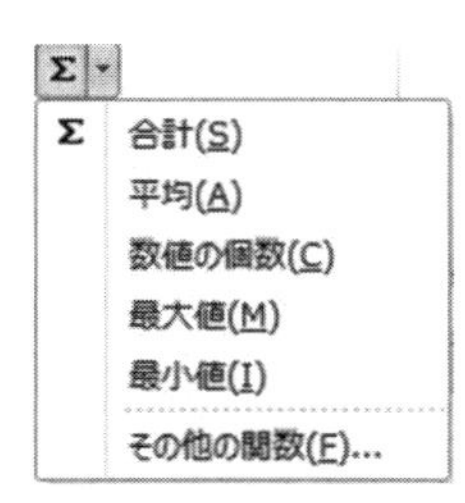

平均は、［ホーム］タブの［編集］にある Σ ボタンの右 ▼ 、または［数式］タブの［関数ライブラリ］にある Σ の右下の ▼ をクリックして表示されるリストの中から［平均］を選択して計算することもできます。

キャリアアップ Point !

関数 AVERAGEA は、引数に TRUE が含まれている場合は 1 と見なされ、FALSE が含まれている場合は 0（ゼロ）と見なされます。空白文字列（""）も含め、文字列が含まれる場合、これらは 0 と見なされます。関数 AVERAGEIF では、条件を指定し、その条件の合ったセルのみの平均が計算されます。関数 AVERAGEIFS では、複数の条件を指定して平均の計算ができます。関数 SUM や関数 COUNT でもこのような関数が用意されています。

4-1-4 四捨五入

平均の計算結果の小数点以下を四捨五入しましょう。対象の範囲を選択して、[小数点表示桁下げ]ボタンをクリックしても、四捨五入して表示はされますが、ここでは四捨五入の関数 **ROUND** を使って数値の四捨五入をします。

1 ROUND（数値 , 桁数）

1 数値 四捨五入の対象となる数値またはセルを指定します。

2 桁数 数値を四捨五入したあとの桁数を指定します。

桁数＞0 小数点の右側（小数点以下）で四捨五入され、小数点以下の桁数を指定した桁数にします。

桁数＝0 小数点以下を四捨五入してもっとも近い整数にします。

桁数＜0 小数点の左側（整数部分）で四捨五入され 0 が入ります。

キャリアアップ Point !

ROUND と関連した関数として、数値を指定した桁数で切り捨てる ROUNDDOWN と数値を指定した桁数で切り上げる ROUNDUP があります。

例題 7 で E4 を平均値に対して四捨五入の関数 ROUND を使うと

=ROUND (AVERAGE(B4:D4),0)

となります。 ROUND の引数の数値には、平均を計算する関数が入ります。関数の中に関数が入ることをネストといい、64 段階のネストまで可能です。関数を挿入するには、直接キーボードから入力する方法とマウスを使って［関数の挿入］で入力する方法があります。ネストの場合はこれらを組み合わせて使うこともできます。

2 関数 ROUND の中に関数 AVERAGE を挿入

直接 E4 に、マウスを使って、［関数の挿入］を使用する方法について説明します。

1 セル **E4** をクリックします。すでにデータ等が入っている場合、Delete キーを押して **E4** の内容を消去しておきます。

2 数式バーの左にある［**関数の挿入**］ボタン *fx* をクリックします。

3 ［**関数の挿入**］ダイアログボックスが表示されます。関数の検索のボックスに「**四捨五入**」と入れます。または関数の分類で［**すべて表示**］または［**数学／三角**］を選択し（［**最近使用された関数**］にあればそれを選択）、関数名の中から **ROUND** を探して選択します。

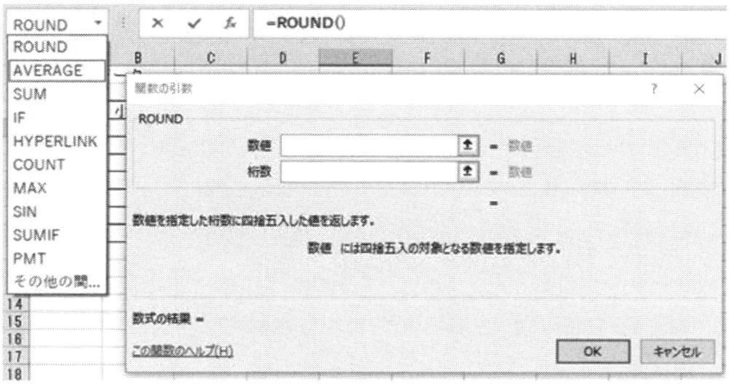

4 ［**OK**］をクリックすると［**関数の引数**］ダイアログボックスが表示されます。

5 数値のところに、関数を入れるため名前ボックスの ▼ をクリックして **AVERAGE** を見つけクリックします。無いときは［**その他の関数**］をクリックして見つけます。

6 AVERAGE の［**関数の引数**］ダイアログボックスが表示されますので、その指定をします。

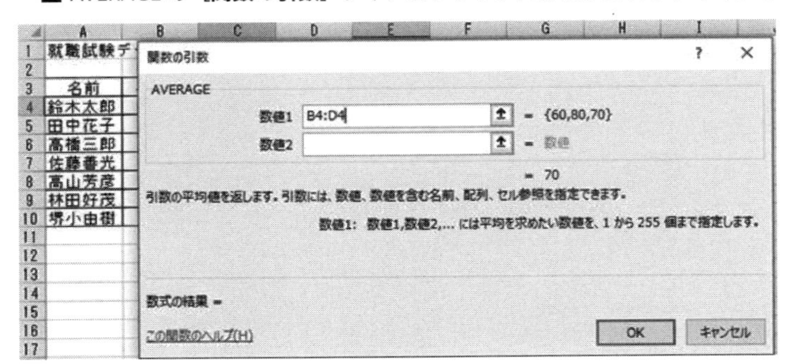

7 指定が終ったら数式バーの **ROUND** の文字をクリックすると、ROUND の［**関数の引数**］ダイアログボックスに戻ります。もし、ここで［OK］をクリックしてしまうと、関数の引数の指定が途中でも、関数の引数の設定は終了してしまいます。

=ROUND(AVERAGE(B4:D4))

ROUND をクリック

8 桁数にキーボードから **0** を入れます。

9［**OK**］をクリックします。

10 **E4** の平均が正しくできたならこれを **E5** から **E10** までコピーします。

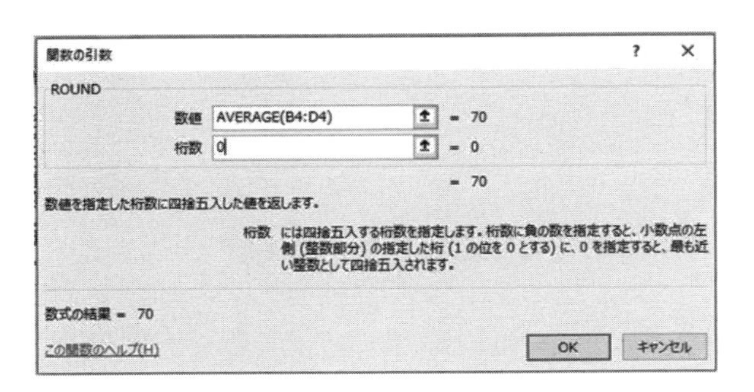

4-1-5　順位

順位を求めるためには、指定にしたがって範囲内の数値を並べ替えたとき、数値が何番目に位置するかを返す関数 **RANK.EQ** を使います。

1 **RANK.EQ（数値 , 範囲 , 順序）**

- **数値**：範囲内での順位（位置）を調べたい数値またはセルを指定します。
- **範囲**：数値を含むセル範囲を指定します。範囲内に含まれている数値だけが計算の対象となり、文字列、空白セルなどは無視されます。
- **順序**：並べ替える方法を指定します。 順序の指定が 0 または省略されたとき、範囲内の数値は降順（大から小へ）に並べ替えられます。順序が 0 以外のときは、昇順（小から大へ）に並べ替えられます。

関数 RANK.EQ では、重複した数値は同じ順位とみなされ、それ以降の数値の順位がずれます。たとえば、整数のリストがあり、その中に 80 が 2 度現れ、その順位が 5 のとき、次の 79 の順位は 6 ではなく 7 となります。

例題 7 では、F4 に

=RANK.EQ (E4,$E$4:$E$10)

を入れます。かっこの中の最初の引数が平均の入っているセル、次の引数が対象となる範囲です。範囲はコピーしても変わらないように絶対参照で入れます。

2 RANK.EQ 関数の挿入

1 セル **F4** をクリックしたあと、数式バーの左にある［**関数の挿入**］ボタン *fx* をクリックします。
2［**関数の挿入**］ダイアログボックスが表示されます。分類で［**すべて表示**］または［**統計**］を選択します。
3 関数名の中から ABC 順になっているので **RANK.EQ** を探して選択します。
4［**OK**］をクリックすると［**関数の引数**］ダイアログボックスが表示されます。**「数値」**には、ランクの対象となるセル **E4** をクリックして入れます。あるいは、**E4** と直接入力します。

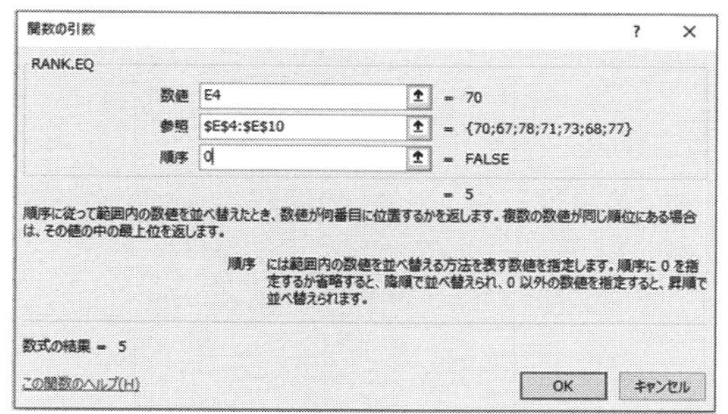

5 **「参照」**にはランクの対象となるデータ範囲 **E4** から **E10** までをドラッグして入れます。
6 絶対参照にするため F4 キーを 1 回だけ押し **E4：E10** を **$E$4:$E$10** にします。
7 **「順序」**には降順なので **0** を入力します。
8［**OK**］をクリックします。
9 **F5** から **F10** までコピーします。

キャリアアップ *Point !*

関数 RANK.EQ では、複数の値が同じ順位にあるときは、それらの値の最上位の順位が返されます。関数 RANK は、関数 RANK.EQ と機能は同じですが、Excel2007 以前で使用されたものです。関数 RANK.AVG では、複数の値が同じ順位にあるときは、平均の順位が返されます。

4-1-6　判断（IF）

判断をするためには関数 **IF** を使います。関数 **IF** は、論理式の条件を満足しているかどうかを調べ、条件を満足している場合（真の場合）と満足していない場合（偽の場合）のいずれかの結果に基づいて、それぞれに指定した処理をします。

1 **IF（論理式 , 真の場合 , 偽の場合）**
- **論理式**　：TRUE（真）、または FALSE（偽）となる値または式を指定します。
- **真の場合**：論理式が条件を満足しているときに返す値または計算式を指定します。
- **偽の場合**：論理式が条件を満足していないときに返す値または計算式を指定します。

例題 7 の結果の欄で順位が 3 より小さいか等しいという条件を指定してみましょう。G4 には関数 IF を使用して

=IF(F4<=3," 採用 "," 不採用 ")

を入れます。F4<=3 は条件を論理式にしたものです。比較には次の記号（演算子）が使われます。

論理式が真の場合、つまり順位が 3 より小さいか等しい場合は「採用」という文字を表示するために、2 つ目の引数に " 採用 " という文字を入れます。「関数の挿入」ダイアログボックスでは、半角のダブルクォーテーションマーク（ " ）は自動的に入るので入れる必要はありません。

論理式が偽の場合、つまり順位が 3 より大きい場合は、「不採用」という文字を表示するために、3 つ目の引数に " 不採用 " という文字を入れます。

記号（演算子）	例	意　味
＝	A1=B1	セル A1 と B1 の値が等しい
＜＞	A1<>B1	セル A1 と B1 の値が異なる
＜	A1<B1	セル A1 の値が B1 の値未満
＜＝	A1<=B1	セル A1 の値が B1 の値以下
＞	A1>B1	セル A1 の値が B1 の値を超える
＞＝	A1>=B1	セル A1 の値が B1 の値以上

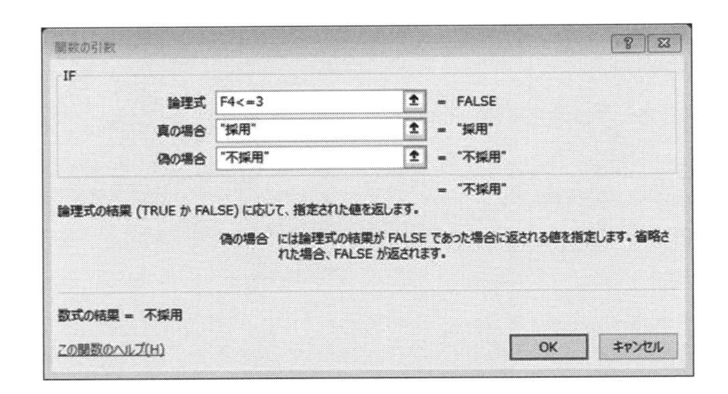

結果は次のようになります。

	A	B	C	D	E	F	G
1	就職試験データ						
2							
3	名前	小論文	一般常識	面接	平均	順位	結果
4	鈴木太郎	60	80	70	70	5	不採用
5	田中花子	80	60	60	67	7	不採用
6	高橋三郎	85	70	80	78	1	採用
7	佐藤善光	73	80	60	71	4	不採用
8	高山芳彦	75	75	70	73	3	採用
9	林田好茂	70	65	70	68	6	不採用
10	堺小由樹	80	70	80	77	2	採用

[2] AND、OR、NOT

2つの条件を組み合わせて論理式を作るには論理関数を使用します。

AND(論理式 1, 論理式 2, ...)

論理式 1、論理式 2、... には結果が TRUE（真）または FALSE（偽）となる値または式を指定します。

論理関数には、AND のほかに OR や NOT があります。

AND	すべての引数が TRUE のとき、TRUE を返します。
OR	いずれかの引数が TRUE のとき、TRUE を返します。
NOT	引数が TRUE のとき FALSE を返し、FALSE のとき TRUE を返します。

AND と OR の引数は 255 個まで指定できます。なお IF も論理関数の仲間です。

▶練習 11　**例題 7** の結果の欄で、小論文が 80 点以上でかつ順位が 3 位以上の人のみ採用、それ以外の人は不採用という条件の判断をしてみましょう。

論理式	AND(B4>=80,F4<=3)
真の場合	"採用"
偽の場合	"不採用"

G4 には関数 IF と AND を使用して

=IF(AND(B4>=80,F4<=3)," 採用 "," 不採用 ")

を入れます。 AND(B4>=80,F4<=3) は 2 つの条件を両方満足するというのを論理式にしたものです。

4-1-7　表の検索（LOOKUP）

入場料表のように、表の中から指定した値に対応するものを検索して表示したり、計算に使ったりするために関数 **LOOKUP** があります。

⚽ **例題 8**　A 園の入場料は次のようになっています。幼児（6 歳未満）は無料、小学生（6 ～ 12 歳未満）は 200 円、中学生（12 ～ 15 歳未満）は 300 円、高校生（15 ～ 18 歳未満）は 500 円、大人（18 ～ 70 歳未満）は 1000 円、高齢者（70 歳以上）は 600 円。「年齢は？」の下のセルに年齢を入力すると入場料が表示されるような表を作成してみましょう。

	A	B	C	D	E
1	入場料				
2					
3		年齢	入場料		
4	幼児	0	無料		年齢は？
5	小学生	6	¥200		19
6	中学生	12	¥300		
7	高校生	15	¥500		入場料は
8	大人	18	¥1,000		¥1,000
9	高齢者	70	¥600		

⬆ 図 13　入場料の検索

関数 LOOKUP は、検査値（入場料を知りたい人の年齢）を検査範囲（年齢の列）で検索し、検査値が見つかると対応範囲（入場料の列）の対応する位置のセルに含まれる値を返します。

1 **LOOKUP（検査値、検査範囲、対応範囲）**

- **検査値**　：検査範囲で検索する値を指定します。検査値には、数値、文字列やセルを指定することができます。
- **検査範囲**：1 行または 1 列のみのセル範囲を指定します。検査範囲の値は、数値、文字列、論理値に限ります。またその値は、昇順（数値は小から大へ、文字はコード順）に並んでいなければなりません。英字の大文字と小文字は区別されません。
- **対応範囲**：1 行または 1 列のみのセル範囲を指定します。対応範囲は検査範囲と同じサイズでなければなりません。

検査値が検査範囲にある値と一致しない場合は、検査範囲の中で検査値より小さい最大の値が選ばれます。たとえば、年齢に 17 が入れられると 17 は 15 より大きく 18 未満なので 15 に対応する値 ¥500 が返されます。

例題 8 で、年齢の下限は 0 歳と考えてよいので幼児は 0 を下の区切りとし、入場料は「無料」という文字にします。B4:B9 に年齢表、C4:C9 に年齢に対応する入場料表を作ります。E5 に入場料を知りたい人の年齢を入れてその人の入場料を E8 に表示することにします。

そのとき E8 には

=LOOKUP (E5,B4:B9,C4:C9)

を入れます。年齢を E5 に入れるたびにその年齢に対応する入場料が E8 に表示されます。

関数 LOOKUP には、ベクトル形式（検査値、検査範囲、対応範囲）と配列形式の 2 つがあります。ここでは、ベクトル形式の方について説明しています。ベクトルとは、1 行または 1 列で作られるセル範囲（検査範囲、対応範囲）のことです。

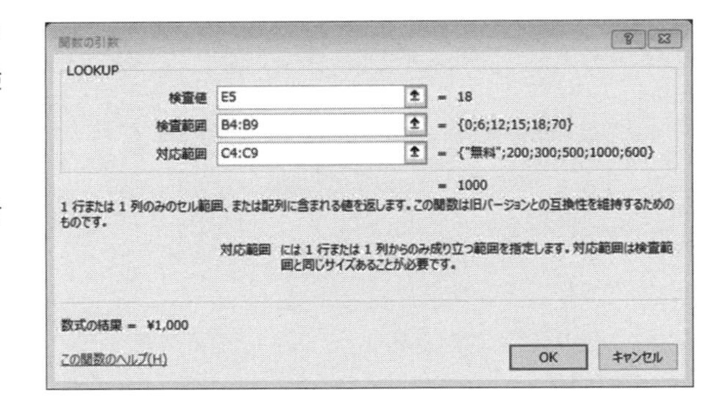

☞ 配列形式を選択した場合は配列に検査範囲と対応範囲をまとめて B4:C9 を指定します。

キャリアアップ Point !

検査値と完全一致する値のみを検索するには、VLOOKUP、HLOOKUP、または MATCH 関数を使用します。完全一致の検索では、検索されるデータが昇順である必要はありません。

▶練習 12 ❶ 検査値が検査範囲の最小値よりも小さいと、エラー（値 #N/A が返されます）となります。**例題 8** で年齢（E5）に負の数を入れてみましょう。

❷ 大学生（18 ～ 22 歳未満）は 700 円を追加してみましょう。

4-1-8 エラーと関数

例題 8 で検査値が検査範囲の最小値よりも小さいと、エラー（値 #N/A が返される）となりますが、このようにセルに入力された数式が正しく計算されない場合、そのセルにエラー値が表示されます。数式がエラー値を含むセルを参照していると、その数式もエラーとなります（エラー値を判断する関数 ISERR、ISERROR、ISNA などは除く）。

エラー値	エラー値の意味
#DIV/0!	0 で除算をしようとした。
#N/A	使用できる値がない。#N/A を直接入力することもできる。エラー値のセルを参照している数式は、計算結果として #N/A が返される。
#NAME?	使用されている名前がない。
#NULL!	参照しようとした 2 つの範囲に共通部分がない。
#NUM!	数値が正しくない。
#REF!	数式内のセル番地が無効。参照先がないか、入力に誤りがある。
#VALUE!	引数または数の形式が正しくない。

⬅ エラー値の意味

⚽ **例題 9** **例題 8** で検査値の年齢に間違い（たとえば、－ 20 や文字）となる値を入れると入場料のセルに #N/A と表示されます。これを分かりやすく「年齢エラー」と表示してみましょう。

式などの値がエラー値（#N/A）の場合に、表示する値などを指定できる関数 IFNA を使用します。セル E8 に
=IFNA(LOOKUP(E5,B4:B9,C4:C9)," 年齢エラー ")
と入れます。 LOOKUP 関数の結果により、エラー（#N/A）の場合は、「年齢エラー」が、正しいときには入場料

が表示されます（**練習 12** で大学生を追加した表の場合は、セル範囲が異なります）。

エラー値（#N/A）以外のエラー値にも対応するときは、関数 IFERROR が使用できます。

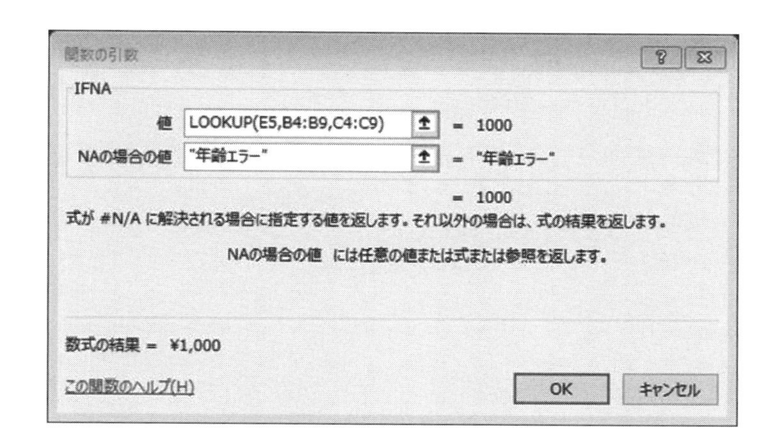

Excel で使用できる関数は、これまでに説明した以外にも多数あります。

- **日付 / 時刻関数**　：日付と時刻を操作するために使用します。
- **財務関数**　：金利など財務に関する計算に使用します。
- **情報関数**　：計算中に出るエラーなどの情報が必要なとき使用します。
- **論理関数**　：論理計算に使用します。
- **検索 / 行列関数**　：表内のデータの検索や行列の計算に使用します。
- **数学 / 三角関数**　：三角関数など数学の計算に使用します。
- **統計関数**　：統計の計算に使用します。
- 文字列操作関数　：文字列を操作するために使用します。
- **データベース関数**：データベースで集計や検索などの操作に使用します。

» Section 5

データベース機能

5-1　データベースの作成と機能

データベースはいくつかの種類のデータがある意味を持って集まったものです。Excel でのデータベースは、先頭の行に項目の見出しを入れ、その項目に応じたデータを見出しの下に列方向に入れます。1つの列には同じ種類のデータが入ることになります。項目の見出しに同じものがあってはいけません。このようにしてできたデータの集まりをデータベースのテーブルといいます。つまり Excel のデータベースは、レコード（行）とフィールド（列）で構成される連続したセル範囲で、先頭の行にフィールド名つまり見出しが入力されています。このように作られたテーブルに対して、データの並べ替えや抽出、集計ができます。なお、他のデータやテーブルとの間には、1行以上の空白行、1列以上の空白列を設けましょう。テーブル内にデータに関係のない空白行などは避けましょう。

5-1-1　テーブルの作成

例題 10　**「テレビの視聴時間」**のテーブルを作成し、視聴時間の大きい順（降順）に並べ替えてみましょう。視聴時間が同じ場合は年齢順（昇順）にします。

	A	B	C	D
1	テレビの視聴時間			
2				
3	No.	性別	年齢	視聴時間
4	1	男	20	2.0
5	2	女	18	3.5
6	3	女	21	4.5
7	4	女	19	3.0
8	5	男	20	2.0
9	6	男	22	2.5
10	7	男	18	4.0
11	8	女	20	3.5
12	9	男	21	3.5
13	10	女	19	1.0

⬆ 図 14　テレビの視聴時間

1 見出しの作成

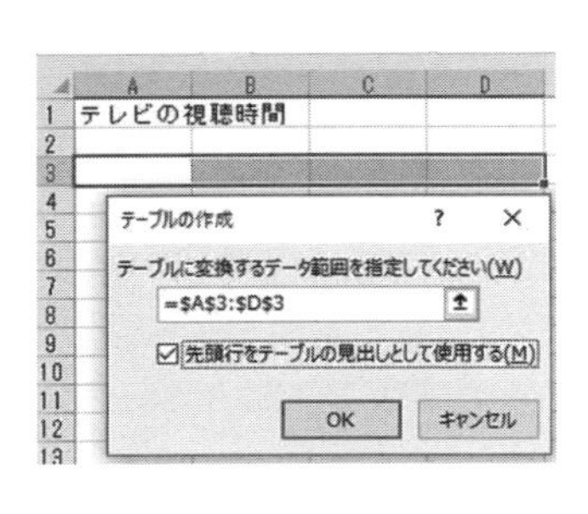

1. 見出しの範囲（**A3:D3**）を選択します。
2. ［**挿入**］タブ ⇒［**テーブル**］を選択します。
3. ［**OK**］をクリックします。
4. 見出しの名前を入力します。

2 データの入力規則とデータ入力

性別の「男」または「女」をリストから選んで入力できるようにしてみましょう。

1. データの入力規則を摘要するセル（**B4**）を選択します。
2. ［**データ**］タブ ⇒［**データの入力規則**］を選択します。
3. 条件の設定で、入力値の種類は**「リスト」**、元の値には、**「男」**と**「女」**を半角のカンマ（ , ）で区切って入れます。

4 **[OK]** をクリックします。

5 データを入力します。最初レコード（**4行目**）に設定した書式等は、行を空けないで、データを続けて入力することで引き継がれます。なお、入力規則のリストで入力した文字には、フリガナが自動的には付きません。

5-1-2　テーブルの解除とテーブルへの変換

1 テーブルの解除

データベースのテーブルを解除して、普通のデータとして扱うことができます。

1 解除したいテーブルの中の1つのセルを選択します。

2 [**デザイン**] タブで [**範囲に変換**] をクリックします。

3 「**テーブルを標準の範囲に変換しますか**」ボックスが開きます。

4 [**OK**] ボタンを押します。

2 テーブルへの変換

テーブルとなっていない表をテーブルに変換することもできます。

1 表の中のセルまたは、テーブルにしたい範囲を選択します。

2 [**挿入**] タブ ⇒ [**テーブル**] をクリックします。

3 「**テーブルの作成**」ボックスが開き、テーブルに変換する範囲は自動的に選択されます。もし違っていたなら範囲指定を行ってください。

4 [**OK**] ボタンを押します。

5-1-3　並べ替え

テーブル内のデータを大きい順あるいは小さい順など指定したように並べ替えます。並べ替えのことをソートともいいます。

1 昇順の並べ替え

次の規則に従ってデータが並べられます。

① 数値は小から大への順。

② 日付と時刻は古いものから新しいもの（シリアル値の小から大）への順。

③ 文字列は、コード順（漢字はふりがなを使用できます）。

④ 論理値は FALSE、TRUE の順。

⑤ 空白セルは常にテーブルの最後。

降順の並べ替えはこれと逆の順序で行われますが、空白セルは必ずテーブルの最後になります。並べ替えを効率的に行うには、キーとなる列のデータタイプが統一されている方がよいので、同じ列に数値と文字列を混在させることは避けるようにしましょう。なおオプションの指定で、英字の大文字と小文字を区別するか、並べ替えの方向（行か列か）、ふりがなを使うか（五十音順）、使わないか（コード順）を変更できます。

2 並べ替えのキーが1つの場合

1 並べ替えたい見出しのプルダウンボタン ▼ をクリックして、「**昇順**」または「**降順**」を選択します。

☞ または、並べ替えたいセルを指定して、ツールバーにある [昇順並べ替え] ボタンあるいは、 [降順並べ替え] ボタンを使って並べ替えることもできます。

3 並べ替えのキーが複数の場合

1 テーブル内の１つのセルをクリックしておきます。

2 ［**データ**］タブ ⇒［**並べ替え**］を選択します。

3 ボックスが開くので**列**、**並べ替えのキー**、**順序**を指定します。

・［**最優先されるキー**］**の指定**：プルダウンボタン をクリックすると、選択範囲にある列の見出し一覧が表示されます。この中から並べ替える見出しを選択します。**例題 10** では、**「視聴時間」**を指定します。
・［**並べ替えのキー**］**の指定**：**例題 10** では**「値」**を指定します。
・［**順序**］**の指定**：並べ替え順序として、**例題 10** では**「降順」**を指定します。
［**レベルの追加**］をクリックして
・［**次に優先されるキー**］**の指定**：プルダウンボタン をクリックすると、選択範囲にある列の見出し一覧が表示されます。この中から並べ替える見出しを選択します。**例題 10** では、**「年齢」**を指定します。
・［**並べ替えのキー**］**の指定**：**例題 10** では**「値」**を指定します。
・［**順序**］**の指定**：並べ替え順序として、**例題 10** では**「昇順」**を指定します。

4［**OK**］をクリックします。

	A	B	C	D
1	テレビの視聴時間			
2				
3	No.	性別	年齢	視聴時間
4	3	女	21	4.5
5	7	男	18	4.0
6	2	女	18	3.5
7	8	女	20	3.5
8	9	男	21	3.5
9	4	女	19	3.0
10	6	男	22	2.5
11	1	男	20	2.0
12	5	男	20	2.0
13	10	女	19	1.0

➡ **図 15　テレビの視聴時間（並べ替え後）**

キャリアアップ *Point !*

テーブルを解除した表、または最初からテーブルとなっていない表では、範囲を指定して、並べ替えをすることができます。

5-1-4 データの抽出

抽出ではテーブル内で指定された値が入力されている行、または指定された条件に一致する行だけを表示します。

⚽ **例題 11 「テレビの視聴時間」**表を元に、女性で 19 歳の人だけ抽出してみましょう。

例題 11 では次のように条件を指定してデータを抽出します。

①「性別」のところにあるプルダウンボタン をクリックし、その中の「女」をチェックします。

②「年齢」のところにあるプルダウンボタン をクリックし、その中の「19」をチェックします。

③ 抽出結果をとっておきたい場合はコピーしておきましょう。

	A	B	C	D
1	テレビの視聴時間			
2				
3	No.	性別	年齢	視聴時
7	4	女	19	3.0
13	10	女	19	1.0

データを抽出後、テーブル内のデータをすべて表示するには、「性別」と「年齢」のそれぞれのプルダウンボタン をクリックし、「すべて選択」にします。または、［データ］タブ ⇒ ［並べ替えとフィルター］⇒ ［クリア クリア］をクリックします。

キャリアアップ Point！

テーブルを解除した表、または最初からテーブルとなっていない表では、［データ］タブ ⇒ ［フィルター］を選択します。この選択をすると、リストの列見出しにプルダウンボタン が付きます。フィルターを解除するには、［フィルター］をもう一度クリックします。

▶**練習 13 「テレビの視聴時間」**表を元に、視聴時間が 2 時間から 3 時間までの人を抽出してみましょう。「視聴時間」のところにあるプルダウンボタンをクリックし、その中の「数値フィルター」⇒［指定の範囲内］をクリックします。

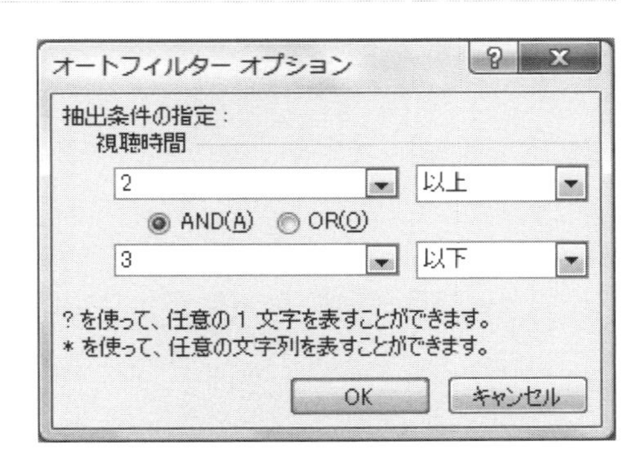

5-1-5 データの集計

同じ項目内のデータをまとめて合計や平均などを求めることができます。

⚽ **例題 12 「テレビの視聴時間」**表を元に、視聴時間の全体の平均と男女別の平均を計算してみましょう。

1 集計行を使う方法

1 テーブルツールの［**デザイン**］タブで、**「集計行」**をチェックします。

2 視聴時間の下の集計行のプルダウンボタン をクリックして**「平均」**を選択します。全体の平均が表示されます。

3 男の平均時間は、**「性別」**のプルダウンボタン ▼ をクリックして男だけを選択します。女の平均時間は、**「性別」**のプルダウンボタン ▼ をクリックして女だけを選択します。それぞれの視聴時間の平均が表示されます。表示結果をとっておきたい場合は、コピーしておきましょう。

	A	B	C	D
1	テレビの視聴時間			
2				
3	No.	性別	年齢	視聴時間
4	1	男	20	2.0
5	2	女	18	3.5
6	3	女	21	4.5
7	4	女	19	3.0
8	5	男	20	2.0
9	6	男	22	2.5
10	7	男	18	4.0
11	8	女	20	3.5
12	9	男	21	3.5
13	10	女	19	1.0
14	集計			3.0

② **グループ集計を使う方法**

テーブルを解除した表、または最初からテーブルとなっていない表では、グループ別の集計ができます。テーブルのままではできません。集計行が付いていたら削除してください。

1 **「性別」**のセル（どこでもよい）をクリックしたあと、**［昇順並べ替え］**ボタン をクリックします。「性別」の列が項目別にそろったか確認します。

2 リスト内の１つのセルをクリックして対象となるリストを指定します。

3 **［データ］**タブ ⇒ **［小計］**をクリックして選択します。

小計

4 **［集計の設定］**のダイアログボックスが表示されますので、集計の基準となるフィールド、集計の方法、集計の対象となる数値の入っているフィールドを指定します。

5 **例題 12** では、グループの基準はプルダウンボタン ▼ をクリックして**「性別」**を選択します。同様にして、集計の方法は**「平均」**、集計するフィールドは**「視聴時間」**を選択します。

6 **［OK］**をクリックすると、**「性別」**それぞれの平均と全体の平均が表示されます。

	A	B	C	D
1	テレビの視聴時間			
2				
3	No.	性別	年齢	視聴時間
9		男 平均		2.8
15		女 平均		3.1
16		全体の平均		3.0

7 列表示の左側に「＋」と「−」のアウトライン記号が表示されます。「＋」を**［展開］**ボタン、「−」を**［折りたたみ］**ボタンといい、「−」をクリックすると縦線で指定されている範囲のデータが折りたたまれて集計された結果だけになり見やすくなります。

8 「＋」をクリックすると折りたたまれたデータが元どおりに表示されます。レベル記号 1 2 3 をクリックしても展開や折りたたみができます。

☞ 集計前の元の表に戻すには、［データ］タブ ⇒［小計］をクリックし、［集計の設定］のダイアログボックスが表示されますので、［すべて削除］をクリックします。

③ **ピボットテーブルを使用する方法**

次に説明するピボットテーブルを使用しても視聴時間の全体の平均と男女別の平均を計算ができます。

▶練習 14　「テレビの視聴時間」表を元に、年齢別の視聴時間の平均を計算してみましょう。

5-1-6　2 次元のデータ集計

ピボットテーブルを使うと複数の項目で集計表を作ることが可能です。テーブルでもテーブルになっていない表でもピボットテーブルは、利用できます。

⚽ **例題 13 「テレビの視聴時間」**表を元に、年齢別男女別の視聴時間の平均を求めてみましょう。

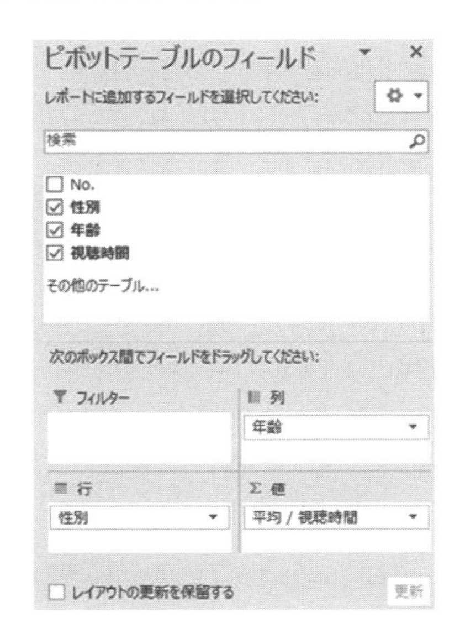

1 データ内の 1 つのセルをクリックしておきます
2 ［**挿入**］タブで、ピボットテーブル（テーブルの場合は［**デザイン**］タブで、［**ピボットテーブルで集計**］でも可）をクリックします。
3 ［**ピボットテーブルの作成**］ボックスが表示されます。範囲はテーブルの場合はテーブル名になっています。
4 範囲を確認して［**OK**］ボタンを押します。
5 新しいシートに**「ピボットテーブル」**が作成されます。
6 **「ピボットテーブルのフィールド」**で、**「性別」「年齢」「視聴時間」**にチェックを付けます。
7 **「行」**に**「性別」**、**「列」**に**「年齢」**、**「Σ 値」**に**「視聴時間」**をドラッグして移動します。
8 右下の［**Σ 値**］にある**「合計／視聴時間」**をクリックしてメニューを出します。［**値フィールドの設定**］で、［**平均**］を選び、表示を**「平均／視聴時間」**にします。

	A	B	C	D	E	F	G
1							
2							
3	平均 / 視聴時間	列ラベル					
4	行ラベル	18	19	20	21	22	総計
5	女	3.5	2	3.5	4.5		3.1
6	男	4		2	3.5	2.5	2.8
7	総計	3.75	2	2.5	4	2.5	2.95

⬅ **図 15　性別年齢別の集計結果**

キャリアアップ Point！

「ピボットテーブルのフィールド」で「フィルター」を利用すると、3 次元の集計をすることができます。

▶**練習 15 「テレビの視聴時間」**表を元に、ピボットテーブルを使用して男女別の視聴時間の平均と年齢別の視聴時間の平均をそれぞれ表にしてみましょう。それぞれ行ラベルのみ指定します。

男女別の視聴時間の平均

行ラベル	平均 / 視聴時間
男	2.80
女	3.10
総計	2.95

年齢別の視聴時間の平均

行ラベル	平均 / 視聴時間
18	3.75
19	2.00
20	2.50
21	4.00
22	2.50
総計	2.95

» Section 6

その他の便利な機能

✣ 6-1　その他の機能

6-1-1　Excel の作業画面

1 ウィンドウの分割

大きな表などを操作する場合、ウィンドウを分割して表示する事ができます。ワークシート内の離れた部分を同時に見ることができますので大変便利です。分割は、水平、垂直の他に 4 分割もできます。

行番号または列番号を選択して、［表示］タブのウィンドウ ⇒［分割］とします。セルを選択して、［表示］タブのウィンドウ ⇒［分割］とすると 4 分割されます。

あるいは、垂直スクロールバーの上には、水平分割ボックス 、水平スクロールバーの右には、垂直分割ボックス があるので、分割ボックスにマウスポインタを当てると、それぞれ二重線に上下や左右の矢印が付いた表示に変化します。そのまま、分割したい位置までドラッグすると上下、または左右に分割できます。

分割すると、それぞれにスクロールバーが表示され、別個に上下または左右のスクロールができます。

2 分割の解除

［表示］タブのウィンドウ ⇒［分割］を再度クリックして解除します。
または、分割バーを水平、垂直とも分割ボックスへ、ドラッグして移動すれば解除できます。

キャリアアップ Point！

テーブルになっているデータでは、スクロールして見出しが隠れると、ウィンドウの分割をしなくとも、選択されたテーブルの見出しが、列番号の部分に表示されます。

A12　fx 9

	No.	性別	年齢	視聴時間
10	7	男	18	4.0
11	8	女	20	3.5
12	9	男	21	3.5
13	10	女	19	1.0

6-1-2　印刷プレビューと印刷

印刷をする前に、実際に印刷されるイメージをプレビューウィンドウであらかじめ確認することができます。プレビューをみて、目的の印刷結果が得られるように指定することもできます。

①**印刷プレビュー**：［ファイル］ダブ⇒［印刷］を選択します。画面の右側に印刷プレビューが表示されるので、実際に印刷されるイメージを確認します。用紙にうまく入らない場合は、改ページプレビューや印刷範囲の変更、ページ設定で調整します。

②**改ページプレビュー**：［表示］タブで［改ページプレビュー］を選択するか、あるいは右下のビューセレクタから 「改ページプレビュー」を選択します。改ページ位置を示す点線をドラッグしてページごとの印刷範囲を指定できます。

③**ページ設定**：［ページレイアウト］タブで［ページ設定］の右下にある をクリックすると［ページ設定］ダイアログボックスが表示されます。ここでは［ページ］、［余白］、［ヘッダーとフッター］、［シート］に関する指定ができます。

・ページ：選択すると、縦横の印刷の向き、拡大縮小印刷、用紙サイズの指定ができます。複数ページにわたって印刷される場合に、拡大縮小印刷の指定で「次のページ数に合わせて印刷（F）」をクリックして選択状態にし、横と縦のページ数を入れるとそのページ数以内に収まるように倍率が調整されます。

・余白：上下左右の余白を指定できます。必要ならヘッダーとフッターの位置も指定できます。
・ヘッダー／フッター：ヘッダーおよびフッターのリストボックスが表示されますので、その中から適当なものを選びます。［ヘッダーの編集］または［フッターの編集］を選択して自分で編集することもできます。
・シート：印刷範囲、印刷タイトル、ワークシートの印刷方向などが指定できます。枠線の印刷などの指定もできます。

6-1-3　ファイルの変換

Excel は保存するときに、さまざまなファイルに変換して保存することができます。ただし、機能や書式などの変換は正確にはできない場合があります。また、Excel 形式以外のファイルでも開くことができます。

Excel で扱うことのできる主な形式には、次のものがあります。

ファイル形式	拡張子	説　明
Excel ブック	.xlsx	Excel 2007 以降の既定のファイル形式。
Excel マクロ有効ブック	.xlsm	Excel 2007 以降 のマクロ有効ファイル形式。
Excel 97 - 2003 ブック	.xls	Excel 97 - Excel 2003 のファイル形式。
Web ページ	.html .htm	Web ページとして公開できる HTML のファイル形式。
テキスト（タブ区切り）	.txt	タブ区切りのテキストファイル形式。作業中のワークシートだけを保存します。
CSV（カンマ区切り）	.csv	カンマ区切りのテキストファイル形式。作業中のワークシートだけを保存します。
OpenDocument スプレッドシート	.ods	Google Docs や OpenOffice.org の Calc など、OpenDocument スプレッドシートのファイル形式。
PDF	.pdf	PDF（Portable Document Format）の形式ファイル。ドキュメントの書式を維持し、正確に表示や印刷ができます。

6-1-4　ゴールシーク

ゴールシークは、ある数式の計算結果となる値を指定して、その結果を得るための数値を逆算する機能です。通常、逆算値を得るためには、逆算するための数式を作成する必要がありますが、ゴールシークを利用すると、入力されている数式をそのまま利用して逆算値を求めることができます。ゴールシークは目標値（数式の計算結果となる値）に対して 1 個のセルの値を変化させて逆算します。

例題 14　国語、数学、理科、社会の試験が終わり、次のような点数になりました。残りの英語で何点以上とれば、平均点が 80 点以上になるでしょうか。

	A	B	C	D	E	F	G
1	成績の平均点						
2							
3	科目	国語	数学	理科	社会	英語	平均
4	点数	80	75	90	65		77.5

図 16　ゴールシーク

ゴールシークを使って計算してみましょう。

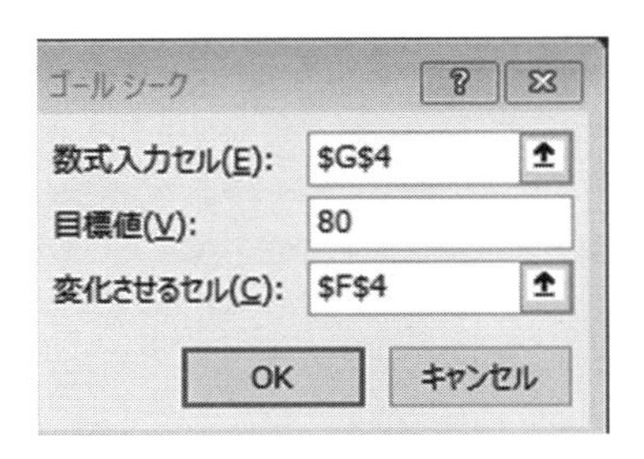

❶ セル G4 には 5 科目の平均を計算する計算式 **=AVERAGE(B4:F4)** を入れます。
❷［**データ**］タブ ⇒ 予測の［**What-If 分析**］で［**ゴールシーク**］を選択します。
❸ 数式入力セルは、平均の計算式の入っているセル **G4** を指定します。目標値は、**80 点**、変化させるセルは、英語の点数のセル **F4** をそれぞれ指定します。
❹［**OK**］をクリックします。

	A	B	C	D	E	F	G
1	成績の平均点						
2							
3	科目	国語	数学	理科	社会	英語	平均
4	点数	80	75	90	65	90	80

⬆ 図 17　ゴールシークの結果

キャリアアップ Point !

計算式が複雑だったり、制約条件があったり、複数のセルの値を変化させたりする場合は、ゴールシークは使えませんが、［ファイル］タブ　⇒［オプション］⇒［アドイン］で、［ソルバー　アドイン］を選択して、ソルバー機能を追加して、問題を解くことができます。

≫ Practice

演習問題

▶演習 1　2 年間の電気使用料を表にし、年間の合計を計算します。そして月別の折れ線グラフを作成してみましょう。[挿入]タブの[スパークライン]を使用して、折れ線のミニグラフを入れ、月別の増減を見てみましょう。

	A	B	C	D
1		電気使用料（単位：円）		
2	月	昨年	今年	ミニグラフ
3	1月	10,215	9,366	
4	2月	7,398	6,034	
5	3月	5,030	7,036	
6	4月	8,976	8,371	
7	5月	6,390	8,573	
8	6月	5,028	7,834	
9	7月	8,064	11,677	
10	8月	12,058	14,470	
11	9月	11,486	8,006	
12	10月	4,958	5,950	
13	11月	5,298	6,358	
14	12月	9,830	10,957	
15	合計			

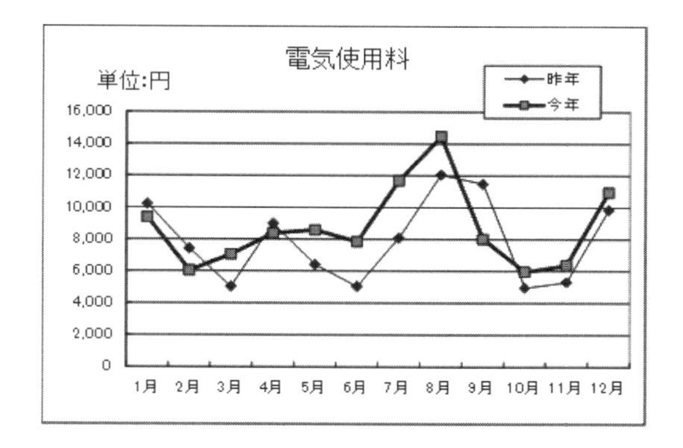

▶演習 2　気温と降水量の表を作成し、平均を計算し、気温は折れ線グラフ、降水量は棒グラフにします。気温と降水量は左右に軸を別に取った複合グラフにしてみましょう。

	A	B	C
1	東京の気温と降水量		
2			
3	月	気温	降水量
4	1月	5.2	52.3
5	2月	5.7	56.1
6	3月	8.7	117.5
7	4月	13.9	124.5
8	5月	18.2	137.8
9	6月	21.4	167.7
10	7月	25.0	153.5
11	8月	26.4	168.2
12	9月	22.8	209.9
13	10月	17.5	197.8
14	11月	12.1	92.5
15	12月	7.6	51.0

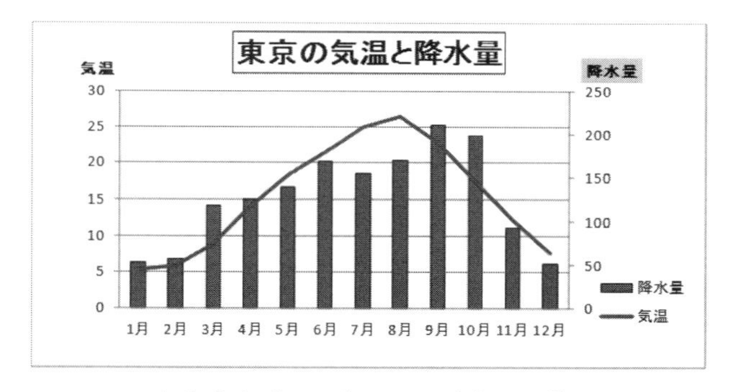

⬆ **気象庁**（1981 年～ 2010 年）**の平均**

▶演習 3　世界の人口予測のデータで絵グラフを作成してみましょう。

	A	B	C
1	世界の人口予測（単位：百万人）		
2			
3	国	2025年	
4	中国	1,445	
5	インド	1,369	
6	アメリカ合衆国	358	
7	インドネシア	270	
8	パキスタン	250	
9	ブラジル	216	
10	バングラデシュ	208	
11	ナイジェリア	192	
12	メキシコ	130	
13	ロシア	124	
14	日本	123	
15	資料：国際連合「World Population Prospects」		

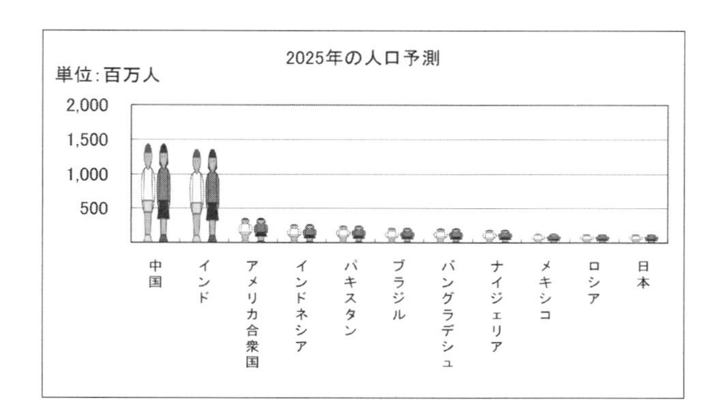

▶演習 4　1 つのシートに 1 年間のスケジュール表を作成してみましょう。B2 セルに年初の日（例 2020/1/1）を入れるとその年の元号、曜日も出るように表示形式などを設定します。条件付き書式を使うと日曜日のセルの色を変えることができます。

	A	B	C	D	E	F	G	H
1								
2		2020年 のスケジュール表						
3				(平成32年)				
4								
5	1月(January)			2月(February)			3月(March)	
6	月　日（曜）	予定		月　日（曜）	予定		月　日（曜）	予定
7	1月1日(水)	元日		2月1日(土)			3月1日(日)	
8	1月2日(木)			2月2日(日)			3月2日(月)	
9	1月3日(金)			2月3日(月)			3月3日(火)	
10	1月4日(土)			2月4日(火)			3月4日(水)	
11	1月5日(日)			2月5日(水)			3月5日(木)	
12	1月6日(月)			2月6日(木)			3月6日(金)	
13	1月7日(火)	七草		2月7日(金)			3月7日(土)	
14	1月8日(水)			2月8日(土)			3月8日(日)	
15	1月9日(木)			2月9日(日)			3月9日(月)	
16	1月10日(金)			2月10日(月)			3月10日(火)	
17	1月11日(土)			2月11日(火)			3月11日(水)	
18	1月12日(日)			2月12日(水)			3月12日(木)	

▶演習 5　英語とそれに対応する日本語の入った表を作成します。英語を入れると日本語に翻訳されて表示されるようにしてみましょう。表は英語を ABC 順に並べ替えておきます。翻訳された日本語が表示されるセルには、関数 LOOKUP を使用します。ABC 順になっていない場合は関数 VLOOKUP を使用します。

	A	B	C	D
1	簡単な英語の翻訳			
2				
3	英語	日本語		
4	airplane	飛行機		
5	car	車		
6	career	経歴		英語？
7	economy	節約		career
8	flower	花		
9	management	経営		翻訳結果
10	sun	太陽		経歴
11	travel	旅行		
12	water	水		

▶演習 6　都市別の時差を入れてその都市の現在の日時を表示してみましょう。各都市の日時に変換するためには、現在のコンピュータ内の時計の日時を関数 NOW で求め、時差をシリアル値に直すために、24 で割ったものを加えます。年月日や時刻の表示には、表示形式で指定します。

	A	B	C	D
1	時差			
2				
3	都市	時差	年月日	時刻
4	シドニー	1	2020年2月23日	6:12 AM
5	東京	0	2020年2月23日	5:12 AM
6	ニューデリー	-3.5	2020年2月23日	1:42 AM
7	パリ	-8	2020年2月22日	9:12 PM
8	ロンドン	-9	2020年2月22日	8:12 PM
9	ニューヨーク	-14	2020年2月22日	3:12 PM
10	ロサンゼルス	-17	2020年2月22日	12:12 PM

▶演習 7　商品と価格の表があります。割引額は、1 万円以上が 5%、3 万円以上が 10%、1 万円未満には割引無しです。割引後の金額（1 円未満四捨五入）とその合計、割引いた金額の合計を計算してみましょう。

	A	B	C
1	商品	価格	割引後
2	A	23,000	
3	B	5,000	
4	C	35,000	
5	D	17,000	
6	E	8,000	
7		割引後計	
8		割引額	

▶演習 8　国語、英語、数学の成績を入れて、偏差値を計算してみましょう。偏差値は

（点数 － 平均）／標準偏差 × 10 ＋ 50

で計算します。平均、標準偏差は関数 AVERAGE、STDEVP を使用します。

	A	B	C	D	E	F	G
1	成績の集計						
2		点数			偏差値		
3	生徒	国語	英語	数学	国語	英語	数学
4	生徒１	69	56	45			
5	生徒２	86	60	76			
6	生徒３	52	74	97			
7	生徒４	73	50	89			
8	生徒５	68	88	45			
9	生徒６	95	87	90			
10	生徒７	56	97	71			
11	生徒８	88	64	100			
12	生徒９	76	53	48			
13	生徒１０	71	86	67			
14	平均点						
15	標準偏差						

▶演習 9　元金 100,000 円が期間 1 年～ 10 年、年利率 1% ～ 7% のとき、元利合計がいくらになるか計算しましょう。元利合計は、

元金 ×（1 ＋ 年利率）^{期間}

で計算します。

	A	B	C	D	E	F	G	H
1	複利計算							
2								
3	元金	100,000						
4								
5		1%	2%	3%	4%	5%	6%	7%
6	1							
7	2							
8	3							
9	4							
10	5							
11	6							
12	7							
13	8							
14	9							
15	10							

▶演習 10 月、支店、担当者（コード）の入った売上高のデータから、月別支店別の売上高合計を求めてみましょう。支店は、東京、大阪、福岡の順に表示します。

	A	B	C	D
1	月別支店別売上高			
2				
3	月	支店	担当コード	売上高
4	1月	東京	1101	57,382
5	1月	大阪	2101	47,926
6	1月	東京	1102	6,528
7	1月	福岡	3101	35,391
8	2月	東京	1101	36,481
9	2月	福岡	3101	14,730
10	2月	大阪	2101	27,353
11	3月	大阪	2101	10,743
12	3月	福岡	3101	5,298
13	3月	大阪	2101	63,410
14	3月	東京	1101	72,192
15	3月	福岡	3101	19,785

▶演習 11 返済期間 10 年、年利率 5%、毎月の返済額を 50,000 円とすると、借入額の限度はいくらになりますか。返済額を求めるためには、関数 PMT を使用します。

	A	B
1	借入限度額の計算	
2		
3	借入額	
4	返済期間(年)	10
5	年利率	5%
6	毎月返済額	¥50,000

▶演習 12 時間割表（自分の時間割でもよい）を入力して、曜日と時限を指定するとそれに合った科目、教員、教室を表示するようにしてみましょう。指定した範囲の中で条件に合った位置を求める MATCH 関数と、位置を指定するとそのセルの内容を表示する INDEX 関数を使用するとよいでしょう。曜日、時限の指定をドロップダウンリストから選択するには、［データ］タブ⇒［データの入力規則］で入力値の種類をリストとして、元になる値を指定します。

	A	B	C	D	E	F	G
1		時間割表					
2							
3			1時限目	2時限目	3時限目	4時限目	5時限目
4		月曜日	パソコンⅠ	パソコンⅡ	数学	体育実技	体育講義
5			高林	野口	三好	松井	長島
6			PC1教室	PC2教室	206教室	運動場	体育館
7		火曜日	現代商学	心理学	物理学	ファッション	経営情報
8			小堺	山田	湯川	小篠	松下
9			PC1教室	302教室	202教室	大教室	103教室
10		水曜日	国際関係論	芸術	経済学	医療概論	英会話
11			小浜	岡本	福澤	日野原	エリザベス
12			301教室	302教室	303教室	304教室	演習室1
13		木曜日	英語演習	英文学	音楽	観光学	マナー演習
14			ビクトリア	シェークスピア	秋元	海野	小笠原
15			演習室1	103教室	音楽教室	大教室	演習室3
16		金曜日	歴史学	経営学	哲学	日本文学	宇宙論
17			徳川	ドラッカー	カント	川端	アインシュタイン
18			201教室	101教室	102教室	104教室	205教室
19		土曜日	簿記	書道	特別講義1	特別講義2	特別講義3
20			荒井	弘法	田中	佐藤	高橋
21			演習室2	演習室3	101教室	102教室	103教室
22							
23			指定してください			科目	マナー演習
24			曜日	木曜日		教員	小笠原
25			時限	5時限目		教室	演習室3
26				1時限目			
27				2時限目			
28				3時限目			
29				4時限目			
30				5時限目			

演習問題のヒント

▶演習 1

合計は、［Σオート SUM］を使用しましょう。グラフは分かりやすいように文字の配置や大きさなどを考えて作成します。データにマーカーが付けられた折れ線グラフにしてみましょう。

▶演習 2

[挿入] タブ⇒ [おすすめグラフ] ⇒ [すべてのグラフ] ⇒ [組み合わせ] を選択して、「気温」は折れ線グラフ、「降水量」は棒グラフで第２軸とします。縦軸の数値は表示形式で、表示の変更ができます。

▶演習 3

絵グラフを作成するにはまず棒グラフを作成し、棒グラフを選択しペイントなどで描いた絵を貼り付けます。

▶演習 4

［ホーム］タブの条件付き書式での日曜日の数式は、=WEEKDAY(A7)=1
表示形式は、次のようにすることにより、年、月、日、曜日などを表示できます。

B2 : yyyy" 年 "、　　D3 : "("ggge" 年)"
A5 : m" 月 ("mmmm")"、A7 : m" 月 "d" 日 ("aaa")"

なお、閏年の判定は、次のようにします。

2 月 29 日のセル D35 は、=IF(MONTH(D34+1)=2,D34+1,"")
3 月 1 日のセル G7 は、=IF(MONTH(D34+1)=3,D34+1,D34+2)

▶演習 5

問題中の表の左上のセル番地を A1 とすると、日本語での翻訳が入るセル D10 は、

=LOOKUP (D7, A4:A12, B4:B12)

英語が ABC 順でない場合は　=VLOOKUP(D7,A4:B12,2,FALSE)

▶演習 6

問題中の表の左上のセル番地を A1 とすると、年月日、時刻の入るセルとも =NOW()+B4/24

表示形式はそれぞれ yyyy" 年 "m" 月 "d" 日 "　h:mm AM/PM

▶演習 7

問題中の表の左上のセル番地を A1 とすると、割引後金額が入るセル C2 は

=ROUND(IF(B2>=10000,IF(B2>=30000,B2*0.9,B2*0.95),B2),0)

▶演習 8

問題中の表の左上のセル番地を A1 とすると、生徒 1 の国語の偏差値は

=(B4-B$14)/B$15*10+50

成績の集計						
	点数			偏差値		
生徒	国語	英語	数学	国語	英語	数学
生徒１	69	56	45	46.6	40.4	36.3
生徒２	86	60	76	59.8	42.9	51.6
生徒３	52	74	97	33.4	51.5	62.0
生徒４	73	50	89	49.7	36.7	58.0
生徒５	68	88	45	45.8	60.2	36.3
生徒６	95	87	90	66.8	59.6	58.5
生徒７	56	97	71	36.5	65.8	49.1
生徒８	88	64	100	61.3	45.4	63.4
生徒９	76	53	48	52.0	38.6	37.7
生徒１０	71	86	67	48.1	59.0	47.1
平均点	73.4	71.5	72.8			
標準偏差	12.9	16.2	20.2			

▶演習 9

問題中の表の左上のセル番地を A1 とすると、1 年目の年利率 1% の元利合計の計算式は

=$B$3*(1+B$5)^$A6

	1%	2%	3%	4%	5%	6%	7%
1	101,000	102,000	103,000	104,000	105,000	106,000	107,000
2	102,010	104,040	106,090	108,160	110,250	112,360	114,490
3	103,030	106,121	109,273	112,486	115,763	119,102	122,504
4	104,060	108,243	112,551	116,986	121,551	126,248	131,080
5	105,101	110,408	115,927	121,665	127,628	133,823	140,255
6	106,152	112,616	119,405	126,532	134,010	141,852	150,073
7	107,214	114,869	122,987	131,593	140,710	150,363	160,578
8	108,286	117,166	126,677	136,857	147,746	159,385	171,819
9	109,369	119,509	130,477	142,331	155,133	168,948	183,846
10	110,462	121,899	134,392	148,024	162,889	179,085	196,715

配列数式を使用しても計算することができます。
数式を入れる範囲 B6 から H15 までを選択し、 =B3*(1+B5:H5)^A6:A15 と入力した後 Ctrl + Shift + Enter

▶演習 10

支店の順序は、ピボットテーブルで表を作成後、「東京」または「大阪」を選択して、移動することで入れ替えることができます。

合計 / 売上高	列ラベル			
行ラベル	1月	2月	3月	総計
東京	63,910	36,481	72,192	172,583
大阪	47,926	27,353	74,153	149,432
福岡	35,391	14,730	25,083	75,204
総計	**147,227**	**78,564**	**171,428**	**397,219**

▶演習 11

毎月返済額のセル B6 には、 =PMT(B5/12,B4*12,-B3) を入れて、ゴールシークを使用します。

▶演習 12

科目の表示セル G23 の計算式は、

=INDEX ($C$4: $G$21,MATCH ($D$24, $B$4: $B$21,0), MATCH ($D$25, $C$3: $G$3,0))

教員、教室は、それぞれ

=INDEX($C$4:$G$21,MATCH($D$24,$B$4:$B$21,0)+1,MATCH($D$25,$C$3:$G$3,0))

=INDEX($C$4:$G$21,MATCH($D$24,$B$4:$B$21,0)+2,MATCH($D$25,$C$3:$G$3,0))

Chapter 5

EXCEL 統計の知識と活用

ここでは、EXCEL を利用してデータ全体の傾向を把握するための基本的な方法について紹介します。

Career development

» Section 1

EXCEL 統計の基礎

❖ 1-1　データの視覚化

1-1-1　代表的なグラフ

グラフは、数値データでは分かりにくい情報を視覚的に表現し全体像を把握する手段として利用します。そのため、データの形式や伝えたい内容によって適切なグラフを選ぶ必要があります。以下に統計の分野でよく利用される代表的なグラフを紹介します。Excel を利用してグラフを描く方法は、114 ページ**「グラフ機能」**を参照してください。

1 棒グラフ

表 1 は、大学生 95 人に対して行った血液型調査結果の一部を示したものです。この表の血液型別の人数を「棒グラフ」で描くと**図 1** のようになり、大きさの違いがよく分かります。この ように「棒グラフ」は、データ値を高さとする棒を並べたもので数量の大きさを比較するのに適しています。

	A	B	C
1	血液型調査結果		
2	血液型	人数	割合
3	A	35	37%
4	O	27	28%
5	B	21	22%
6	AB	10	11%
7	不明	2	2%
8	合計	95	100%

⬆ **表 1　血液型調査結果**

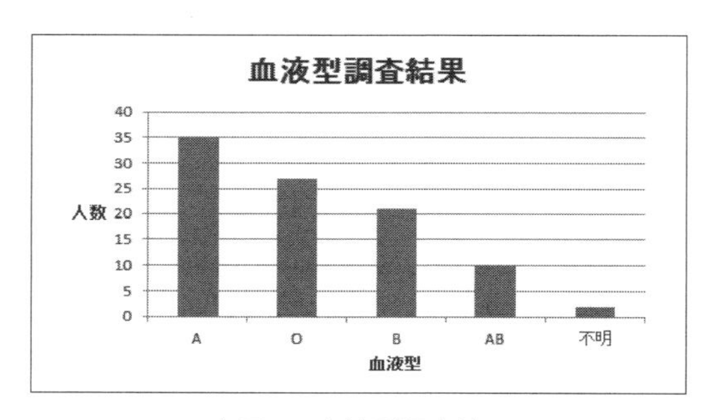

⬆ **図 1　血液型調査結果**

2 円グラフ

表 1 の血液型別の割合を「円グラフ」で描くと**図 2** のようになり、血液型別の構成比率がよく分かります。このように「円グラフ」は、総数に対する各数量の構成比（割合や比率）を表すのに適しています。帯グラフも同様の特徴があります。このため円グラフと帯グラフをあわせて構成比グラフともいいます。

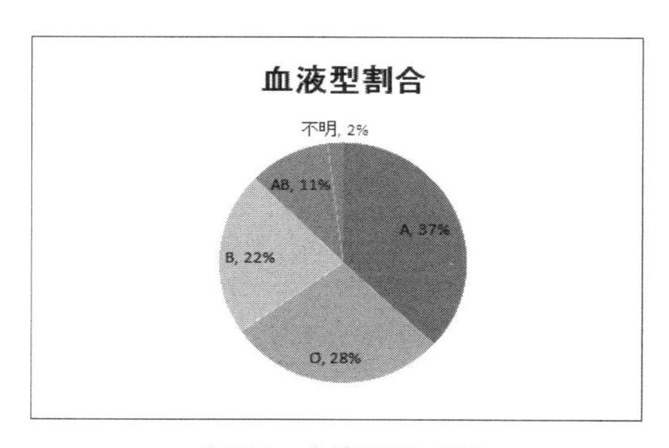

⬆ **図 2　血液型別の割合**

③ 折れ線グラフ

表 2 は、学生食堂における月別のアイスクリームの売上と大学所在地の平均気温を示したものです。このように月単位、年単位など時間の順序に従って並べられたデータを「時系列データ」といいます。この表の平均気温を「折れ線グラフ」で、アイスクリームの売上を「棒グラフ」で描くと**図 3** のようになり、平均気温の変化とアイスクリームの売上の関係がよく分かります。このように「折れ線グラフ」は、時系列データの時間的な変化や周期的パターンなどを見たい場合に適しています。

	A	B	C
1	月	アイスクリーム売上(円)	平均気温(℃)
2	1	9,610	4.6
3	2	8,820	6.4
4	3	46,010	10.6
5	4	80,900	15.5
6	5	188,910	18.1
7	6	227,280	21.2
8	7	243,270	28.1
9	8	289,350	28.3
10	9	261,780	22.5
11	10	178,740	18.1
12	11	41,090	9.1
13	12	10,970	5.0

⬆ **表 2　アイスクリームの売上と平均気温**

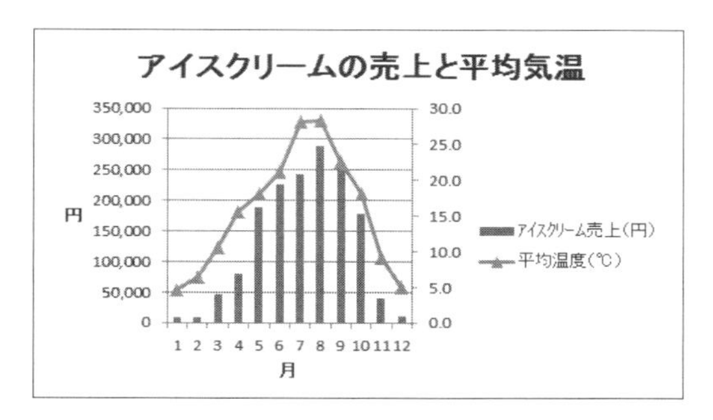

⬆ **図 3　アイスクリームの売上と平均気温**

キャリアアップ Point！

データ系列により値の範囲が大きく異なるグラフや、売上と平均気温のように異なる単位のデータを組み合わせたグラフの場合は、グラフの右側に第 2 数値軸を表示することができます。

④ レーダーチャート

表 3 は、大学生 20 名を対象に行った都道府県 Web ページのアクセスしやすさの評価結果の一部を示したものです。表の数値は、①見やすさ、②操作のしやすさ、③レイアウトのよさ、④音声情報の扱い、⑤汎用性の高さの 5 項目について 5 点満点で採点した得点です。このデータを「レーダーチャート」で描くと**図 4** のようになり、ほとんどの項目において東京都より埼玉県の Web ページの方が優れていることが分かります。このように「レーダーチャート」は、多数の項目についてバランスを調べたり比較したりするのに適しています。

	A	B	C
1	評価項目	東京都	埼玉県
2	見やすさ	2	3
3	操作のしやすさ	2	3
4	レイアウトのよさ	3	5
5	音声情報への対応	3	4
6	汎用性の高さ	3	3

⬆ **表 3　Web ページの評価結果**

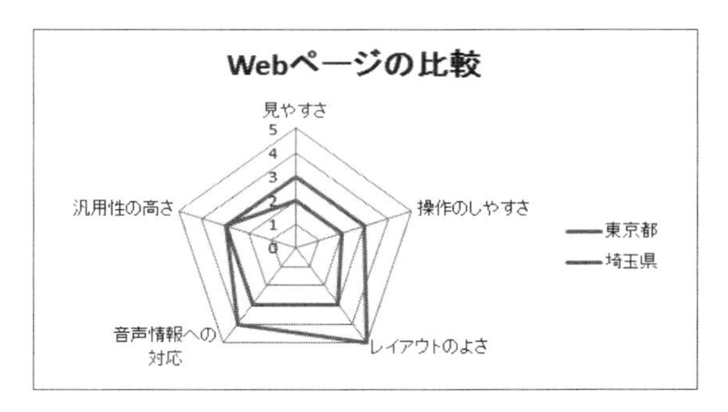

⬆ **図 4　評価結果のレーダーチャート**

図 4 のようなグラフの他に、ヒストグラム、散布図という重要な統計グラフがありますが、これらについては後述します。

❖ 1-2　基本統計量

1-2-1　データの代表値

データ全体の特徴を 1 つの値で表せると便利です。このようなデータ全体を代表する統計量のことを代表値といい、平均値、中央値、最頻値などがあります。

1 Σ（シグマと読みます）の意味

代表値の前に Σ について簡単に触れておきます。統計関係の本をみると

$$\sum_{i=1}^{n} x_i$$

という記号がよくでてきます。この記号は、x_i の i を 1 から 1 ずつ増やしながら n になるまで足した総和（合計）を意味しています。つまり、

$$\sum_{i=1}^{n} x_i = x_1 + x_2 + \cdots + x_n$$

のことです。一見複雑に見えますが、単なる足し算を表す記号ですから恐れることはありません。

124 ページ**「関数の利用」**で説明したように Excel で総和を求めるには**関数 SUM** を使用しますが、これが上述の

$$\sum_{i=1}^{n} x_i$$

という足し算を行う機能です。

2 平均値

平均値とはデータの総和をデータ数で割った値のことで、よく $\bar{x}$ という記号が使われます。与えられた n 個のデータを $x_1, x_2, \cdots, x_n$ と表すと、平均値は

$$\text{平均値} = \frac{\text{データの総和}}{\text{データ数}} = \frac{x_1 + x_2 + \cdots + x_n}{n}$$

となります。さらに上で述べたシグマという記号を使うと平均値 $\bar{x}$ は

$$\bar{x} = \frac{1}{n}\sum_{i=1}^{n} x_i$$

となります。

平均値は、データ全体の中心的な位置を示す値であり、必ずただ 1 つ存在します。しかも簡単に求められるため最もよく使われる代表値です。ただし、平均値は異常値（極端に大きいあるいは小さい値）の影響を受けやすいという欠点があります。

124 ページ**「関数の使用」**で説明したように Excel で平均値を求めるには、**関数 AVERAGE** を使用します。また、このような関数を利用する場合は、計算結果を表示したいセルに関数を直接入力する方法と「関数の挿入」を利用する方法があります。以下では「関数の挿入」を利用する方法で説明します。

⚽ 例題

表 4 は、ある大学の最寄り駅である K 駅周辺にあるワンルームマンションの駅までの所要時間と、賃料を示したものです（築年数は 3 年以内、間取りは 1K で床面積がほぼ等しい物件です）。

駅までの所要時間の平均値は、以下のような手順で求められます。

	A	B	C
1	物件No.	駅までの所要時間（徒歩・分）	賃料（万円）
2	1	6.0	6.0
3	2	9.0	5.8
4	3	4.0	6.3
5	4	7.0	5.9
6	5	3.0	6.1
7	6	2.0	6.1
8	7	7.0	5.8
9	8	8.0	5.8
10	9	4.0	5.9
11	10	5.0	5.9
12	11	6.0	5.8
13	12	2.0	6.5
14	13	12.0	5.5
15	14	5.0	6.0
16	15	3.0	6.1
17	16	3.0	6.3
18	17	4.0	6.0
19	18	4.0	6.0
20	19	10.0	5.6
21	20	8.0	5.7
22	平均値		
23	中央値		
24	最頻値		
25	最大値		
26	最小値		
27	範囲		
28	分散		
29	標準偏差		

⬆ **表 4　駅までの所要時間と賃料**

1 平均値を表示したいセル **B22** をクリックした後、数式バーの左にある［**関数の挿入**］ボタンをクリックします。

2［**関数の挿入**］が表示されます。関数の検索ボックスに「**平均**」と入れ、［**検索開始**］をクリックします。または、関数の分類で［**すべて表示**］または［**統計**］を選択し（［**最近使用された関数**］にあればそれを選択）、関数名の中から **AVERAGE** を探して選択します。

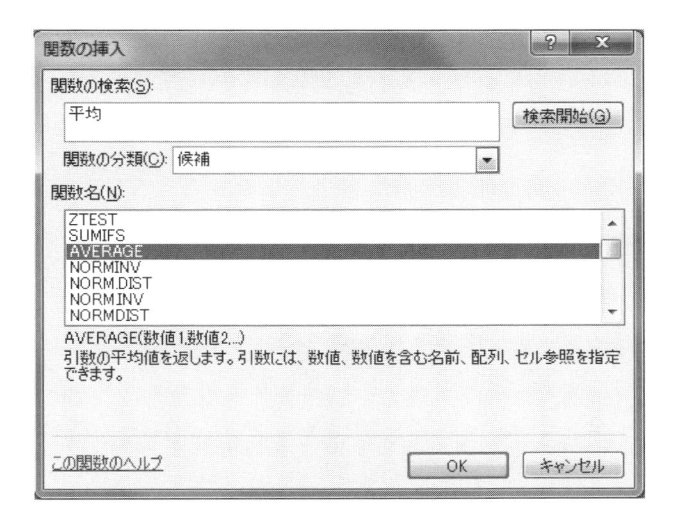

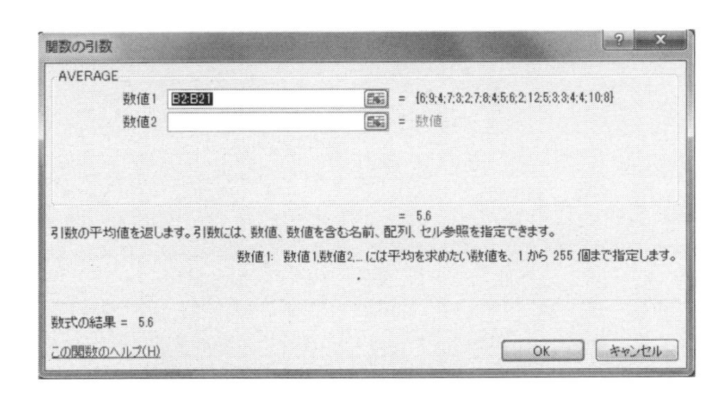

❸ ［**OK**］をクリックすると［**関数の引数**］ダイアログボックスが表示されます。**数値 1** が計算対象範囲である **B2:B21** となっているか確認します。違う場合は、**B2** から **B21** までドラッグして**数値 1** のボックスに範囲を入れます。

❹ 範囲の指定はこれだけなので、［**OK**］をクリックします。すると、平均値がセル B22 に 5.6 と表示されます。これより、20 件のマンションについて、駅までの所要時間の平均値が 5.6 分であることが分かります。

キャリアアップ Point !

平均値はデータ全体の分布がつりあう支点のことで、最大値と最小値のだいたい真ん中あたりになります。求めた平均値がこの値と極端に違う場合は確認しましょう。

③ 中央値

中央値とは、データを大きさの順に並べてちょうど中央にくるデータのことでメジアンともいいます。もし、データが偶数個の場合は、真ん中の 2 つのデータの平均を中央値とします。中央値は、異常値の影響を受けない、必ず存在するといった長所がありますが、データが大量の場合、順番を付けるのが大変といった欠点もあります。

Excel で中央値を求めるには、**関数 MEDIAN** を使用します。引数である数値 1，数値 2，…には、中央値の計算対象となる数値データあるいはセルの範囲を指定します。

=MEDIAN(数値 1，数値 2，…)

駅までの所要時間の中央値は、以下のような手順で求められます（関数の挿入と関数の引数のダイアログボックスについては平均値の場合と同様ですので省略します）。

❶ 中央値を表示したいセル **B23** をクリックしたあと、数式バーの左にある［**関数の挿入**］ボタンをクリックします。
❷ ［**関数の挿入**］が表示されます。関数の検索ボックスに「**中央値**」と入れ、［**検索開始**］をクリックします。または、関数の分類で［**すべて表示**］または［**統計**］を選択し（［**最近使用された関数**］にあればそれを選択）、関数名の中から **MEDIAN** を探して選択します。
❸ ［**OK**］をクリックすると［**関数の引数**］ダイアログボックスが表示されます。**数値 1** が計算対象範囲である **B2:B21** となっているか確認します。違う場合は、**B2** から **B21** までドラッグして**数値 1** のボックスに範囲を入れます。
❹ 範囲の指定はこれだけなので［**OK**］をクリックします。すると、中央値がセル B23 に 5.0 と表示されます。これは 20 件のマンションにおいて、駅までの所要時間を順番に並べたとき 5 分のマンションが真ん中であることを示しています。

④ **最頻値**

最頻値とは、データの中で最も出現頻度の高い（最も多く現れる）データのことでモードともいいます。最頻値は、簡単に求められて異常値の影響を受けないという長所がありますが、最頻値が存在しないこともあるし複数存在することもある、という欠点を持っています。

Excel で最頻値を求めるには、**関数 MODE.SNGL** を使用します。引数である数値 1，数値 2，…には、中央値の計算対象となる数値データあるいはセルの範囲を指定します。

=MODE.SNGL(数値 1，数値 2，…)

駅までの所要時間の最頻値は、以下のような手順で求められます（関数の挿入と関数の引数のダイアログボックスについては平均値の場合と同様ですので省略します）。

1. 最頻値を表示したいセル **B24** をクリックしたあと、数式バーの左にある［**関数の挿入**］ボタンをクリックします。
2. ［**関数の挿入**］が表示されます。関数の検索ボックスに「**最頻値**」と入れ、［**検索開始**］をクリックします。または、関数の分類で［**すべて表示**］または［**統計**］を選択し（［**最近使用された関数**］にあればそれを選択）、関数名の中から **MODE.SNGL** を探して選択します。
3. ［**OK**］をクリックすると［**関数の引数**］ダイアログボックスが表示されます。**数値 1** が計算対象範囲である **B2:B21** となっているか確認します。違う場合は、**B2** から **B21** までドラッグして**数値 1** のボックスに範囲を入れます。
4. 範囲の指定はこれだけなので、［**OK**］をクリックします。すると、最頻値がセル B24 に 4.0 と表示されます。これは 20 件のマンションにおいて、駅まで 4 分のマンションが一番多いことを示しています。なお、複数の最頻値が存在する場合は **MODE.MULT** という配列関数を用います。

⑤ **最大値**

最大値とはデータの中で最も大きな値のデータのことです。Excel で最大値を求めるには**関数 MAX** を使用します。引数である数値 1，数値 2，…には、中央値の計算対象となる数値データあるいはセルの範囲を指定します。

=MAX(数値 1，数値 2，…)

駅までの所要時間の最大値は、以下のような手順で求められます（関数の挿入と関数の引数のダイアログボックスについては平均値の場合と同様ですので省略します）。

1. 最大値を表示したいセル **B25** をクリックしたあと、数式バーの左にある［**関数の挿入**］ボタンをクリックします。
2. ［**関数の挿入**］が表示されます。関数の検索ボックスに「**最大値**」と入れ、［**検索開始**］をクリックします。または、関数の分類で［**すべて表示**］または［**統計**］を選択し（［**最近使用された関数**］にあればそれを選択）、関数名の中から **MAX** を探して選択します。
3. ［**OK**］をクリックすると［**関数の引数**］ダイアログボックスが表示されます。**数値 1** が計算対象範囲である **B2:B21** となっているか確認します。違う場合は、**B2** から **B21** までドラッグして**数値 1** のボックスに範囲を入れます。
4. 範囲の指定はこれだけなので、［**OK**］をクリックします。すると、最大値がセル B25 に 12.0 と表示されます。これは 20 件のマンションにおいて、駅まで 12 分のマンションが一番遠いことを示しています。

⑥ **最小値**

最小値とは、データの中で最も小さな値のデータのことです。Excel で最小値を求めるには、**関数 MIN** を使用します。引数である数値 1，数値 2，…には、中央値の計算対象となる数値データあるいはセルの範囲を指定します。

=MIN(数値 1，数値 2，…)

駅までの所要時間の最小値は、以下のような手順で求められます（関数の挿入と関数の引数のダイアログボックスについては平均値の場合と同様ですので省略します）。

	A	B	C
1	物件No.	駅までの所要時間（徒歩・分）	賃料（万円）
2	1	6.0	6.0
3	2	9.0	5.8
4	3	4.0	6.3
5	4	7.0	5.9
6	5	3.0	6.1
7	6	2.0	6.1
8	7	7.0	5.8
9	8	8.0	5.8
10	9	4.0	5.9
11	10	5.0	5.9
12	11	6.0	5.8
13	12	2.0	6.5
14	13	12.0	5.5
15	14	5.0	6.0
16	15	3.0	6.1
17	16	3.0	6.3
18	17	4.0	6.0
19	18	4.0	6.0
20	19	10.0	5.6
21	20	8.0	5.7
22	平均値	5.6	6.0
23	中央値	5.0	6.0
24	最頻値	4.0	6.0
25	最大値	12.0	6.5
26	最小値	2.0	5.5
27	範囲		
28	分散		
29	標準偏差		

⬆ **表 5　駅までの所要時間と賃料**

1 最小値を表示したいセル **B26** をクリックしたあと、数式バーの左にある［**関数の挿入**］ボタンをクリックします。

2［**関数の挿入**］が表示されます。関数の検索ボックスに「**最小値**」と入れ、［**検索開始**］をクリックします。または、関数の分類で［**すべて表示**］または［**統計**］を選択し（［**最近使用された関数**］にあればそれを選択）、関数名の中から **MIN** を探して選択します。

3［**OK**］をクリックすると［**関数の引数**］ダイアログボックスが表示されます。**数値 1** が計算対象範囲である **B2:B21** となっているか確認します。違う場合は、**B2** から **B21** までドラッグして**数値 1** のボックスに範囲を入れます。

4 範囲の指定はこれだけなので、［**OK**］をクリックします。すると、最小値がセル B26 に 2.0 と表示されます。これは 20 件のマンションにおいて、駅まで 2 分のマンションが一番近いことを示しています。

以上の操作で、平均値、中央値、最頻値、最大値、最小値が**表 5** のように求められます。

1-2-2　データのばらつき

ここでは、データが平均値の周りにどの程度ばらついているかを示す統計量を考えます。このようなデータのばらつき具合を示す統計量としては、範囲、分散、標準偏差などがよく使われます。

[1] 範囲

範囲とは、最大値から最小値を引いた値のことでレンジともいいます。範囲によってデータのばらつきの幅が分かります。しかし範囲は、最大のばらつき幅を表していて平均的なばらつき具合を表すものではないという欠点があります。

Excel には範囲を求める関数はありませんので、計算式を入力し求めることになります。
駅までの所要時間の範囲は、以下の手順で求められます。

1 範囲を表示したいセル **B27** に計算式

=MAX(B2:B21) − MIN(B2:B21)

または、すでに最大値と最小値が求められていますから、それらを用いて計算式

=B25 − B26

を入れます。すると、セル B27 に 10.0 と表示されます。これは 20 件のマンションにおいて、駅までの所要時間の最大のばらつき幅が 10 分であることを示しています。

② 分散

データのばらつき具合を表す方法はいくつかあります。たとえばデータ値から平均値を引いた値を偏差といいます。この偏差の総和をデータ数で割り算して平均してみるとよさそうですが、この値はいつもゼロになってしまいます。このような不具合を防ぐために、偏差を平方した値の総和をデータ数で割り算した値を考えます。この値を分散といい、データが平均値のまわりにどの程度ばらついているかを測るものさしになります。

分散が小さいときはデータが平均値の近くにばらついていることを表し、分散が大きいときはデータが平均値から遠くはなれたところまでばらついていることを表します。

分散の式は

$$\text{分散} = \frac{(\text{データ} - \text{平均値})^2\text{の総和}}{\text{データ数} - 1} = \frac{\text{偏差}^2\text{の総和}}{\text{データ数} - 1}$$

$$= \frac{1}{n-1}\sum_{i=1}^{n}(x_i - \bar{x})^2$$

です。ただし、ここでは分散を標本に基づいた母集団の分散の推定値（不偏分散）としましたので、分母を $n-1$ としています。母集団の分散を求めたい場合は、上の式において分母を n として計算します。

Excel で分散を求めるには、**関数 VAR.S** を使用します。引数である数値 1，数値 2，…には、中央値の計算対象となる数値データあるいはセルの範囲を指定します。

=VAR.S(数値 1，数値 2，…)

キャリアアップ Point !

母集団の分散を求める場合は、引数を母集団全体とみなした関数 VAR.P を利用します。

駅までの所要時間の分散は、以下のような手順で求められます。

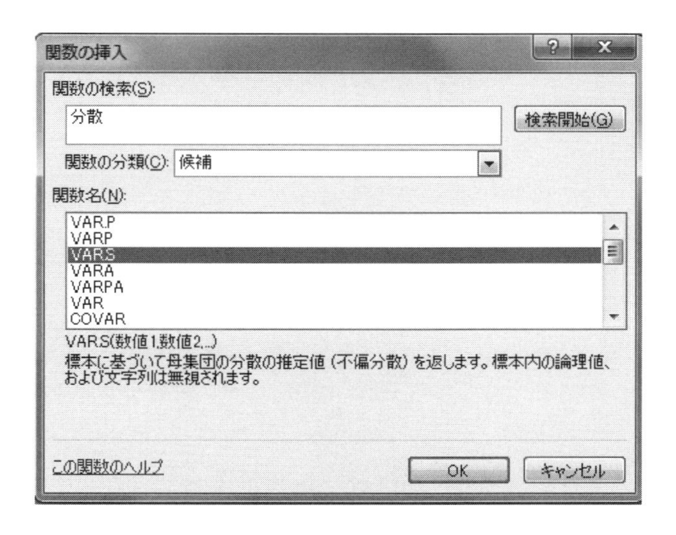

1. 分散を表示したいセル **B28** をクリックしたあと、数式バーの左にある［**関数の挿入**］ボタンをクリックします。
2. ［**関数の挿入**］が表示されます。関数の検索ボックスに「**分散**」と入れ、［**検索開始**］をクリックします。または、関数の分類で［**すべて表示**］または［**統計**］を選択し（［**最近使用された関数**］にあればそれを選択）、関数名の中から **VAR.S** を探して選択します。

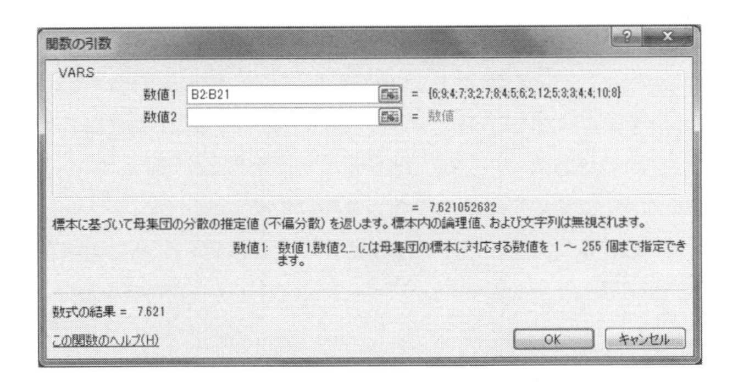

3 ［OK］をクリックすると［**関数の引数**］ダイアログボックスが表示されます。**数値 1** が計算対象範囲である **B2:B21** となっているか確認します。違う場合、**B2** から **B21** までドラッグして**数値 1** のボックスに範囲を入れます。

4 範囲の指定はこれだけなので、［**OK**］をクリックします。すると、セル B28 に 7.621 と表示されます。これは 20 件のマンションにおける駅までの所要時間の分散が 7.621 であることを示しています。

3 標準偏差

標準偏差とは、分散の平方根のことです。分散は、データを平方したために元のデータと単位が揃わなくなってしまいます。分散の平方根をとり単位を揃えた値を標準偏差といいます。分散の場合と同様に、標準偏差が小さいときはデータが平均値の近くにばらついていることを表し、標準偏差が大きいときはデータが平均値から遠くはなれたところまでばらついていることを表します。

標準偏差の式は

$$\text{標準偏差} = \sqrt{\text{分散}}$$

です。データが正規分布（平均値を中心に左右対称の“つりがね型”をした分布のことをいいます）であると仮定すると、「平均値±標準偏差」の範囲に全データの 68.3% が含まれることが知られています。

Excel で標準偏差を求めるには、**関数 STDEV.S** を使用します。引数である数値 1，数値 2，…には、中央値の計算対象となる数値データあるいはセルの範囲を指定します。

=STDEV.S(数値 1，数値 2，…)

キャリアアップ Point !

母集団の標準偏差を求める場合は、引数を母集団全体とみなした関数 STDEV.P を利用します。

駅までの所要時間の標準偏差は、以下のような手順で求められます（関数の挿入と関数の引数のダイアログボックスについては分散の場合と同様ですので省略します）。

1 標準偏差を表示したいセル **B29** をクリックしたあと、数式バーの左にある［**関数の挿入**］ボタンをクリックします。

2 ［**関数の挿入**］が表示されます。関数の検索ボックスに「**標準偏差**」と入れ、［**検索開始**］をクリックします。または、関数の分類で［**すべて表示**］または［**統計**］を選択し（［**最近使用された関数**］にあればそれを選択）、関数名の中から **STDEV.S** を探して選択します。

3 [**OK**] をクリックすると [**関数の引数**] ダイアログボックスが表示されます。**数値 1** が計算対象範囲である **B2:B21** となっているか確認します。違う場合は、**B2** から **B21** までドラッグして**数値 1** のボックスに範囲を入れます。

4 範囲の指定はこれだけなので、[**OK**] をクリックします。すると、セル B29 に 2.761 と表示されます。これは 20 件のマンションにおける駅までの所要時間の標準偏差が 2.761 であることを示しています。すなわち平均値 5.6 分からの平均的ばらつきがおよそ 2.8 分であることを示しています。以上の操作で範囲、分散、標準偏差が**表 6** のように求められます。

	A	B	C
1	物件No.	駅までの所要時間（徒歩・分）	賃料（万円）
2	1	6.0	6.0
3	2	9.0	5.8
4	3	4.0	6.3
5	4	7.0	5.9
6	5	3.0	6.1
7	6	2.0	6.1
8	7	7.0	5.8
9	8	8.0	5.8
10	9	4.0	5.9
11	10	5.0	5.9
12	11	6.0	5.8
13	12	2.0	6.5
14	13	12.0	5.5
15	14	5.0	6.0
16	15	3.0	6.1
17	16	3.0	6.3
18	17	4.0	6.0
19	18	4.0	6.0
20	19	10.0	5.6
21	20	8.0	5.7
22	平均値	5.6	6.0
23	中央値	5.0	6.0
24	最頻値	4.0	6.0
25	最大値	12.0	6.5
26	最小値	2.0	5.5
27	範囲	10.0	1.0
28	分散	7.621	0.058
29	標準偏差	2.761	0.242

⬆ **表 6　駅までの所要時間と賃料**

キャリアアップ *Point* !

標準偏差は、各データの中心からの平均的距離を表しています。およその標準偏差は、データ数が非常に多いときは範囲の 1/6 くらいで、少ないときは範囲の 1/4 くらいです。ほとんどの場合、範囲の 1/4 から 1/6 の間になります。

1-2-3　基本統計量

Excel で基本統計量を求めたり、ヒストグラムを描いたりする場合は「分析ツール」を利用するのが便利です。ただし、標準インストールでは分析ツールが利用できませんのでアドイン（拡張機能を追加することをアドインといいます）する必要があります。

1 分析ツールのアドイン方法

分析ツールのアドインは以下のような手順で行います。

1 メニューバーの [**ファイル**] ⇒ [**オプション**] をクリックして選択します。

2 [**Excel のオプション**] のダイアログボックスが表示されます。

3 [**アドイン**] をクリックすると、アドインの表示と管理のダイアログが表示されますので、[**管理**] のテキストボックスで [**Excel アドイン**] を選択し、[**設定**] ボタンをクリックします。

4 アドインのダイアログボックスが表示されます。

❺ ［**分析ツール**］と［**分析ツール－ VBA**］のチェックボックスにチェックを入れ［**OK**］をクリックします。これで、アドインが終了し「分析ツール」が使えるようになります。

② 分析ツールを用いた基本統計量

基本統計量とは、**1-2-1**，**1-2-2** で関数を利用して求めたデータの代表値やデータのばらつき具合を表す統計量のことをいいます。ここでは、基本統計量を「分析ツール」を利用して求める方法を説明します。

以下に分析ツールを利用して基本統計量を求める手順を示します。

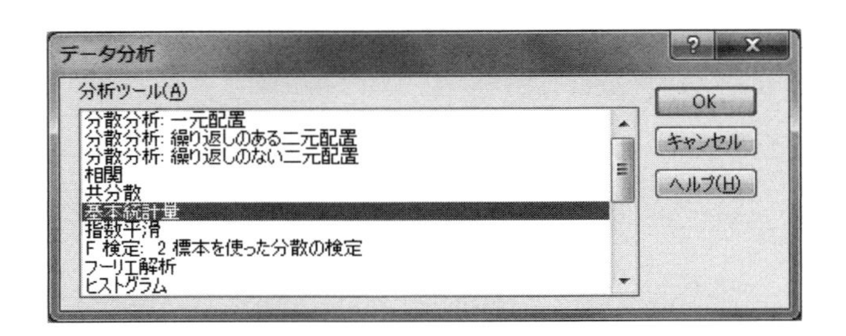

❶ メニューバーの［**データ**］⇒［**データ分析**］をクリックして選択します。

❷ データ分析のダイアログボックスが表示されたら［**基本統計量**］を選択し［**OK**］をクリックします。

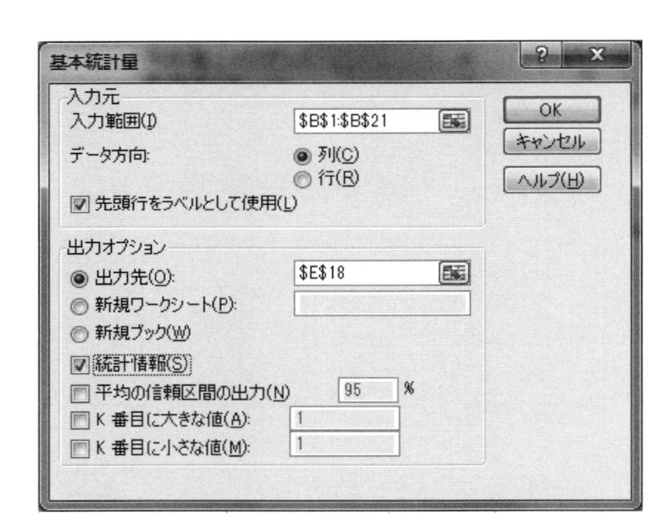

❸ ［**基本統計量**］ダイアログボックスが表示されたら、入力元の［**入力範囲**］に計算対象範囲である **B1:B21** をドラッグして指定し、［**先頭行をラベルとして使用**］にチェックを入れます。次に出力オプションの［**出力先**］に結果を表示したい先頭セル **E1** を入力し［**統計情報**］にチェックを入れます。

❹ 設定項目はこれだけですので［**OK**］をクリックします。すると、**表 7** のように基本統計量が表示されます。

駅までの所要時間（徒歩・分）	
平均	5.6
標準誤差	0.617294607
中央値（メジアン）	5
最頻値（モード）	4
標準偏差	2.760625406
分散	7.621052632
尖度	−0.106695192
歪度	0.714466978
範囲	10
最小	2
最大	12
合計	112
標本数	20

⬆ **表 7　基本統計量**

これより関数を利用して求めた値と同じであることが確認できます。ただし、分析ツールを利用した場合は、尖度と歪度という統計量も表示されます。尖度は、分布の尖り具合を表す統計量で正の値の場合は尖っていて、負の値の場合はなだらかであることを示しています。また歪度は、分布の歪具合を表す統計量で正の値の場合は右の方向に歪んでいることを、負の値の場合は左の方向に歪んでいることを示していて、その絶対値が歪みの程度を示しています。また、平均値の下に標準誤差という統計量が表示されます。これは、標準偏差をデータ数の平方根で割った値で平均値の標準偏差を示しています。

1-2-4 ヒストグラム

データ収集の第一歩として度数分布表というものがあり、データのばらつき具合（分布）の全体像をつかむ方法として使われます。

例題（149 ページ）の駅までの所要時間のデータだけをみても「駅まで何分台のマンションが何件あるか」というようなことは分かりません。そこで Excel で**表 8** のような表を作り、3 分間隔の「区間（階級ともいう）」に分類し各区間に何個のデータが属するか数えて記入します。このとき各区間に属するデータの個数を「度数」といいます。また、このような表を「度数分布表」といいます。度数分布表ができたら、グラフウィザードを利用して**図 5** のような棒グラフを作成します。この棒グラフをみると、駅までの所要時間による物件数の分布が分かります。このような棒グラフのことをヒストグラムといいます。

所要時間	物件数
0～2	2
3～5	9
6～8	6
9～11	2
12～14	1

⬆ 表 8 度数分布表

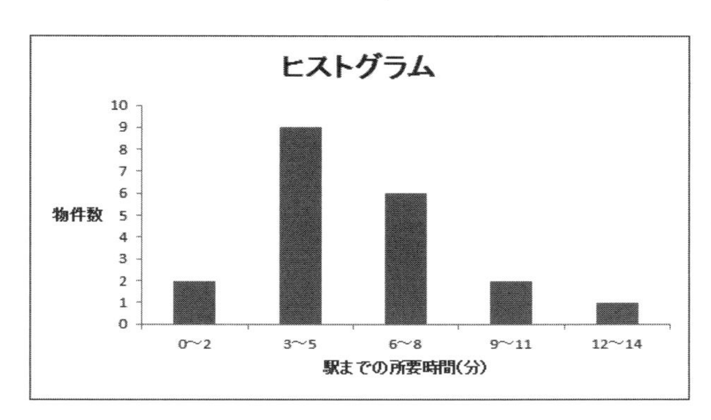

⬆ 図 5 駅までの所要時間のヒストグラム

以上のようにしてヒストグラムを作ることができますが、データ量が増加すると度数分布表を作成するのが大変な作業になります。

そこで、Excel の「分析ツール」を利用してヒストグラムを作る方法を説明します。

1 準備

1「区間の数」を決めます：「区間」を決めるためには、「区間の数」をいくつにするか決める必要があります。「区間の数」の決め方はいくつか提案されていますが、ここではスタージェスの式を用いた方法を紹介します。スタージェスの式は

$$区間の数 = 1 + \log_2(n)$$ （ただし、n はデータ数、区間の数は整数）

です。この例では、

$$区間の数 = 1 + \log_2(20) = 5.3 \fallingdotseq 5$$

と決定します。

2「区間」を決めます：「区間の数」が決まったら、「最大値」や「最小値」から「区間」を決定しますが、区間の代表値などが読みやすい値になるようにします。ここでは、区間の数を 5 とし**表 9** のようにデータ区間の上限を決めます。

データ区間
2
5
8
11
14

⬆ 表 9 データ区間

2 ヒストグラムを描く

「区間」が決まったら、分析ツールを利用してヒストグラムを描きます。

❶ メニューバーの［**データ**］⇒［**データ分析**］をクリックして選択します。

❷ データ分析のダイアログボックスが表示されたら［**ヒストグラム**］を選択し［**OK**］をクリックします。

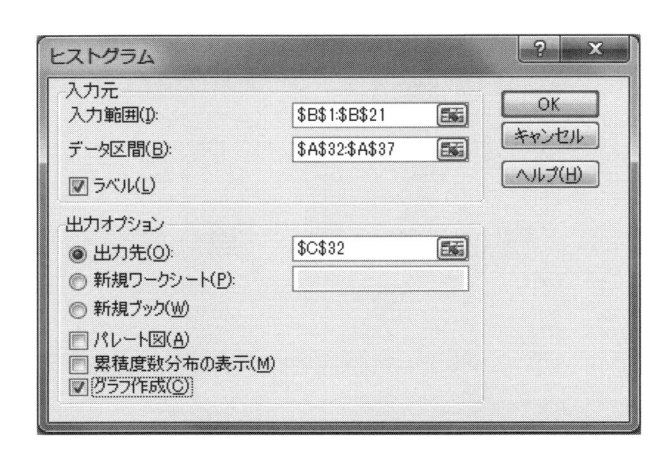

❸ ヒストグラムダイアログボックスが表示されるので、まず入力元の設定をします。［**入力範囲**］に **B1** から **B21** をドラッグして入力します。次に［**データ区間**］に 1 の ❷ で作成したデータ区間をドラッグして入力します。また入力範囲にラベルを含めましたので［**ラベル**］にチェックを入れます。今度は出力オプションを設定します。［**出力先**］に **C32** を入力し、［**グラフ作成**］にチェックを入れます。

❹［**OK**］をクリックします。すると**図 6** に示すような度数分布表とヒストグラムが表示されます。

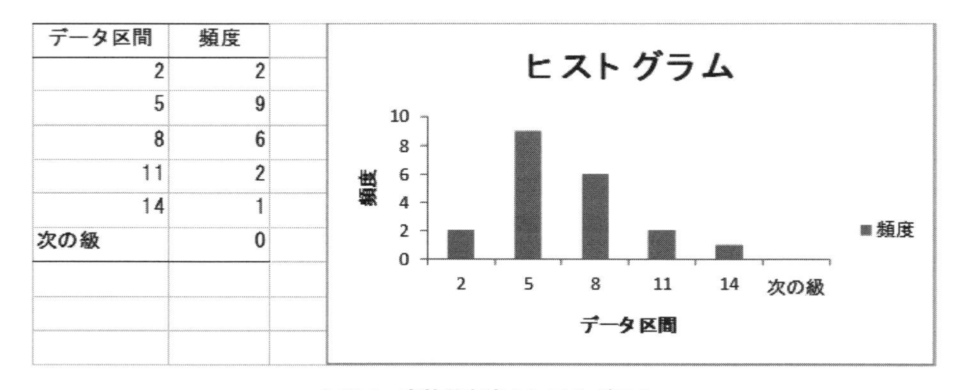

データ区間	頻度
2	2
5	9
8	6
11	2
14	1
次の級	0

⬆ 図 6　度数分布表とヒストグラム

（微調整）

❶ ヒストグラムには「次の級」というものはありませんので、度数分布表の「次の級」という行をグラフの範囲から除きます（**図 7** 参照）。また、凡例も必要ありませんので削除します。

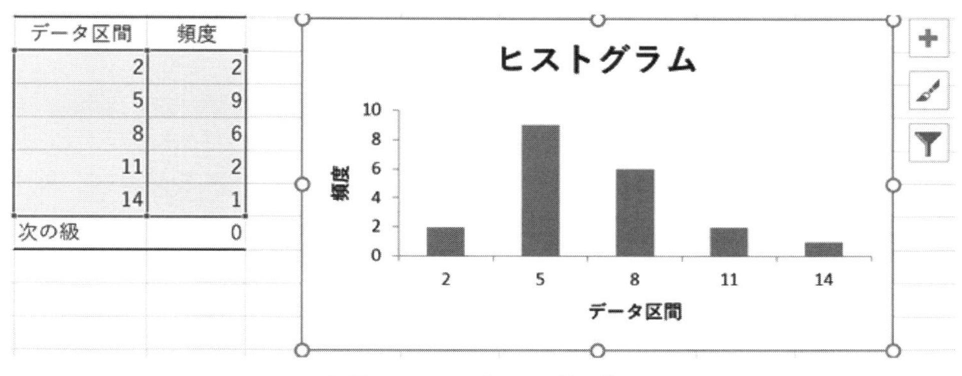

データ区間	頻度
2	2
5	9
8	6
11	2
14	1
次の級	0

⬆ **図 7　ヒストグラムの微調整**

2 度数分布表のデータ区間を 0 ～ 2 のように書き換えると分かりやすくなります。

キャリアアップ Point !

グラフとグラフの元データは連動しています。グラフの元データの範囲や数値、並び順などを変更すると、グラフも自動的に変更されます。

3 最後に、棒グラフの棒を右クリックして［**データ系列の書式設定**］を選択すると、［**データ系列の書式設定ダイアログボックス**］が表示されるので［**系列オプション**］タブをクリックし［**要素の間隔**］を " **なし（0%）**" にします。

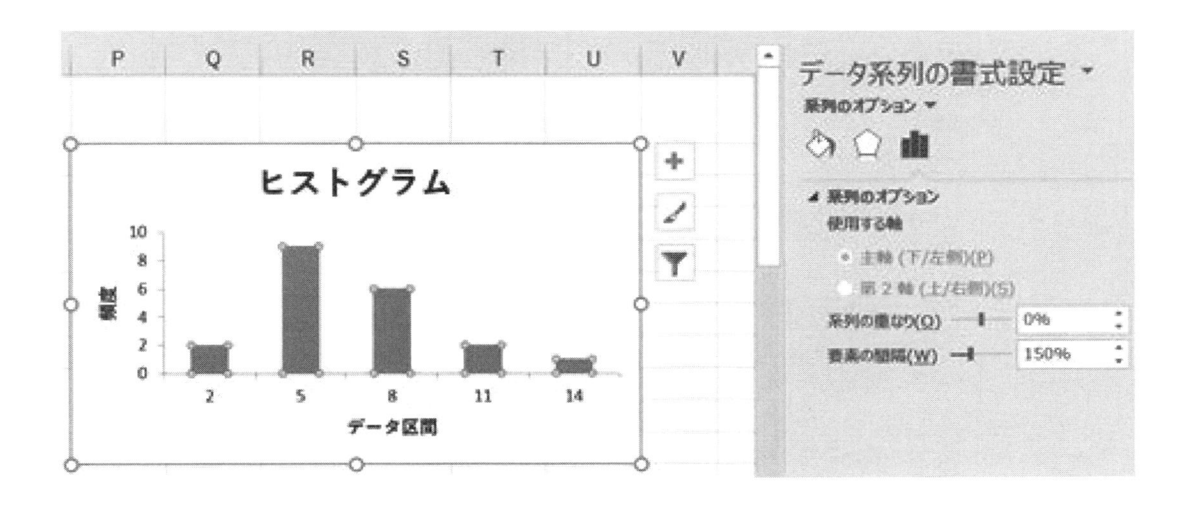

すると**図 8** のようなヒストグラムが完成します。このヒストグラムをみると駅までの所要時間が 3 ～ 5 分の物件が多いことが分かります。これは、基本統計量の平均値、中央値、最頻値とほぼ一致しています。

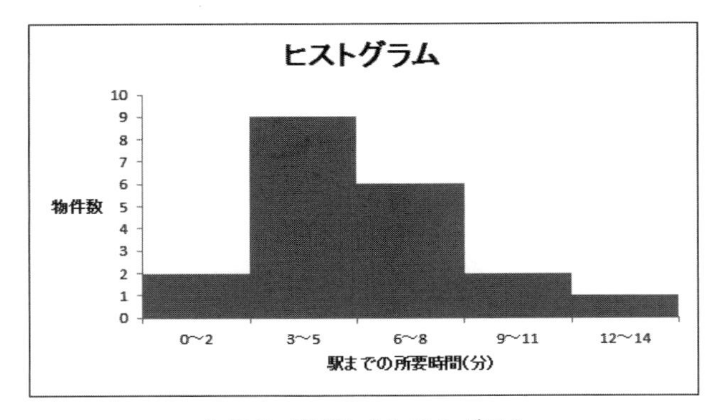

⬆ **図 8　完成したヒストグラム**

　このようにヒストグラムを描くと、①中心はどのあたりか、②範囲はどのくらいか、③分布はどんな形か、④異常値はないか、などを把握することができます。

✣ 1-3　データ間の関係をみる

1-3-1　散布図

　散布図とは、2つのデータ間の関係をみる基本的なグラフです。ここでは、**例題**（149 ページ）で用いたワンルームマンションの駅までの所要時間と賃料の散布図を作り、両者の関係を眺めてみます。

　Excel で散布図を描くには、112 ページ**「グラフ機能」**で説明したグラフウィザードを利用するのが便利です。以下にその手順を示します。

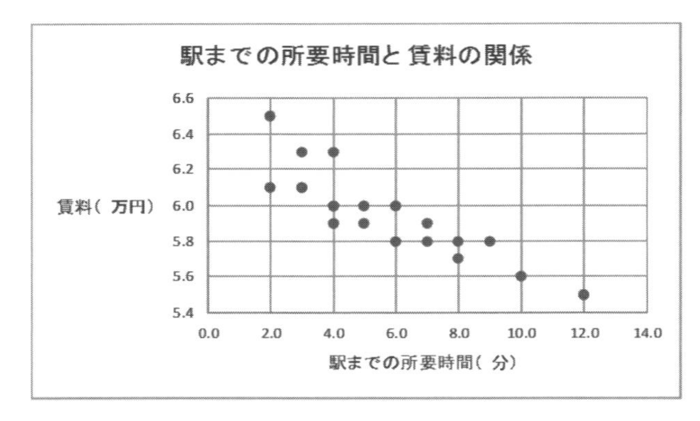

⬆ **図 9　駅までの所要時間と賃料の関係を示す散布図**

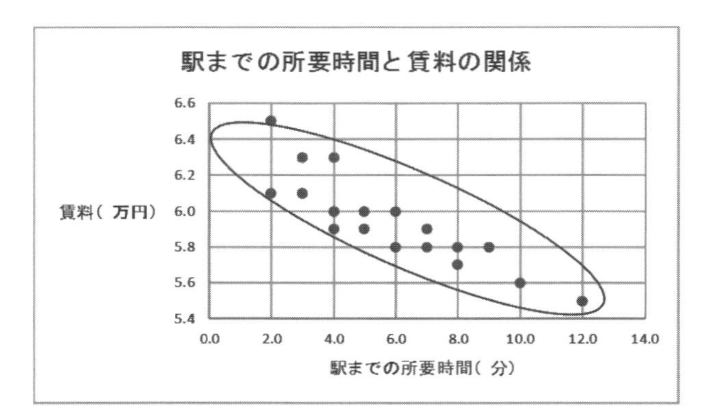

⬆ **図 10　右下がりの傾向を示す散布図**

1. 散布図にするデータの範囲 **B1:C21** をドラッグし選択します。グラフ軸の見出しラベルとなる**「駅までの所要時間」**と**「賃料」**を含んだ範囲にします。
2. メニューバーの［**挿入**］ボタンをクリックします。
3. ［**グラフメニュー**］が表示されますので、**散布図**を選択し**「散布図」**をクリックします。
4. 必要に応じて、**タイトル**、**軸ラベル**、**凡例**等を修正します（**「グラフ要素」ボタン**を使います）。すると、**図 9** のような散布図が作成されます。

　この散布図の傾向をみるために点の分布を楕円で囲んだものが**図 10** です。

　この図をみると、プロットされた点は右下がりの傾向を示しています。これは、駅までの所要時間が長くなるにつれ賃料が少しずつ安くなることを表していることになり、私たちの感覚とも一致します。

　この楕円の形が、直線に近づけば近づくほど、2 つのデータ間に強い関係があることを示していることになります。逆に、楕円の形が円に近づけば近づくほど、2 つのデータ間の関係が弱いことを示していることになります。

次に、この散布図に近似曲線（横軸と縦軸のデータの間の関係を表す近似的なグラフのことです）を追加してみます。追加の手順は以下のとおりです。

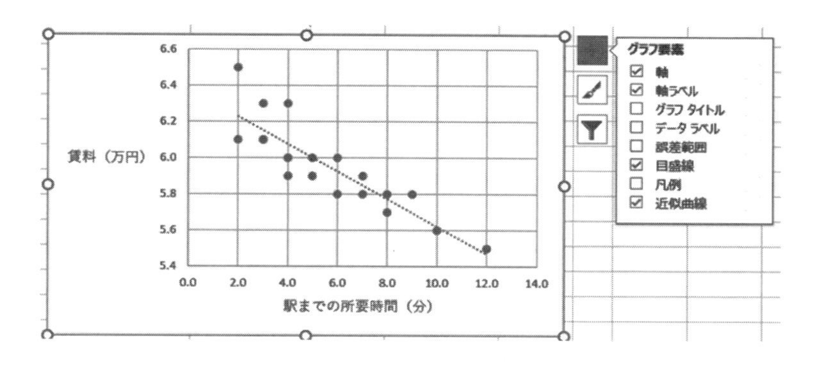

1 散布図を選択し［**グラフ要素**］**ボタンを**クリックします。

2 グラフ要素が表示されますので、［**近似曲線**］をクリックします。

3 グラフ要素の近似曲線の右側のプルダウンリストから［**その他のオプション**］をクリックします。

4［**近似曲線のオプション**］が表示されますので、必要に応じて［**グラフに数式を表示する**］などのオプションを設定します。ここでは［**グラフに数式を表示する**］を設定しています。

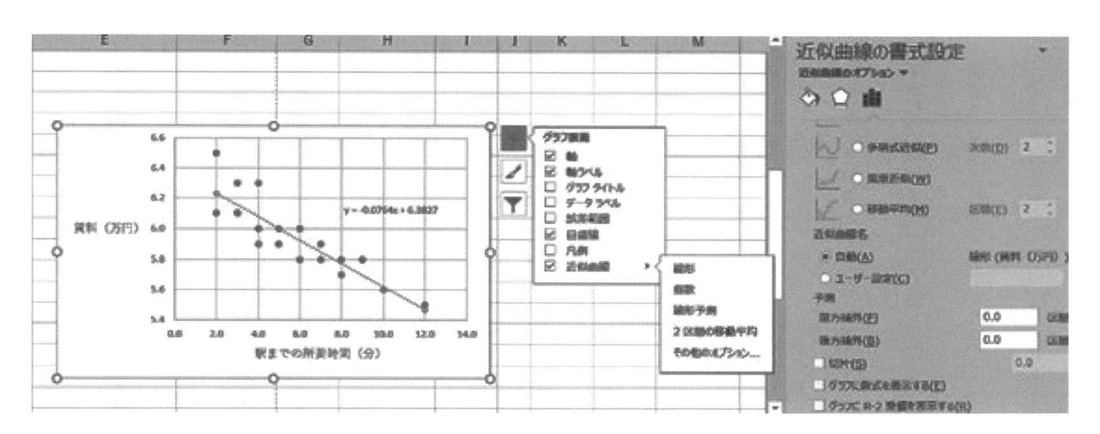

5 **図 11** のように近似曲線と近似式がグラフ上に表示されます。

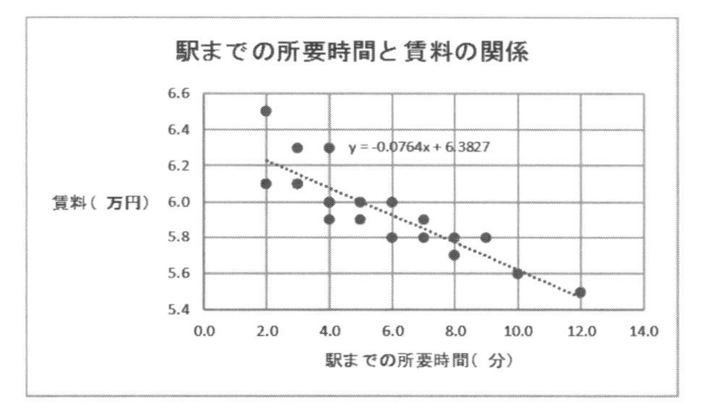

⬆ 図 11　近似曲線（線形近似）と近似式を表示した散布図

キャリアアップ Point !

グラフには、データの傾向や方向性を表す近似曲線を追加できます。近似曲線は、線形近似、対数近似、多項式近似、累乗近似、指数近似および移動平均の6種類用意されています。特に散布図に追加した線形近似は回帰直線と呼ばれ線形回帰分析で予測などに利用されます。

1-3-2　散布図の基本パターン

データの傾向として、一方の値が大きくなると他方の値も大きくなる場合や、一方の値が大きくなると他方の値が小さくなる場合、2つのデータの間には相関関係があるといいます。散布図を描いたとき、この相関関係が強ければ強いほど点の分布が直線に近づくことは上で述べたとおりです。以下に散布図の基本パターンを示します。

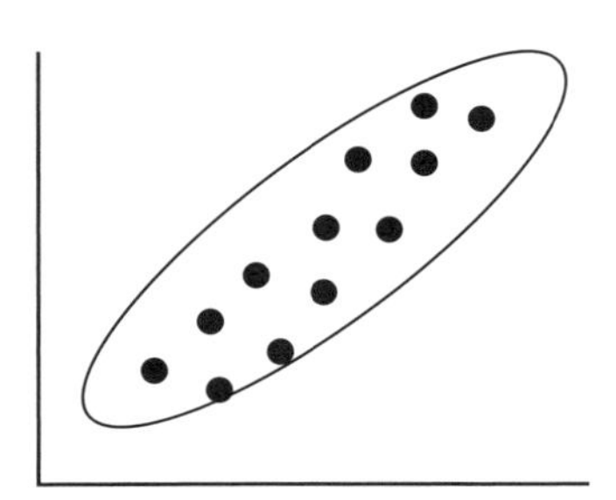

パターン1：図12 のように、横軸の値が大きくなればなるほど縦軸の値も大きくなるような散布図の場合は、「正の相関がある」といいます。

⬅図12　正の相関がある場合の散布図のパターン

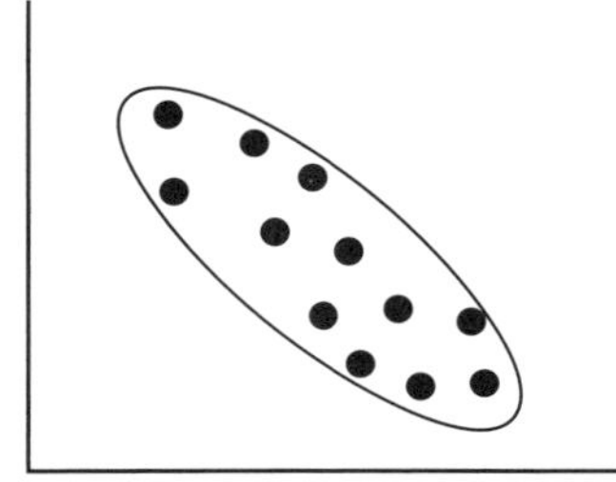

パターン2：図13 のように、横軸の値が大きくなればなるほど縦軸の値は小さくなるような散布図の場合は、「負の相関がある」といいます。

⬅図13　負の相関がある場合の散布図のパターン

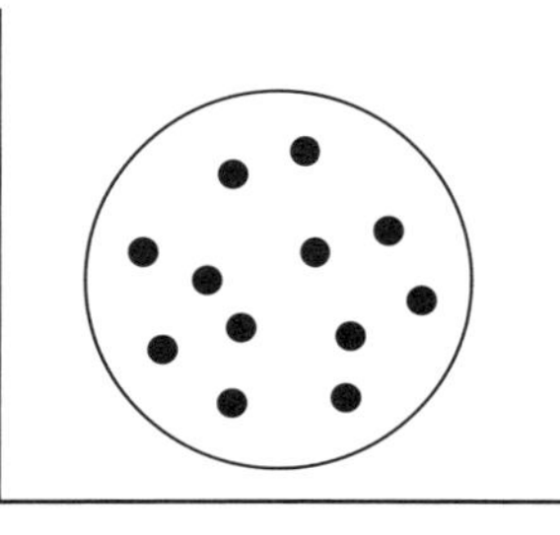

パターン3：図14 のように、横軸の値と縦軸の値に明らかな関係がない散布図の場合は「相関がない（無相関）」といいます。

⬅図14　無相関の場合の散布図のパターン

このように、散布図の代表的パターンによって相関関係の見当をつけることができます。ただし、相関関係は必ずしも因果関係を示すものではないことに注意しなければいけません。

» Practice

演習問題

▶演習 1　相関の強さを表す数値として相関係数が知られています。駅までの所要時間と賃料のデータについて散布図を描き両者の関係を調べたところ負の相関があり、所要時間が長くなればなるほど賃料が安くなりそうだということが分かりました。今度は相関係数を求めて相関の強さを調べてみましょう。

❶ Excel の関数を用いて相関係数を求めましょう。

❷ 分析ツールを用いて相関係数を求めましょう。

❸ 計算式を用いて相関係数を求めましょう。

❹ 駅までの所要時間と賃料の相関の強さをどのように解釈したらよいでしょうか。

・**ヒント 1**　Excel で相関係数を求めるには、**CORREL** という関数を使います。

・**ヒント 2**　データ分析で相関係数を求めるには、**「相関」** というツールを使います。

・**ヒント 3**　2つのデータ $x_i(i=1,2,\cdots,n)$ と $y_i(i=1,2,\cdots,n)$ の相関係数 R は次式で求められます。

$$R=\frac{x_i\text{と}y_i\text{の共分散}}{x_i\text{の標準偏差}\times y_i\text{の標準偏差}}=\frac{\frac{1}{n-1}\sum_{i-1}^{n}(x_i-\bar{x})(y_i-\bar{y})}{\sqrt{\frac{1}{n-1}\sum_{i=1}^{n}(x_i-\bar{x})^2}\times\sqrt{\frac{1}{n-1}\sum_{i=1}^{n}(y_i-\bar{y})^2}}$$

ただし、$\bar{x},\bar{y}$ は、それぞれ x_i, y_i の平均値を表しています。また、共分散は、散布図における点の分布のしかたを示すものさしです。共分散が正の値の場合は右上がりの分布、負の値の場合は右下がりの分布になります。

この式は、x_i と y_i の共分散と x_i, y_i それぞれの標準偏差が分かれば相関係数が求まることを示しています。標準偏差の求め方はすでに説明しました。Excel で共分散を求めるには、COVARIANCE.S という関数を使う方法およびデータ分析の **「共分散」** というツールを使う方法があります。もちろん上で示した共分散の式を用いて直接計算してもかまいません。

・**ヒント 4**　相関係数は－１から＋１の値をとり、相関係数と相関の強さの関係は下表のようになります。

相関係数の絶対値		解　釈
－0.2～　＋0.2		ほとんど相関（マイナスのときは負の相関）がない
－0.4～－0.2	＋0.2～＋0.4	やや相関（マイナスのときは負の相関）がある
－0.7～－0.4	＋0.4～＋0.7	かなり相関（マイナスのときは負の相関）がある
－1.0～－0.7	＋0.7～＋1.0	強い相関（マイナスのときは負の相関）がある

▶**演習 2**　**「1-1 データの視覚化」**のところで用いたアイスクリームの売上と平均気温（**表 2**）の関係を調べましょう。

❶ アイスクリームの売上と平均気温の関係を調べるために散布図を描いてみましょう。このとき平均気温を横軸に、アイスクリームの売上げを縦軸にとりましょう。

❷ アイスクリームの売上と平均気温の相関の強さを調べるために相関係数を求めましょう。

❸ アイスクリームの売上と平均気温の関係を解釈してみましょう。

・**ヒント 1**　散布図を描く場合、原因となるデータを横軸にとり、結果となるデータを縦軸にとると分かりやすくなります。

Chapter 6

付録・補遺

Career development

» Section 1

インターネットの基礎知識

1-1　インターネットとは

インターネットは、会社や学校、団体などの数多くのネットワークを互いに接続した世界的規模のネットワークです。米国国防総省高等研究計画局が構築したARPANET（Advanced Research Projects Agency net）を起源として、1990年代には、商用ネットワークとして利用可能になりました。その後、世界中で利用者が急増し、パーソナルコンピュータやスマートフォンによる電子メールやホームページ閲覧など、さまざまな用途で幅広く利用されています。このようにインターネットによって、便利になった一方で、不正確な情報があったり、犯罪に使われたりすることもあり、注意も必要です。

1-2　インターネットのしくみ

1-2-1　インターネットの閲覧

インターネットはWWW（World Wide Web）と呼ばれる情報のネットワークで成り立っています。情報が表示されるWebページは、ハイパーリンクという手法を使って作成され、クリック動作で他のWebページへジャンプすることができます。

インターネット上の文書を閲覧するためには、Webブラウザを使用します。代表的なものには、Microsoft社のInternet ExplorerやEdge、Mozilla FoundationのFirefox、Google社のChrome、Apple社のSafariなどがあります。

1-2-2　インターネットの接続

インターネットで使用する機器の接続には、通信規約（プロトコル）が必要となります。インターネットの代表的な通信規約としてはTCP/IP（Transmission Control Protocol/Internet Protocol）があります。インターネットやLAN（Local Area Network）に接続されている機器には、IPアドレスと呼ばれる識別用の番号が割り振られており、この番号によって機器の識別をしています。しかし番号では、覚えにくいので、ほとんどの場合、ドメイン名を登録してそれを使用しています。

下記は、ドメイン名の例（下線部）です。acは学校、jpは日本を示します。

name@<u>xxxxx.ac.jp</u>

» Section 2

Webサービス利用による文書等の作成

2-1 Googleドキュメント

2-1-1 Googleドキュメントの概要

Google Appsの1つGoogleドキュメントは、Google社が提供する文書（ドキュメント、スプレッドシート、プレゼンテーションなど）の編集・管理サービスです。Webブラウザさえあれば、Microsoft Word、Excel、PowerPointのファイルなどを読み込んで編集作成や保存をすることができます。Googleドキュメントは、無料で利用できますが、Googleアカウントを取得する必要があります。

Googleのホームページ（https://www.google.co.jp/）の右上の「Googleアプリ」をクリックして、「ドライブ」を選択し、表示されたファイルを選択します。新規の場合は、新規ボタンをクリックして、「ドキュメント」、「スプレッドシート」、「スライド」（プレゼンテーション）などを選択します。「Googleアプリ」の中から直接「ドキュメント」などを選択することもできます。

メール　画像

2-1-2 Googleドキュメントの利用

1 ドキュメントでの文書作成

箇条書き、作表、画像・図形・計算式の挿入、フォントやスタイル、インデントなど、いろいろな編集機能が使用できます。

ドキュメント文書は1ファイルあたり最大500KBまで、埋め込み画像は最大2MBまで可能です。

2 スプレッドシートでの表計算・グラフ作成

表計算やグラフの作成ができます。ピボットテーブルによる集計、データの並べ替え、フィルタ機能なども使用できます。

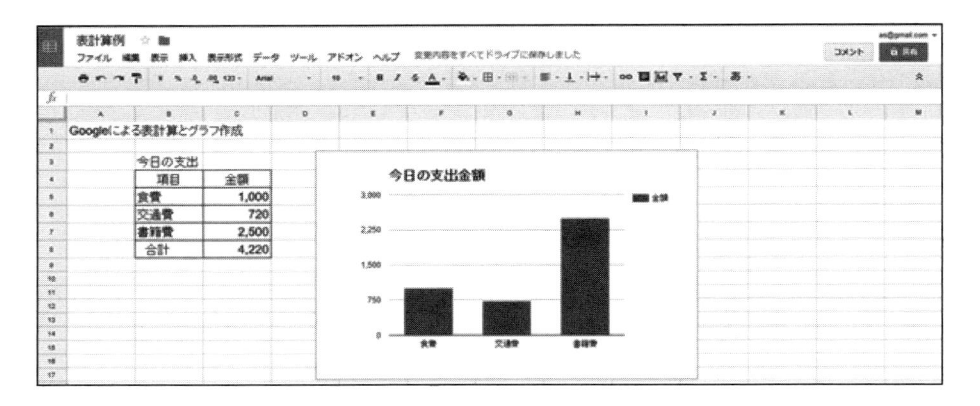

スプレッドシートはそれぞれ最大 256 列、最大 200,000 セル、最大 100 シートとなっています。いずれか 1 つでも制限に達すると利用できなくなります。行数には制限がありません。

3 プレゼンテーションでのスライド作成

プレゼンテーション用のスライドを作成することができます。画像や図形の挿入、アニメーション機能などが使用できます。

2-1-3　Google ドキュメントの特徴

○ Google ドキュメント形式に変換できるファイルは以下となります。

文書：.html .txt .odt .rtf .doc .docx .pdf

スプレッドシート：.xls .xlsx .ods .csv .tsv .txt .tsb

プレゼンテーションスライド：.ppt .pps

図形描画：.wmf

Word、Excel、PowerPoint で作成したファイルを読み込むことができますが、レイアウトがずれるなどして、一部異なって表示されることがあります。

○文書とプレゼンテーションは合わせて 5000 個まで、画像は 5000 個まで保存できます。文書の最大サイズは 500KB です。ただし埋め込み画像については、1 個につき 2MB です。

○ツールバーのボタンをクリックするだけで、太字や下線付き、フォントの変更、数値の書式設定、セルの背景色などを変更できます。

○インターネット接続と標準的なWebブラウザの入ったコンピュータがあれば、どのコンピュータからでもドキュメント、スプレッドシード、プレゼンテーション等を編集することができます。

○オンライン上にあるファイル保存場所と自動保存機能でドキュメントは、作業途中であっても自動的にバックアップされます。パソコンのハードディスクの故障や停電などを心配する必要がありません。

2-2 Office Online（OneDrive）

2-2-1 Office Online（OneDrive）の概要

Office Onlineは、インターネット接続が必要で、マイクロソフトアカウントを取得する必要があります。使用できる機能にも制限があります。有料になりますが、Office 365を使えば、Microsoft Office 2016と同等の機能を利用することができます。

Office Onlineでは、Word Online、Excel Online、PowerPoint Onlineなどを利用することができます。
http://Office.comにアクセスして、利用するアプリケーションを選択します。

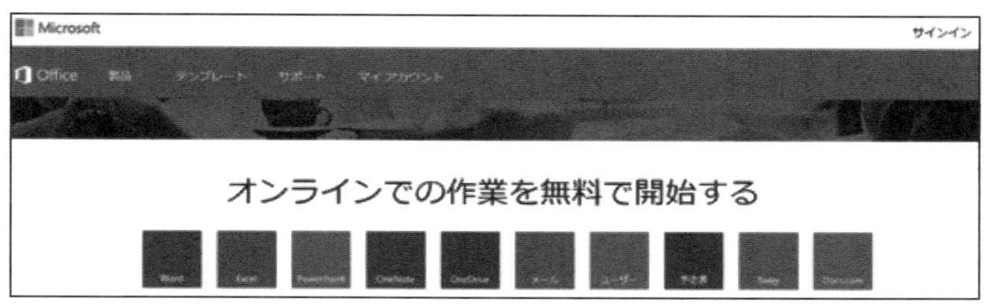

または、「エクスプローラ」のOneDriveを右クリックして、「オンラインで表示」を選択したあと、OneDrive画面の左上の「アプリ表示ボタン」をクリックして、利用するアプリケーションを選択します。

2-2-2 Office Online（OneDrive）の利用

■ Word Onlineでの文書作成

箇条書き、作表、画像の挿入、フォントやスタイル、インデントなどの編集機能が使用できます。

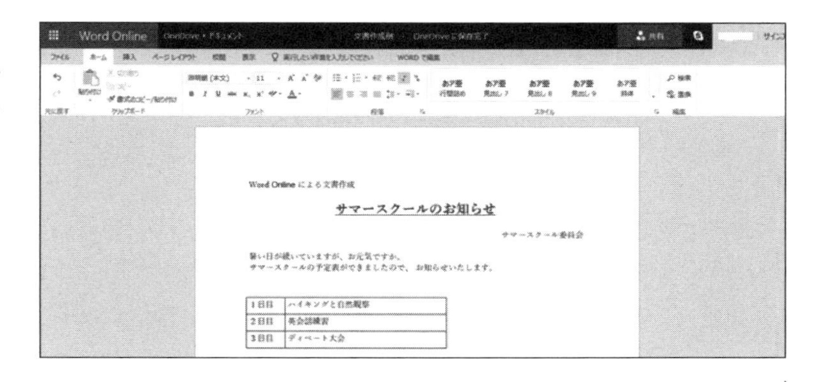

■ Excel Online での表計算・グラフ作成

表計算やグラフの作成、データの並べ替えなどができます。

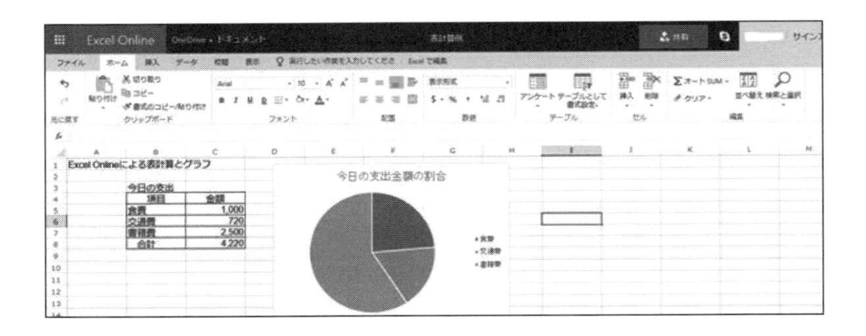

■ PowerPoint Online でのスライド作成

プレゼンテーションのスライドを作成することができます。画像や図形の挿入、画面の切り替え、アニメーション機能などが使用できます。

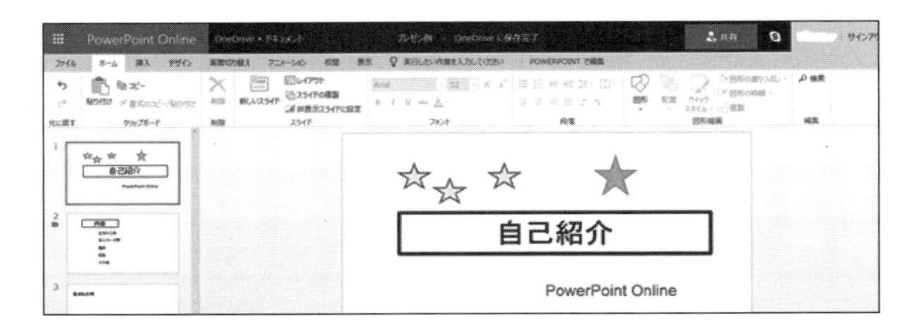

2-2-3 Office Online（OneDrive）の特徴

○ OneDrive に保存されているファイルが、使用の対象になります。アップロードやダウンロードではなく、普通のドライブのように保存や削除などができます。

○ OneDrive の容量は 5GB（無料）です。ファイルは、作業途中であっても自動的にバックアップされます。

○操作は、Microsoft Office とほぼ同じで、太字や下線付き、フォントの変更、数値の書式設定などの変更ができます。

○インターネット接続と標準的な Web ブラウザの入ったコンピュータがあれば、他のコンピュータからでも編集することができます。

✣ 2-3 OpenOffice.org

2-3-1 OpenOffice.org の概要

OpenOffice.org は、ワープロソフトや表計算ソフトなどが一体となっており、Microsoft Office と高い互換性を持っているため、Word や Excel で作成したデータを利用することができます。

OpenOffice.org はオープンソースで公開されているソフトウェアなので、すべての機能を自由に無償で使うことができます。プログラムは世界中のサーバーで公開されているため、ダウンロード（http://www.openoffice.org/ja/）して自由に使用することができます。

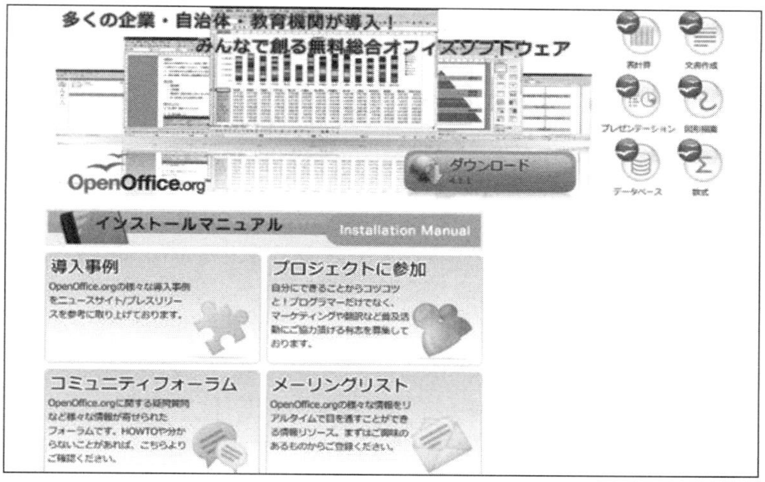

OpenOffice.orgの中には、文書作成用のライター（Writer）、表計算用のカルク（Calc）、プレゼンテーション用のインプレス（Impress）などがあります。

OpenOffice.orgは、Microsoft Officeファイルを読み込むことができますが、レイアウトのずれや誤差が発生することがありますので、編集をする際は注意して下さい。

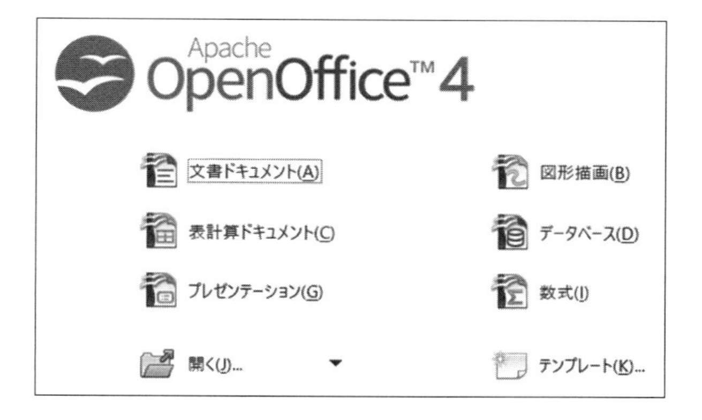

2-3-2　OpenOffice.orgの利用

■ OpenOfficeでの文書作成（ライターWriter）

文書作成や編集のために必要な機能が充実しています。

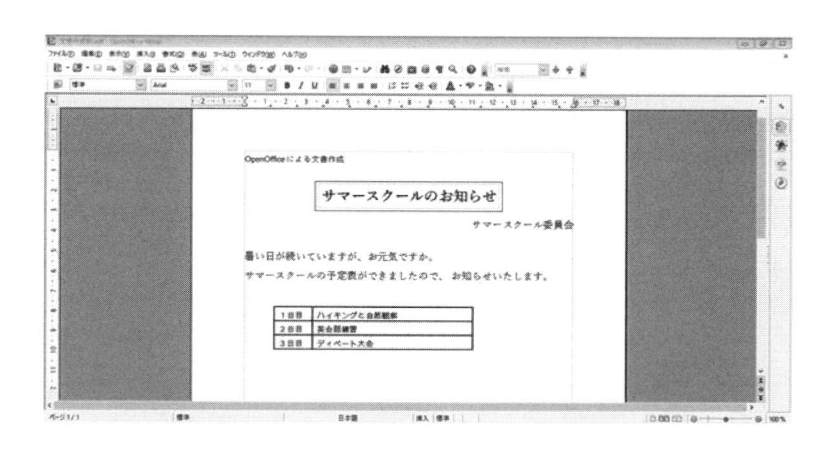

■ OpenOffice での表計算・グラフ作成（カルク Calc）

データの計算やグラフ作成、データ分析に必要な機能が用意されています。

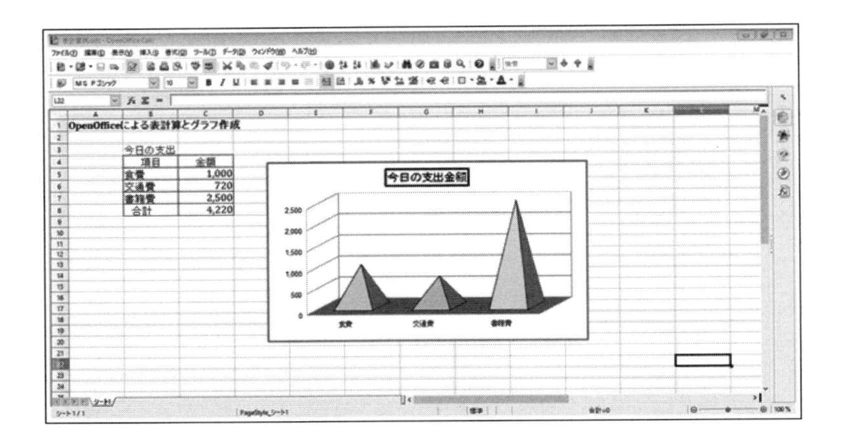

■ OpenOffice でのスライド作成（インプレス Impress）

プレゼンテーション用のスライドや資料の作成ができます。

2-3-3　OpenOffice.org の特徴

○ OpenOffice.org は無償でダウンロードして、自由に使うことができます。

○ Open Document という国際標準文書フォーマットを採用しているので、各種ワープロと文書データを交換できます。

○ 作成した文書データは、PDF ファイルとして保存することができます。

○ HTML 形式に変換、編集できるので、Web サイトのデータを作成することができます。

» Section 3
ICT・関連用語

【アルファベット】

■ A

ADSL（Asymmetric Digital Subscriber Line）：電話の音声伝達には使わない高い周波数帯を使ってデータ通信を行なう xDSL 技術の 1 つ。

AI（Artificial Intelligence）：人工知能。人間の知能をコンピュータなどで再現しようとする技術。

API（Application Program Interface）：OS やソフトウェア開発時に使用できる命令や関数が集まったもの。

AR（Augmented Reality）：拡張現実。現実の風景などに文字や画像等の情報を重ね合わせて表示する技術。

■ B

BIOS（Basic Input/Output System）：コンピュータに接続可能な周辺機器を制御するプログラム。

bps bits per second：1 秒間に転送できるデータ量を表す通信回線のデータ転送速度単位。

■ C

CPU（Central Processing Unit）：コンピュータの制御やデータの計算・加工を行なう中央演算装置。

■ D

DRM（Digital Rights Management ）：デジタルコンテンツの著作権を保護し、その利用や複製を制御・制限する技術の総称。

■ E

E- コマース（Electronic commerce ）：ネットワークを通じて行う電子商用取引。

■ G

GUI（Graphical User Interface）：コンピュータの入出力に関する情報の表示にグラフィック表現を多用したユーザインターフェース。

GIF（Graphic Interchange Format）：Web ページで利用される画像フォーマット。モノクロは 256 階調、カラー画像は 256 色で再現できる。

■ H

HTML（Hyper Text Markup Language）：W3C が作成している規格で、インターネット上で閲覧できる Web ページに用いるマークアップ言語。

■ I

ICT（ Information and Communication Technology）：情報・通信に関連する技術の総称。

IP アドレス（ Internet Protocol Address）：インターネットなどの IP ネットワークによって接続される通信機器 1 台 1 台に割り振られた識別番号。

IoT(Internet of Things)：コンピュータ以外のモノ (Things) もインターネットに接続するための技術。

ISP（Internet Services Provider）：インターネット接続業者

■ J

JPEG（Joint Photographic Experts Group）：静止画像データの圧縮方式。データ圧縮率が高く画質の劣化が少ない特徴がある。

■ L

LAN（Local Area Network）：ケーブル線や光ファイバー、無線通信によって、近距離間でコンピュータや周辺機器を接続してデータ通信をするネットワーク。

■ M

MAC アドレス（Media Access Control address）：Ethernet カードに振り当てられた固有の ID 番号。

MP3（MPEG Audio Layer-3）：広く普及している映像データ圧縮方式の MPEG-1 で利用される音声圧縮方式。

■ O

OS（Operating System）：アプリケーションソフトの基本機能を提供し、コンピュータシステム全体を管理するソフトウェアの総称。

■ P

P2P（Peer to Peer）：ネットワーク上で対等な関係にある端末同士を直接接続してデータの送受信を行う通信方式。

PaaS（Platform as a Service）：ハードウェアや OS などの基盤（プラットフォーム）を、インターネット上のサービスとして遠隔から利用できるようにしたもの。

PDF（Portable Document Format）：Adobe Systems 社によって開発された電子文書フォーマット。

■ R

RFID（Radio Frequency IDentification）：無線を用いた自動認識技術の一種。タグと呼ばれる小さなチップより、さまざまな物を識別・管理することができる。

■ S

SaaS（Software as a Service）：ユーザが必要とするものをインターネット上のサービスとして利用できるようにしたソフトウェアの配布形態。

SD カード（Secure Digital memory card）：1999 年に SanDisk 社、松下電器産業、東芝の 3 社が共同開発し

たデータ記憶媒体の規格。

SEO（Search Engine Optimization）：「サーチエンジン最適化」「検索エンジン最適化」と訳される。サーチエンジンの検索結果上位にサイトが表示されるための技術やサービス。

SNS（Social Networking Service）：人と人とのつながりをサポートするコミュニティ型Webサービス。

■T

TCP/IP（Transmission Control Protocol/Internet Protocol）：インターネットやイントラネットで標準的に使われる通信規約。

■U

URL（Uniform Resource Locator）：インターネット上に存在する情報の場所を指定する記述方式。

■V

VR（Virtual Reality）：仮想現実。仮想世界の中で、現実ではないが現実のように感じさせる技術。

■W

WEP（Wired Equivalent Privacy）：無線通信における暗号化技術。

Wi-Fi（Wireless Fidelity）：無線LANの標準規格である「IEEE 802.11a/IEEE 802.11b」の呼称。

WPA（Wi-Fi Protected Access）：従来採用されてきたWEPの弱点を補い、セキュリティ強度を向上させた無線LANの暗号化方式の規格。

【カタカナ】

■ア

アーカイブ（Archive）：複数のファイルを1つのファイルにまとめること。

アーキテクチャ（Architecture）：コンピュータの論理的な仕様や物理的な構成。

アイコン（Icon）：ファイルなどの機能や内容を視覚的にわかるよう絵記号で表記したもの。

アカウント（Account）：コンピュータやネットワーク上の資源を利用できる権利。および利用時に必要となるID。

アクセス（Access）：記憶媒体にデータを書き込んだり読み込んだりすること。

アップデート（Update）：ソフトウェアの追加機能のインストールをはじめとする小規模な更新。

アップロード（Upload）：コンピュータから、ネットワークを通じてホストコンピュータやサーバーへデータを送ること。

アドミニストレータ（Administrator）：コンピュータシステムの管理者。

アプリケーションソフトウエア（application software）：文章作成や数値計算など、特定の目的のために設計されたソフトウェアの総称。

アンインストール（Uninstall）：インストールしたアプリケーションを削除すること。

■イ

イーサネット（Ethernet）：Xerox社とDEC社が考案してIEEE 802.3委員会によって標準化されたLANの規格。

インストール（Install）：アプリケーションソフトをコンピュータに導入する作業のこと。セットアップ（setup）とも呼ばれる。

インターフェイス（Interface）：情報のやり取りを仲介するための規格や方法。

インタラクティブ（Interactive）：「対話式の、双方向」の意味。

インデント（Indent）：文章などを見やすくしたり、読みやすくしたりする目的で、文字列の特定部分における開始位置を調整すること。

イントラネット（Intranet）：インターネットの環境を利用して、企業内での情報の共有・交換を行うネットワーク。

■ウ

ウィキ（Wiki）：ブラウザから簡単にWebページの発行・編集などが行なえるWebコンテンツ管理システム。

ウィザード（Wizard）：表示されたメニューに従って進めるだけで複雑な設定や操作を行う機能。

ウィジェット（Widget）：デスクトップ画面やWebブラウザの好きな場所に表示できる単機能の小さなアプリケーションソフトの総称。ガジェットともいう。

■エ

エンコード（Encode）：ある形式のデータを一定の規則に基づいて別の形式のデータに変換すること。

■オ

オーサリング（Authoring）：文字や画像、音声、動画データ等を編集してまとめること。

オートコレクト（AutoCorrect）：WordやExcelといった「Microsoft Office」アプリケーションにおいて、入力時のスペルミスを自動的に修正する機能。

オートシェイプ（AutoShape）：「Microsoft Office」アプリケーションの図形描画機能で使用できる。矢印や吹き出しなど、ビジネス文書でよく使用される図形の総称。

オンデマンド（On Demand）：ユーザからの要求に応じて利用ごとにサービスを提供する方式。

オンライン（Online）：コンピュータが回線やネットワークを経由して他のコンピュータに接続されている状態。

■カ

解像度（Resolution）：ディスプレイやプリンターなどがどれだけのドットを表示できるかを示すもの。

外部記憶装置（Storage unit）：コンピュータ本体の主記憶装置（メインメモリ）以外の記憶装置。

拡張子（Extension）：ファイル名の内、「.」（ピリオド）

によって区切られた右側の部分。ファイル形式識別に利用される。

関数（Function）：入力された値に対して決まった内容の計算を行い、処理結果を返す数式、あるいは命令の集まり。

■ク

クエリー（Query）：データベース管理システムに対する処理要求を文字列として表したもの。

クッキー（Cookie）：Webブラウザを通じてユーザーのコンピュータに一時的にデータを書き込んで保存させる仕組み。

クライアント（Client）：サーバコンピュータの提供する機能やデータを利用するコンピュータ。

クラウドコンピューティング（Cloud computing）：ネットワークを通じてサービスの形でソフトウェアやデータなどを必要に応じて利用する方式。

クラウドサービス（Cloud service）：クラウドコンピューティングによって提供されるサービスの総称。

グループウエア（Groupware）：LANを利用して企業内のコミュニケーションや作業の効率化を図るソフト。

■コ

コンテンツ（Contents）：内容、中身。主にメディアが記録･配信する情報、映像や画像、音楽、文章等を意味する。

ウィルス（Computer virus）：コンピュータ内のデータ消去、改ざん、起動できなくするなどの障害をもたらすプログラム。

■サ

サーチエンジン（Search engine）：インターネット上の情報をデータベース化し検索するシステム。

サーバー（Server）：ネットワークにより自身の持っている機能やデータを提供するコンピュータ。

サマリー（Summary）：要約。長い文章や大規模なデータ等をまとめたもの。

サムネイル（Thumbnail）：一覧表示用に「親指（thumb）の爪（nail）」程度のサイズに縮小された画像。

■シ

シェアウエア（Shareware）：試用期間後に継続して使う場合に送金するソフト。

上位互換（Upper compatibility）：下位製品から見て上位の製品が互換性をもっていること。

シフトJIS（Shift JIS code）：Microsoft社が開発した日本語のコード体系。

シリアルポート（Serial port）：RS-232C、USB、IEEE1394等といったシリアル通信用インターフェイス。

シリアル値（Serial Number）：Excelにおいて、日時を計算処理するために格納されている数値のこと。

■ス

スカイプ（Skype）：Skype Technologies社が開発したP2P技術を応用した音声通話ソフト。

ストリーミング（Streaming）：ネットワークを通じて映像や音声などのデータを受信と同時に再生する方式。

スパム（SPAM）：不特定のメールアドレスに向けて、営利目的のメールを無差別に大量配信すること。

スマートフォン（Smart Phone）：コンピュータを内蔵し、音声通話以外にさまざまなデータ処理機能をもった携帯電話。

■セ

セル（Cell）：表計算ソフトのワークシート内に分割された枠。

■ソ

ソート（ Sort）：データを数値の大小順や昇降順に並べ替えること。

ソフトウェア（Software）：コンピュータを動作させる手順・命令をコンピュータが理解できる形式で記述したもの。

■タ

ダイアログボックス（Dialog box）：対話、対話形式 ユーザに何らかの入力を促すために表示されるウィンドウ。

ダウンロード（Download）：ホストやサーバーから自身のコンピュータにデータを取り込むのこと。

タスク（Task）：OSから見た処理の実行単位。

タスクバー（Task bar）：Windowsの操作画面で、画面最下部にあるOSの機能や動作実行状況を表示した帯状の部分。

■チ

チュートリアル（Tutorial）：ハードウェアやソフトウェアの学習プログラム。

■テ

ディスプレイ（Display）：文字や絵などを表示するコンピュータの出力装置。

ディレクトリ（Directory）：ハードディスクなどの記憶装置で、ファイルを分類・整理するための保管場所。

データベース（Database）：一定の形式で集めたデータ。

テキストファイル（Text file）：文字コードを使用して記録されたファイル。

デジタルデバイド（Digital Divide）：情報技術を使いこなせる者と使いこなせない者の間に生じる、待遇や貧富、機会の格差。国家間、地域間の格差を指す場合もある。

デスクトップ（Desktop）：パソコンを起動させると表示されるメイン画面。

デバイス（Device）：特定の機能を持った電子端末、およびコンピュータ内部の装置や周辺機器。

デファクトスタンダード（de facto standard）：国際機関や標準化団体による公的な標準ではなく、市場の実勢によって事実上の標準とみなされるようになった規格・製品のこと。

デフォルト（Default）：あらかじめ組み込まれた設定値。「初期設定」「既定値」。

デフラグ（Defrag）：断片化しているファイルを可能な限り連続させるためのプログラム。
テンプレート（Template）：何かを作る時のもとになる定型的なデータやファイル。

■ト
ドメイン（ Domain）：インターネット上に存在するコンピュータやネットワークを識別するために指定された名前。
ドライバ（Driver）：周辺機器を動作させるためのソフトウェア。

■ネ
ネスト（Nest）：複数の命令群をひとまとまりの単位にくくり、何段階にも組み合わせていくこと。

■ノ
ノード（Node）：ネットワークを構成するパソコンや周辺機器。

■ハ
バージョン（Version）：版 改訂番号。
パーティション（Partition）：ハードディスクを論理的に分割した部分。
ハードウェア（Hardware）：コンピュータや周辺機器などの装置。
ハードディスク（Hard Disk）：外部記憶装置の一種で大量のデータを高速に読み書きできるもの。
バイト（Byte）：コンピュータの情報量の単位 1 バイトで 256 種類の情報を表わすことができる。
パケット（Packet）：「小包」という意味。データを小さく分割した単位のこと。
バス（ BUS）：信号の通り道 CPU バス、メモリバスなどがある。
パス（ Path）：ファイルがどのドライブのどのディレクトリにあるかを示す文字列。
バックボーン（Backbone）：基幹となる通信回線。
パッチ（Patch）：プログラムの一部を修正すること。
ハブ（HUB）：ネットワークケーブルを集線するための装置。

■ヒ
光ファイバー（Optical fiber）：ガラスやプラスチックの細い繊維でできている光を通す通信ケーブル。
ビット（Bit）：コンピュータの情報量の最小単位。0 か 1 の 2 種類の情報を表わす。

■フ
ファイアウォール（Firewall）：LAN をインターネット等の外部のネットワークに接続する際のセキュリティシステム。
ブート（Boot）：システムを起動すること。
フォーマット（Format）：ハードディスクやリムーバブルメディアを初期化すること。
プライマリー（Primary）：最初の、第一の、主要な、基礎的な、などの意味。
ブラウザ（Browser）：Web ページを閲覧するためのアプリケーションソフト。
プラグイン（Plug-in）：ソフトウェアに機能を追加する小さなプログラム。
フラッシュ（Flash）：Adobe Systems 社が提供する音声や動画、ベクターグラフィックスのアニメーション作成ソフト。
プラットフォーム（Platform）：ソフトウェアやハードウェアを動作させるために必要な基盤技術。
フリーソフト（Free software）：無償で利用できるソフトウェアの総称。
プリインストール（Preinstall）：あらかじめ OS やアプリケーションソフトをインストールしておくこと。
ブルートゥース（Bluetooth）：数 m 程度の機器間接続に使われる短距離無線通信技術の 1 つ。
ブロードバンド（Broadband）：通信回線の帯域幅がひろく、大容量、高速な通信を実現できる回線。
ブログ（Blog）：個人や数人のグループで運営され、更新される日記的な Web サイト。
プロトコル（Protocol）：通信手順、通信規約。ネットワーク利用によるコンピュータ通信の約束事。
プロパティ（Property）：属性の意味。ファイルの詳細情報など。

■ホ
ポータルサイト（Portal site）：表玄関、入り口の意味 。Web サイトで最初にアクセスするページ。
ポート（Port）：パソコンと周辺装置をつなぐ接続口。
ホスト（Host computer）：大規模なシステムで集中して処理をするコンピュータ。

■マ
マージ（Merge）：複数のデータやファイルを 1 つにすること。
マージン（Margin）：ページの周囲にある空白部分。
マクロ（Macro）：処理手順をあらかじめ登録して自動実行する機能。
マルチタスク（Multitasking）：1 台のコンピュータで同時に複数の処理を並行で行なう OS の機能。

■ム
無線 LAN（Wireless LAN）：無線通信でデータの送受信をする近距離ネットワーク。

■メ
メインメモリ（Main Memory）：主記憶 CPU が直接読み書きやプログラムを格納する記憶領域。
メモリ（Memory）：データや命令を記録するもの。

■モ
モジュール（Module）：ハードウェアやソフトウェアをまとめたユニット。

モデム（Modem）：変復調装置。

■ ユ

ユビキタス（Ubiquitous）：コンピューティング技術がいつでも・どこにでも存在し、コンピュータの存在をもはや意識することなく利用できるといった概念。

■ リ

リーダー（Leader）：箇条書きで項目名と内容をつなげる線。

リブート（Reboot）：システムの再起動。

リムーバブルメディア（Removable Media）：データが記録されるメディアを取り外して交換できるもの。

■ ル

ルーター（Router）：ネットワーク上を流れるデータを他のネットワークに中継する機器。

■ レ

レイアウト枠（Layout Frame）：文書中の任意の場所に文字列や図表などを配置するために挿入する長方形の枠。

レイヤー（Layer）：イメージやデータをいくつかの層に分けて表示、編集する機能。

■ ロ

ログアウト（Logout）：コンピュータや通信サービスの接続を切ること。

ログイン（Login）：アカウントを入力して利用者の認証をすること。

■ ワ

ワークシート（Worksheet）：データの入力や編集を行うための升目状の作業スペース。

ワークブック（Workbook）：Excel をはじめとする表計算ソフトで作成、記録されたファイル。

ワンセグ（1seg）：地上デジタル放送で行なわれる携帯電話などの移動体向けの放送。

» Section 4

キー操作・ショートカット（Windows）

●アプリケーションウィンドウの切り替え

ウィンドウの切り替え……………………………… Alt ＋ Esc

アプリケーションのタイトル表示・切り替え…… Alt ＋ Tab

●メニュー選択

選択する…… Enter　アクセスキーのあるメニューを選択…… Alt ＋ 文字　閉じる…… Esc

●アプリケーションウィンドウの操作

メニューバーをアクティブにする… Alt

カット……………………………………… Ctrl ＋ X

印刷………………………………………… Ctrl ＋ P

取り消し…………………………………… Ctrl ＋ Z

コピー……………………………………… Ctrl ＋ C

全てを選択………………………………… Ctrl ＋ A

貼り付け（ペースト）…… Ctrl ＋ V

上書き保存 …………………… Ctrl ＋ S

ファイルを開く …………… Ctrl ＋ O

新規作成 ……………………… Ctrl ＋ N

メニューの終了 …………… Esc

アプリケーションの終了 … Alt ＋ F4

●その他

全画面をコピー……… Print Screen

Windows の終了 …… Alt ＋ F4

アクティブウィンドウをコピー …… Alt ＋ Print Screen

システム不安定時のリブート ……… Ctrl ＋ Alt ＋ Delete

●ファンクションキー（使用するアプリケーションによって異なる場合があります）

	F1	F2	F3	F4	F5	F6	F7	F8	F9	F10
	ヘルプ	編集	名前	絶対番地	ジャンプ	ひらがな変換	カタカナ変換	半角変換	英数全角変換	英数半角変換
Shift ＋			再編集							
Alt ＋		ステップ	マクロ			拡大				

● MS-IME の操作一覧（タスクバー右の日本語入力ボタンでツールバーを表示にチェックする）

カナ漢字変換の起動……… Alt ＋ 漢字

カナ／アルファベット…… Ctrl ＋ 英数・カナ

変換キー………………………… Space

確定キー………………………… Enter

取り消し………………………… Esc

文節延長 ………… Shift ＋ →

文節短縮 ………… Shift ＋ ←

文節左移動 ……… ←

文節右移動 ……… →

INDEX

INDEX

INDEX

■著者紹介

高林　茂樹（たかばやし　しげき）
埼玉女子短期大学名誉教授
早稲田大学理工学部卒業、放送大学大学院文化科学研究科修了。学習院大学講師（非常勤）、早稲田速記医療福祉専門学校兼任講師。情報処理学会会員、国際 ICT 利用研究学会会員。

野口　佳一（のぐち　よしかず）
西武文理大学サービス経営学部教授
法政大学大学院工学研究科修了。計測自動制御学会、情報処理学会、IEEE 各会員。

三好　善彦（みよし　よしひこ）
埼玉女子短期大学教授
上智大学理工学部卒業、上智大学大学院理工学研究科博士後期課程単位取得。情報処理学会、日本数式処理学会、教育システム情報学会、国際 ICT 利用研究学会、日本医療秘書学会各会員。

山田　雅子（やまだ　まさこ）
埼玉女子短期大学教授
早稲田大学人間科学部卒業、早稲田大学大学院人間科学研究科博士後期課程修了。日本心理学会、日本社会心理学会、日本色彩学会、日本顔学会各会員。

小堺　光芳（こざかい　みつよし）
埼玉女子短期大学専任講師
東洋大学経営学部卒業、東洋大学大学院経営学研究科博士後期課程単位取得。日本経営会計学会、教育システム情報学会、国際 ICT 利用研究学会各会員。

ポラーノ出版

キャリアアップに役立つ　コンピュータリテラシー

Wondows10, Word, Excel, PowerPoint 2016 対応版

2017 年 4 月 27 日　初版 1 刷発行
2020 年 4 月 30 日　初版 2 刷発行

著　者　高林茂樹／野口佳一／三好善彦／山田雅子／小堺光芳
発行者　鋤柄　禎
発行所　ポラーノ出版
〒 195-0061 町田市鶴川 2-11-4-301
Tel 042-860-2075　Fax 042-860-2029
mail@polanopublishing.com
https://www.polano-shuppan.com/

装　幀　宮部浩司
印　刷　シナノパブリッシングプレス

落丁本、乱丁本はお取替えいたします。定価はカバーに記載されています。

Printed in Japan　ISBN978-4-908765-09-4　C3055